上海财经大学数学系列教材

国家级一流本科课程配套教材
上海市精品课程配套教材

高等数学

上册 | 第 2 版

U0725345

◎ 上海财经大学数学学院 编

人民邮电出版社
北京

图书在版编目（CIP）数据

高等数学. 上册 / 上海财经大学数学学院编.
2版. -- 北京：人民邮电出版社，2025. --（上海财经
大学数学系列教材）. -- ISBN 978-7-115-65840-1

Ⅰ. O13

中国国家版本馆 CIP 数据核字第 2025RD0203 号

内 容 提 要

　　本书是按照教育部高等学校大学数学课程教学指导委员会制定的"经济和管理类本科数学基础课程教学基本要求"，充分吸取当前优秀高等数学教材的精华，并结合编者多年教学实践和教学改革实际经验，针对当前经济和管理类院校各专业对数学知识的实际需求及学生的知识结构和习惯特点编写而成的.

　　全套书分为上、下两册. 本书为上册，共有五章，主要内容包括：函数、极限与连续，导数与微分，中值定理与导数的应用，不定积分，定积分及其应用. 每节均附有一定数量的习题，核心知识点配备微课，每章后面附有总复习题和小结微课.

　　本书注重知识点的引入方法，使之符合学生的认知规律，更易于学生接受. 同时，本书系统、科学地介绍了高等数学的基本内容，并加强对高等数学的方法和理论在经济管理中的应用等相关知识的讲解，且注重利用理论分析与例题讲解相结合的方式阐述高等数学的基本理论和基本方法，以培养和增强学生对经济问题的理解和分析能力. 本书结构严谨，逻辑清晰，注重应用，例题丰富，可读性强.

　　本书可作为高等院校各专业的数学基础课教材，也可作为其他人员的自学参考用书.

　◆　编　　　　上海财经大学数学学院
　　　责任编辑　赵广宇
　　　责任印制　陈　犇

　◆　人民邮电出版社出版发行　　北京市丰台区成寿寺路 11 号
　　　邮编　100164　　电子邮件　315@ptpress.com.cn
　　　网址　https://www.ptpress.com.cn
　　　三河市中晟雅豪印务有限公司印刷

　◆　开本：787×1092　1/16
　　　印张：15.5　　　　　　　　2025 年 7 月第 2 版
　　　字数：346 千字　　　　　　2025 年 7 月河北第 1 次印刷

定价：56.00 元

读者服务热线：(010)81055256　印装质量热线：(010)81055316
反盗版热线：(010)81055315

丛书序

古希腊数学家毕达哥拉斯说过一句名言"数学统治着宇宙". 数学是现实的核心,是自然科学的皇冠,是研究其他学科的主要工具. 新时代数学的深度应用、交叉融合已经成为科技、经济、社会发展的重要源动力.

作为一名数学科学工作者,我认为,数学在未来社会发展中有着愈发重要的位置,一个民族的数学水平,直接关系到整个国家的创新能力. 在"新文科"建设体系下,创新"新文科"专业的数学课程体系、改革教学模式、建设优质教学资源、编写优秀教材变得尤为重要. 我们欣喜地看到上海财经大学数学学院联合人民邮电出版社有限公司,针对"新文科"专业的大学数学课程教学,策划出版了一套大学数学系列教材. 教材配有丰富、优质的网络资源,让学生在深刻理解数学的同时,还能体会到数学的文化价值和在科学、经济领域中的巨大作用.

这套系列教材不仅是应对"新文科"专业建设和教学改革的要求,更是对大学数学教材开发的创新尝试,具有以下三个特点.

1. 落实立德树人根本任务. 这套系列教材在内容中融入德育元素,强化教材对学生的思想引领,旨在突出数学教育"立德树人"的特殊功能.

2. 梳理数学历史,科学诠释高等数学的思想与方法. 法国数学家庞加莱说过:"如果想要预知数学的未来,最合适的途径就是研究数学这门科学的历史和现状." 这套系列教材精心梳理了数学历史点,引导学生以史为鉴,培养学生的学习兴趣.

3. 设计教学案例,从全新视角展示数学规律,培养学生的数学素养. 数学的美在于从纷繁复杂的世界中抽离出简单和谐的规律,这套系列教材精心设计教学案例,引导学生探索、研究数学规律,培养学生的创新能力.

教材建设是人才培养、课程改革永恒的主题,希望社会各界都积极参与到"新文科"专业大学数学课程教材建设和人才培养中来,多出成果,为实现中华民族伟大复兴做出教育工作者应有的贡献.

徐宗本

中国科学院院士

西安交通大学教授

西安数学与数学技术研究院院长

2021 年 6 月

前　言

本书是上海财经大学数学学院多年教学实践和教学改革实际经验的总结，是根据教育部高等学校大学数学课程教学指导委员会制定的"经济和管理类本科数学基础课程教学基本要求"，遵循一流课程建设标准和数字时代下经济管理及交叉学科创新人才培养要求，基于教材科学性与应用性相融合的原则精心编写而成的. 本书的特点主要体现在以下三个方面.

1. 紧扣经济管理应用，科学诠释高等数学的思想与方法

（1）本书从"问题引入—有机结合—巧妙应用"三个角度设计全书框架，每章内容均从经济学实例出发，引入高等数学的基本概念、理论和方法，然后基于选材科学性原则，将高等数学理论和经济管理领域中的相关内容进行有机结合，重点突出高等数学的相关理论、方法在经济管理中的应用.

（2）本书全面贯彻党的二十大精神，落实立德树人根本任务，深入挖掘德育元素，将数学思想同经济管理类案例与素养教育紧密结合，使得本书的内容适应数字时代下经济管理及交叉学科创新人才培养的新要求.

2. 对标一流课程建设，打造集"学、练、测、评"于一体的立体化数学教学与自主化学习平台

（1）提供优质在线开放课程平台. 上海财经大学数学学院积极建设并优化在线开放课程平台，为学生提供在线学习课程，为线上线下混合式教学提供支撑.

（2）提供数学自主化学习平台. 本书以培养一流的经管类人才为目标，充分利用经管数据库等平台，将"高等数学"课程基础知识的学习与数据分析能力的培养有效结合，指导学生进行数据挖掘与数据分析案例的学习，提高学生的实验与实践能力.

（3）提供教学辅助数字化平台. 数字化平台提供了具有经管特色的习题库资源，习题库内容丰富，相关题目数量超过 10 000 道，为在线随堂测试、在线自主学习、电子化在线考试、网络流水阅卷、考试数据多维统计分析等提供便利. 其中，电子化在线考试完全模拟了线下考试的题型，以学生为中心，最大限度地满足学生对课程资源的需求.

3. 内容与时俱进，匠心打磨

上海财经大学数学学院经过多年的努力，不断将教学内容改革的成果落实在教材建设上，打造了立体化精品教材，形成了集纸质、电子和网络等多种类型资源于一体的立体化教学资源库.

（1）针对新文科大学数学课程的教学改革新要求，在第一版的基础上新增高阶导数、泰勒公式、反常积分的敛散性判别法、定积分的微元法等内容.

（2）本书在习题的配置上，既注重基本概念、基本理论和基本方法的巩固，又注重加强经济应用. 在第一版的基础上对习题进行了调整，根据难易程度的不同，将原有各小节习题改为 A 级题目，并在此基础上在部分小节增加了综合性更强的 B 级题目，方便学生进行针对性练习. 提供了配套微课视频，主要包含每章的基本要求、重点与难点、精选习题讲解等，学生可以随时扫码学习，也可以提前预习、有效复习等.

（3）本书内容兼顾了学生的考研需求，部分题目选自考研真题，可以让学生通过习题练习，深入理解相关知识点，为考研打下坚实基础.

本书是基于"教育部新文科研究与改革实践""上海市一流本科专业建设"等项目建设的教学改革成果，由上海财经大学王燕军教授设计整体框架和编写思路，编写团队共同完成教材、习题库、电子资源三方面的内容建设. 本书的编写工作主要由王燕军、王琪、叶玉全、王利利、付梅、李枫柏完成，全书由王燕军教授统稿. 本书的编写得到了徐定华教授、程晋教授、徐承龙教授、杨世海教授的指导与帮助，也得到了人民邮电出版社有限公司的大力支持，谨在此对所有人表示衷心的感谢.

王燕军

2025 年 5 月

本书使用指南

为了方便教学，上海财经大学数学学院编写团队为用书教师提供了丰富的配套教学资源，精心制作了教学大纲、PPT 课件、教学教案、课后习题答案、期中期末模拟试卷及答案、微课视频等资源，用书教师如有需要，可登录人邮教育社区（www.ryjiaoyu.com）免费下载.

此外，为了贯彻落实教育数字化的政策要求及线上线下混合式一流课程教学的基本要求，本书提供了数字教材平台、数学自主化学习平台（提供邀请码，见封底）、教学辅助数字化平台、慕课课程，方便教师进行针对性教学. 教学资源分类如图 1 所示.

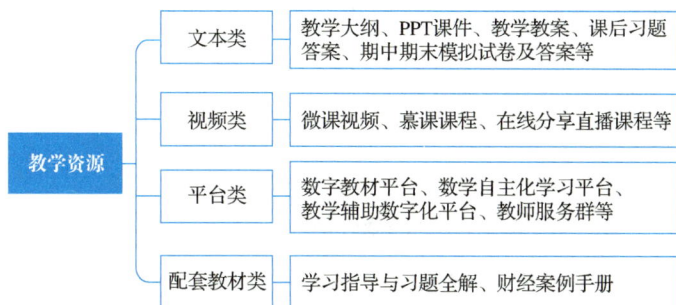

教学资源	文本类	教学大纲、PPT课件、教学教案、课后习题答案、期中期末模拟试卷及答案等
	视频类	微课视频、慕课课程、在线分享直播课程等
	平台类	数字教材平台、数学自主化学习平台、教学辅助数字化平台、教师服务群等
	配套教材类	学习指导与习题全解、财经案例手册

图 1　教学资源分类

本书作为教材使用时，课堂教学建议安排 70 学时或 80 学时，学时建议表如表 1 所示，用书教师可以根据实际情况进行调整.

表 1　学时建议表

章节	内容	建议学时（总学时 70 学时）	建议学时（总学时 80 学时）
第一章	函数、极限与连续	16	18
第二章	导数与微分	14	16
第三章	中值定理与导数的应用	14	16
第四章	不定积分	10	12
第五章	定积分及其应用	16	18

为了帮助学生更加深入地学习本书知识，针对本书的微课视频，上海财经大学数学学院编写团队特意制作了微课页码对照表(见表2)，供学生参考.

表 2　微课页码对照表

页码	微课名称
21	1.1　数列极限的几何意义
24	1.2　自变量趋于无穷时函数极限的几何意义
26	1.3　自变量趋于固定值时函数极限的几何意义
32	1.4　夹逼定理拓展
43	1.5　函数连续性的几何解释
51	1.6　本章小结
60	2.1　导数的几何意义
65	2.2　定理2.3注
80	2.3　参数式函数的二阶导数的求法
84	2.4　微分的几何意义
93	2.5　本章小结
99	3.1　拉格朗日中值定理的几何解释
113	3.2　函数单调性的判别
132	3.3　本章小结
137	4.1　原函数的概念
139	4.2　不定积分的几何意义
161	4.3　本章小结
164	5.1　曲边梯形的面积
172	5.2　积分上限函数
187	5.3　无穷限的反常积分
200	5.4　旋转体的体积
210	5.5　本章小结

为了帮助学生深入理解本书知识，为未来的考研做准备，上海财经大学数学学院编写团队特意制作了数学三考研知识要点与本书内容对照表(见表3)，供学生参考.

表3　数学三考研知识要点与本书内容对照表

数学三考研知识要点(2024版)	对应本书章节
一、函数、极限、连续	
1. 函数的概念、表示法，建立应用问题的函数关系.	第一章　第一节
2. 函数的有界性、单调性、周期性和奇偶性.	第一章　第一节
3. 复合函数及分段函数的概念，反函数的概念，隐函数的概念.	第一章　第一节 第二章　第四节
4. 基本初等函数的性质及其图形，初等函数的概念.	第一章　第一节
5. 函数左极限和右极限的概念、函数极限存在与左极限、右极限之间的关系.	第一章　第三节
6. 极限的性质与极限存在的两个准则，极限的四则运算法则，利用两个重要极限求极限的方法.	第一章　第三节、第四节、第五节
7. 无穷小量、无穷大量的概念，无穷小量的比较方法，等价无穷小求极限.	第一章　第六节
8. 函数连续性的概念(含左连续与右连续)，判别函数间断点的类型.	第一章　第七节
9. 连续函数的性质和初等函数的连续性，闭区间上连续函数的性质(有界性、最大值和最小值定理、介值定理)，会应用这些性质.	第一章　第七节
二、一元函数微分学	
1. 导数的概念及可导性与连续性之间的关系，导数的几何意义与经济意义(含边际与弹性的概念)，会求平面曲线的切线方程和法线方程.	第二章　第一节、第六节
2. 基本初等函数的导数公式、导数的四则运算法则及复合函数的求导法则，分段函数的求导方法、反函数与隐函数的求导方法.	第二章　第二节、第四节
3. 高阶导数的概念，会计算简单函数的高阶导数.	第二章　第三节
4. 微分的概念，导数与微分之间的关系以及一阶微分形式的不变性，函数微分的计算.	第二章　第五节
5. 罗尔定理、拉格朗日中值定理、泰勒定理和柯西中值定理.	第三章　第一节、第三节
6. 洛必达法则求未定式极限的方法.	第三章　第二节
7. 函数单调性的判别方法，函数极值的概念，函数极值、最大值和最小值的计算方法及其应用.	第三章　第四节、第五节
8. 用导数判断函数图形的凹凸性、求函数图形的拐点以及水平、铅直和斜渐近线，会描绘函数的图形.	第三章　第四节

数学三考研知识要点(2024 版)	对应本书章节
三、一元函数积分学	
1. 原函数与不定积分的概念，不定积分的基本性质和基本积分公式，不定积分的换元积分法和分部积分法.	第四章　第一节、第二节、第三节
2. 定积分的概念和基本性质，定积分中值定理，积分上限的函数并会求它的导数，牛顿-莱布尼茨公式以及定积分的换元积分法和分部积分法.	第五章　第一节、第二节、第三节
3. 利用定积分计算平面图形的面积. 旋转体的体积和函数的平均值，利用定积分求解简单的经济应用问题.	第五章　第五节、第六节
4. 反常积分的概念，反常积分收敛的比较判别法，计算反常积分.	第五章　第四节

目　录

习题答案

参考文献

第一章

函数、极限与连续

函数是现实世界中量与量之间的依存关系在数学中的反映. 极限是高等数学中一个重要的基本概念, 是高等数学的理论基础, 高等数学中每一个重要概念的产生过程可以说是人类对极限思想认识的逐渐加深、逐渐明确的过程, 如微分、积分、级数等都是建立在极限概念基础上的. 连续函数是应用非常广泛的函数. 所以学好本章将为以后的学习奠定必要的基础.

本章将进一步阐明函数的定义及种类, 并介绍一些常见的经济函数, 然后将介绍数列极限与函数极限的定义、性质及基本计算方法, 在此基础上介绍函数连续性等基本内容.

第一节　函数

一、集合

1. 集合的概念

确定对象的集体称为集合 (set), 其中组成集合的每个对象叫作集合的元素 (element). 例如:

(1) 某校的学生;

(2) 一元二次方程 $x^2-3x+2=0$ 的解;

(3) 不等式 $2x+3>0$ 的解;

(4) 平面上所有直角三角形.

对于一个给定的集合, 集合中的元素是确定的. 即任何一个对象要么是这个给定集合的元素, 要么不是它的元素. 一般地, 集合用大写的字母 $A,B,C,X,Y,\cdots$ 表示; 元素用小写的字母 $a,b,c,x,y,\cdots$ 表示. 如果 a 是集合 A 的元素, 就说 a 属于 A, 记作 $a\in A$; 如果 a 不是集合 A 的元素, 就说 a 不属于 A, 记作 $a\notin A$.

如果集合 A 中的每一个元素同时也是集合 B 中的元素, 则称 A 是 B 的子集 (subset) 或称 A 包含于 B 或 B 包含 A, 记作 $A\subseteq B$ 或 $B\supseteq A$. 如果 $A\subseteq B$ 且 $B\subseteq A$, 则称 A 与 B 相等 (equality), 记作 $A=B$.

集合一般有两种表示法:

(1) 列举法, 即将集合中所有的元素一一列举出来. 例如由 1,2,3,4,5 五个数字组

成的集合 A，表示为 $A=\{1,2,3,4,5\}$；自然数集 **N** 可表示为 $\mathbf{N}=\{0,1,2,\cdots,n,\cdots\}$.

（2）描述法，即通过刻画集合中元素的性质来说明. 例如一元二次方程 $x^2-3x+2=0$ 的解集 B，表示为 $B=\{x\,|\,x^2-3x+2=0\}$；不等式 $2x+3>0$ 的解集 H，表示为 $H=\{x\,|\,2x+3>0\}$.

由有限个元素组成的集合称为**有限集**（finite set），如某校的学生，一元二次方程 $x^2-3x+2=0$ 的解；由无限个元素组成的集合称为**无限集**（infinite set），如不等式 $2x+3>0$ 的解，平面上所有直角三角形. 不含任何元素的集合称为**空集**（empty set），记作 $\varnothing$，例如由方程 $x^2+3=0$ 的实根组成的集合，就是一个空集. 空集是任何集合的子集.

元素为数的集合称为数集，常见的数集有：自然数集合 **N**，整数集合 **Z**，有理数集合 **Q**，实数集合 **R**，复数集合 **C**. 在这个次序中，前一个集合是后一个集合的子集.

2. 集合的运算

下面介绍集合的三种基本运算：交、并、差.

设 A,B 是已知的集合，则 $\{x\,|\,x\in A$ 且 $x\in B\}$ 称为 A 与 B 的**交集**（intersection of sets），记作 $A\cap B$；$\{x\,|\,x\in A$ 或 $x\in B\}$ 称为 A 与 B 的**并集**（union of sets），记作 $A\cup B$；$\{x\,|\,x\in A$ 但 $x\notin B\}$ 称为 A 与 B 的**差集**（difference of sets），记作 $A\setminus B$.

图 1-1 所示阴影部分分别表示 $A\cap B$，$A\cup B$，$A\setminus B$.

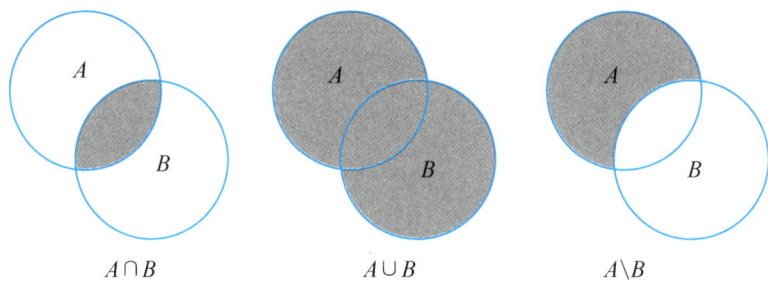

$A\cap B$ $A\cup B$ $A\setminus B$

图 1-1

含有我们所要研究的全部元素的集合称为**全集**（universal set），用 I 表示，则差集 $I\setminus A$ 也称为 A 的**余集**或**补集**（complementary set），记作 $\overline{A}$，例如 $H=\{x\,|\,2x+3>0\}$，$I=\mathbf{R}$，则 $\overline{H}=\{x\,|\,2x+3\leqslant 0\}$.

在两个集合之间还可以定义直积或笛卡儿（Descartes）乘积，设 A，B 是任意两个集合，则由有序对 (a,b) 组成的集合 $\{(a,b)\,|\,a\in A,b\in B\}$ 称为 A 与 B 的直积，记作 $A\times B$，即 $A\times B=\{(a,b)\,|\,a\in A,b\in B\}$. 例如，$\mathbf{R}\times\mathbf{R}=\{(x,y)\,|\,x\in\mathbf{R},y\in\mathbf{R}\}$，即为 xOy 平面上全体点的集合，$\mathbf{R}\times\mathbf{R}$ 常记作 $\mathbf{R}^2$.

二、区间与邻域

1. 区间（interval）

若 **R** 表示实数集，当 $a,b\in\mathbf{R}$，且 $a<b$ 时，定义各类区间如下：

有限区间：$[a,b]=\{x\,|\,a\leqslant x\leqslant b,x\in\mathbf{R}\}$，

$$(a,b)=\{x\,|\,a<x<b,x\in\mathbf{R}\},$$

$$[a,b)=\{x\,|\,a\leqslant x<b,x\in\mathbf{R}\},$$

$$(a,b] = \{x \mid a<x\leqslant b, x\in \mathbf{R}\};$$

无穷区间：$(-\infty, +\infty) = \{x \mid -\infty<x<+\infty, x\in \mathbf{R}\}$,

$$(-\infty, a] = \{x \mid -\infty<x\leqslant a, x\in \mathbf{R}\},$$

$$(-\infty, a) = \{x \mid -\infty<x<a, x\in \mathbf{R}\},$$

$$[a, +\infty) = \{x \mid a\leqslant x<+\infty, x\in \mathbf{R}\},$$

$$(a, +\infty) = \{x \mid a<x<+\infty, x\in \mathbf{R}\}.$$

2. 邻域

定义 1.1　设 x_0 与 δ 是两个实数，且 $\delta>0$，满足不等式 $|x-x_0|<\delta$ 的实数 x 的全体称为 x_0 的 δ **邻域**(neighborhood).

若用 $U(x_0, \delta)$ 表示 x_0 的 δ 邻域，则

$$U(x_0, \delta) = (x_0-\delta, x_0+\delta),$$

其中 x_0 称为 $U(x_0, \delta)$ 的**中心点**(centre)，δ 称为 $U(x_0, \delta)$ 的**半径**(radius)；而

$$\overset{\circ}{U}(x_0, \delta) = (x_0-\delta, x_0) \cup (x_0, x_0+\delta),$$

称为 x_0 的 δ **去心邻域**(deleted neighborhood)，其中 $(x_0-\delta, x_0)$ 称为 $U(x_0, \delta)$ 的**左邻域**(left neighborhood)，$(x_0, x_0+\delta)$ 称为 $U(x_0, \delta)$ 的**右邻域**(right neighborhood).

x_0 的 δ 邻域 $U(x_0, \delta)$ 用数轴形象地表示，如图 1-2 所示.

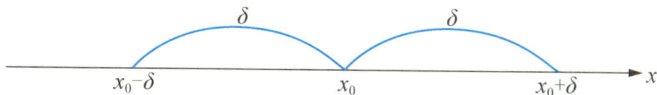

图 1-2

三、函数的概念

1. 函数的定义

所谓变量是指在某一过程中不断变化的量. 例如，某地的气温；某种产品的产量、成本和利润；世界人口的总数等都是变量.

在任何一种自然规律或任何一个经济活动中，各个变量的变化不是孤立的，而是彼此联系并遵循着一定的变化规律. 例如，物理学中自由落体的距离 h 与时间 t 的关系为 $h=\dfrac{1}{2}gt^2$；圆的面积 S 与圆的半径 r 的关系为 $S=\pi r^2$.

在上面的关系式 $h=\dfrac{1}{2}gt^2$，$S=\pi r^2$ 中，变量之间联系的表达式完全不同，但它们却有着相同的本质，即在某个过程中的两个变量是相互联系的，当其中一个变量在某一范围内每取一个值时，另一个变量就按照一定的规律，在 $\mathbf{R}$ 中有唯一确定的值与之对应. 变量之间的这种相互依赖关系就是函数的概念，下面给出一元函数(只含一个自变量的函数)的定义.

定义 1.2　设有两个变量 x 和 y，如果当变量 x 在某非空实数集合 D 内任取一个数值时，变量 y 按照一定的法则(对应规律) f，在 $\mathbf{R}$ 中都有唯一确定的值 y 与之对应，则称 y 是定义在 D 上的一个**函数**(function). 记作 $y=f(x)$，其中变量 x 称为**自变量**(independent variable），它的取值范围 D 称为函数的定义域（domain），记作 D_f；变量 y 称为因变量（dependent variable），它的取值范围称为函数的值域（range），记为 Z_f，即 $Z_f = \{y \mid y = f(x), x \in D_f\}$. 在不引起混淆时，函数的定义域和值域简记为 D, Z.

从函数的定义中不难看出，定义域 D 与对应规律 f 是构成函数的两个基本要素. 如果两个函数的定义域与对应规律都分别相同，则称这两个函数相同.

通常函数的定义域就是使函数表达式在实数范围内有意义的自变量的全体. 当然，在实际问题中，还需根据问题的实际意义来确定.

例1 求下列函数的定义域：

（1）$y = \log_3(1 - x^2)$；

（2）$y = \sqrt{\ln(2x-1)}$；

（3）$y = \dfrac{\sqrt{6-x-x^2}}{x+1}$；

（4）$y = \sqrt{2x+7} + \dfrac{x}{\ln(x+4)}$.

解 （1）由 $1-x^2 > 0$，得 $-1 < x < 1$，故定义域 $D = (-1, 1)$.

（2）由 $\begin{cases} 2x-1>0, \\ \ln(2x-1) \geq 0, \end{cases}$ 即 $\begin{cases} x > \dfrac{1}{2}, \\ x \geq 1, \end{cases}$ 得 $x \geq 1$，故定义域 $D = [1, +\infty)$.

（3）由 $\begin{cases} 6-x-x^2 \geq 0, \\ x+1 \neq 0, \end{cases}$ 即 $\begin{cases} (3+x)(2-x) \geq 0, \\ x+1 \neq 0, \end{cases}$ 得 $\begin{cases} -3 \leq x \leq 2, \\ x \neq -1, \end{cases}$ 故定义域 $D = [-3, -1) \cup (-1, 2]$.

（4）由 $\begin{cases} 2x+7 \geq 0, \\ x+4 > 0, \\ x+4 \neq 1, \end{cases}$ 即 $\begin{cases} x \geq -\dfrac{7}{2}, \\ x > -4, \\ x \neq -3, \end{cases}$ 得 $\begin{cases} x \geq -\dfrac{7}{2}, \\ x \neq -3, \end{cases}$ 故定义域 $D = \left[-\dfrac{7}{2}, -3\right) \cup (-3, +\infty)$.

例2 设 $f(x) = \dfrac{x}{x+1}$，求 $f(1)$，$f(x+1)$，$f\left(\dfrac{1}{x}\right)$.

解 $f(1) = \dfrac{x}{x+1}\bigg|_{x=1} = \dfrac{1}{2}$；

$f(x+1) = \dfrac{(x+1)}{(x+1)+1} = \dfrac{x+1}{x+2}$；

$f\left(\dfrac{1}{x}\right) = \dfrac{\dfrac{1}{x}}{\dfrac{1}{x}+1} = \dfrac{1}{1+x}$.

例3 设 $f\left(\dfrac{x+1}{x-1}\right) = 3x+2$，求 $f(x)$.

解 用换元法，令 $t = \dfrac{x+1}{x-1}$，则 $x = \dfrac{t+1}{t-1}$，于是

$$f(t) = \dfrac{3(t+1)}{t-1} + 2,$$

将 t 换成 x，即得

$$f(x) = \frac{3(x+1)}{x-1} + 2 = \frac{5x+1}{x-1}.$$

2. 函数的表示法

函数的表示法一般有三种：公式法（解析法）、表格法与图示法. 函数的三种表示法各有其特点，表格法和图示法直观明了，而公式法易于运算，便于理论研究.

（1）公式法

公式法也称解析法，就是用解析表达式来表示函数关系的一种方法，常有显式与隐式两种.

显式的标准形式为 $y = f(x)$，这里 $f(x)$ 是一个含自变量 x 的解析式，例如 $y = x^2 + \sin x$，$y = \sqrt{9-x^2} + \ln x$ 等.

隐式的标准形式为 $F(x, y) = 0$，这里 $F(x, y)$ 是一个含自变量 x 与因变量 y 的解析式，由 x 的值和 $F(x, y) = 0$ 可确定相应 y 的值，例如 $x^2 + y^2 - 4 = 0 \, (y > 0)$.

（2）表格法

在现实生活中许多函数关系难以用公式来表示，例如一天的气温作为时间的函数，表示这些函数关系就用表格法与图示法.

例如某城市一年里每月大米的销售量（单位：万吨）如下表所示：

月份 t	1	2	3	4	5	6	7	8	9	10	11	12
销售量 s	144	161	123	81	84	50	45	40	45	90	100	120

上表表示了某城市大米销售量 s 随月份 t 而变化的函数关系.

（3）图示法

图示法是用图形来表示函数关系的方法，它直观性强. 随着计算机的发展，图示法得到越来越广泛的使用.

例如某河道的一个断面图形，其深度 y 与一侧岸边 O 到测量点的距离 x 的函数关系如图 1-3 所示.

这里深度 y 与测距 x 的函数关系是用图形表示的.

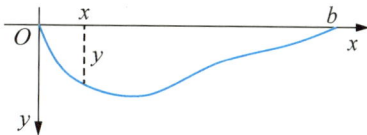

图 1-3

四、函数的几何特性

在讨论一些简单的函数时，它们有时表现出了各自不同的特性. 掌握这些特性，在处理一些相对复杂的函数时是非常有用的. 下面我们就函数的有界性、奇偶性、单调性、周期性进行介绍.

1. 函数的有界性

定义 1.3 设函数 $f(x)$ 的定义域为 D，区间 $I \subseteq D$，若存在正数 M，使得对于 I 上任意点 x，都有

$$|f(x)| \le M$$

成立，则称函数 $f(x)$ 在区间 I 上**有界**，或称 $f(x)$ 为区间 I 上的**有界函数**（bounded function）；

否则，就称函数 $f(x)$ 在区间 I 上**无界**，或称 $f(x)$ 为区间 I 上的**无界函数**（unbounded function）.

显然，在区间 I 上有界的函数 $f(x)$ 的图形一定在区间 I 上介于两条平行直线 $y=\pm M$ 之间.

定义1.4 设函数 $f(x)$ 的定义域为 D，区间 $I\subseteq D$，若存在数 A，使得对于区间 I 上任意点 x，都有

$$f(x)\leqslant A$$

成立，则称 $f(x)$ 在区间 I 上有**上界**（upper bound）；若存在数 B，使得对于区间 I 上任意点 x，都有

$$f(x)\geqslant B$$

则称 $f(x)$ 在区间 I 上有**下界**（lower bound）.

显然，有界函数必有上界和下界；反之，既有上界又有下界的函数必是有界函数.

例如 $y=\sin x$ 与 $y=\cos x$ 在定义域 $(-\infty,+\infty)$ 内有界，这是因为 $|\sin x|\leqslant 1$，$|\cos x|\leqslant 1$；函数 $y=\sqrt{1-x^2}$ 在定义域 $[-1,1]$ 上有界，这是因为 $0\leqslant y\leqslant 1$. 而函数 $y=x^2$ 在定义域 $(-\infty,+\infty)$ 内是无界函数，因为它只有下界而无上界.

注 函数的有界性与所选的区间有关. 例如 $y=\dfrac{1}{x}$ 在 $(0,1)$ 内无界，但在 $(1,2)$ 内有界.

2. 函数的奇偶性

定义1.5 设函数 $f(x)$ 的定义域 D 关于原点对称（即若 $x\in D$，则必有 $-x\in D$），若对每一个 $x\in D$，都有

$$f(-x)=-f(x)$$

成立，则称 $f(x)$ 为**奇函数**（odd function）；若对每一个 $x\in D$，都有

$$f(-x)=f(x)$$

成立，则称 $f(x)$ 为**偶函数**（even function）.

例如，函数 $y=x^3$，$y=\sin x$ 是奇函数，函数 $y=x^2$，$y=\cos x$，$y=C$（C 为非零常数）是偶函数，函数 $y=0$ 既是奇函数又是偶函数，而函数 $y=\sin x+\cos x$ 既不是奇函数也不是偶函数. 显然，奇函数的图形关于原点对称，而偶函数的图形则关于 y 轴即直线 $x=0$ 对称.

例4 判断下列函数的奇偶性：

（1）$f(x)=x^4-3x^2$；

（2）$f(x)=\ln(x+\sqrt{1+x^2})$；

（3）$f(x)=x^3+1$.

解（1）定义域为 $(-\infty,+\infty)$，因为 $f(-x)=(-x)^4-3(-x)^2=x^4-3x^2=f(x)$，所以 $f(x)=x^4-3x^2$ 是偶函数.

（2）定义域为 $(-\infty,+\infty)$，因为

$$f(-x)=\ln\left[-x+\sqrt{1+(-x)^2}\right]=\ln(-x+\sqrt{1+x^2})=\ln\frac{1}{x+\sqrt{1+x^2}}=-\ln(x+\sqrt{1+x^2})=-f(x),$$

所以 $f(x)=\ln(x+\sqrt{1+x^2})$ 是奇函数.

（3）定义域为 $(-\infty,+\infty)$，因为 $f(-x)=(-x)^3+1=-x^3+1$，既不等于 $f(x)=x^3+1$，也不等于 $-f(x)=-x^3-1$，所以 $f(x)=x^3+1$ 既不是偶函数也不是奇函数.

3. 函数的单调性

定义 1.6 设函数 $f(x)$ 的定义域为 D，区间 $I\subseteq D$，若对于区间 I 上任意两点 x_1 及 x_2，当 $x_1<x_2$ 时，恒有

$$f(x_1)\leqslant f(x_2)(f(x_1)<f(x_2))$$

成立，则称 $f(x)$ 在该区间上**单调增加**（monotone increasing）（严格单调增加）；当 $x_1<x_2$ 时，恒有

$$f(x_1)\geqslant f(x_2)(f(x_1)>f(x_2))$$

成立，则称 $f(x)$ 在该区间上**单调减少**（monotone decreasing）（严格单调减少）.

单调增加函数或单调减少函数统称为**单调函数**（monotone function）. 例如 $y=x^2$ 在 $(-\infty,0)$ 内是单调减少函数，在 $(0,+\infty)$ 内是单调增加函数，但在整个定义域 $(-\infty,+\infty)$ 内它不是单调函数.

若在某区间给定函数为单调的，则称该区间为这个函数的单调区间. 故 $(-\infty,0)$ 为函数 $y=x^2$ 的单调减少区间，$(0,+\infty)$ 为函数 $y=x^2$ 的单调增加区间.

例 5 判断函数 $y=x^3$ 的单调性.

解
$$x_1^3-x_2^3=(x_1-x_2)(x_1^2+x_1x_2+x_2^2)$$
$$=(x_1-x_2)\left[\left(x_1+\frac{1}{2}x_2\right)^2+\frac{3}{4}x_2^2\right],$$

当 $x_1<x_2$ 时，恒有 $x_1^3<x_2^3$.

因此，函数 $y=x^3$ 在 $(-\infty,+\infty)$ 内单调增加，它的图形如图 1-4 所示.

第三章中将对函数单调性作进一步的研究.

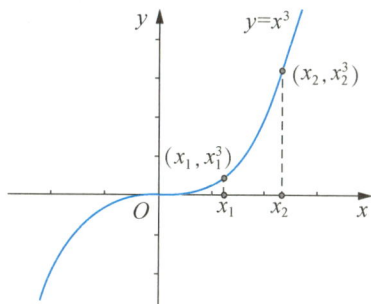

图 1-4

4. 函数的周期性

定义 1.7 设函数 $f(x)$ 的定义域为 D，如果存在一个非零常数 T，使得对于定义域内的任意 x，都有

$$f(x+T)=f(x)$$

成立，则称 $f(x)$ 为**周期函数**（periodic function）. T 称为函数 $f(x)$ 的**周期**（period）.

如果 T 是函数 $f(x)$ 的一个周期，则 $2T$，$3T$ 等也是 $f(x)$ 的周期，一般说的周期指的是最小正周期. 例如 $y=\sin x$ 与 $y=\cos x$ 都是周期为 2π 的周期函数，而 $y=\tan x$ 与 $y=\cot x$ 都是周期为 π 的周期函数.

例 6 求函数 $y=\sin^4 x+\cos^4 x$ 的周期.

解
$$y=\sin^4 x+\cos^4 x=(\sin^2 x+\cos^2 x)^2-2\sin^2 x\cdot\cos^2 x$$
$$=1-\frac{\sin^2 2x}{2}=1-\frac{1-\cos 4x}{4}=\frac{3}{4}+\frac{1}{4}\cos 4x,$$

所以，函数 $y=\sin^4 x+\cos^4 x$ 的周期为 $T=\dfrac{\pi}{2}$.

五、反函数

定义 1.8 设函数 $y=f(x)$ 的定义域为 D，值域为 Z_f，若对任何 $y \in Z_f$，都有唯一确定的 $x \in D$ 与之对应，且满足 $f(x)=y$，则 x 是定义在 Z_f 上以 y 为自变量的函数，记为

$$x=\varphi(y)，\quad y \in Z_f，$$

称其为 $y=f(x)$ 的**反函数**（inverse function）.

注意到函数 $y=f(x)$ 中，x 是自变量，y 是因变量，定义域为 D，值域为 Z_f，而函数 $x=\varphi(y)$ 中，y 是自变量，x 是因变量，定义域为 Z_f，值域为 D.

习惯上，自变量用 x 表示，因变量用 y 表示，因此 $x=\varphi(y)$ 可写为 $y=\varphi(x)$ 或 $y=f^{-1}(x)$.

显然 $y=f(x)$ 与 $y=f^{-1}(x)$ 互为反函数，且 $y=f^{-1}(x)$ 的定义域和值域分别是 $y=f(x)$ 的值域和定义域. 函数 $y=f(x)$ 与 $y=f^{-1}(x)$ 的图形关于直线 $y=x$ 对称.

需要指出，并非所有的函数都存在反函数. 例如，函数 $y=x^2$ 在定义域 $(-\infty, +\infty)$ 内就没有反函数. 只有一一对应函数，才存在反函数，且反函数也一一对应.

求反函数的步骤是：先从 $y=f(x)$ 中解出 $x=\varphi(y)$，然后将 x 与 y 互换，即得到反函数 $y=f^{-1}(x)$.

例 7 求下列函数的反函数：

（1）$y=\dfrac{2x-1}{1-x}$；

（2）$y=1+\lg(x+2)$.

解 （1）由 $y=\dfrac{2x-1}{1-x}$ 得 $y-yx=2x-1$，

解之得

$$x=\frac{1+y}{2+y}，$$

故所求反函数为

$$y=\frac{1+x}{2+x}.$$

（2）由 $y=1+\lg(x+2)$ 得 $\lg(x+2)=y-1$，

解之得

$$x=10^{y-1}-2，$$

故所求反函数为

$$y=10^{x-1}-2.$$

六、分段函数

在用解析法表示函数时，有时需要在不同范围中用不同的数学式子来表示一个函数，这种函数称为**分段函数**.

例 8 求函数 $f(x)=\begin{cases} x+1, & x<0, \\ 1, & 0<x<1, \\ 2x-1, & 1 \leqslant x<2 \end{cases}$ 的定义域及函数值 $f(-1)$，$f\left(\dfrac{1}{2}\right)$，$f(1)$，并

作其图形.

解 它是一个分段函数,定义域是其各段定义区间的并集,即 $D=(-\infty,0)\cup(0,2)$;

函数值 $f(-1)=(x+1)\big|_{x=-1}=0$, $f\left(\dfrac{1}{2}\right)=1$, $f(1)=(2x-1)\big|_{x=1}=1$;

其图形如图 1-5 所示.

例 9 求函数 $y=[x]$ 的定义域,并作其图形.

解 这个函数称为取整函数,$y=[x]$ 表示不超过 x 的最大整数,即

$$y=[x]=n,\ n\leqslant x<n+1,\ n=0,\pm1,\pm2,\cdots,$$

这是一个分段函数,它的定义域 $D=(-\infty,+\infty)$,图形如图 1-6 所示.

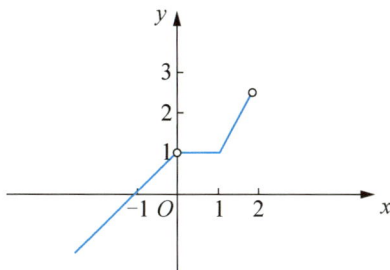

图 1-5

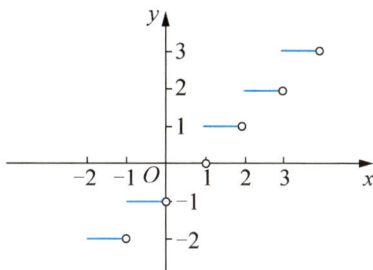

图 1-6

例 10 已知函数 $f(x)=\begin{cases} x+2, & 0\leqslant x\leqslant 2, \\ x^2, & 2<x\leqslant 4. \end{cases}$ 求 $f(x-1)$.

解 事实上,$f(x-1)=\begin{cases} (x-1)+2, & 0\leqslant x-1\leqslant 2, \\ (x-1)^2, & 2<x-1\leqslant 4, \end{cases}$

即 $f(x-1)=\begin{cases} x+1, & 1\leqslant x\leqslant 3, \\ (x-1)^2, & 3<x\leqslant 5. \end{cases}$

例 11 从 5:00 到 23:00 间,上海出租车起步费为 14 元(不超过 3 千米),超过 3 千米不超过 10 千米时,每满 1 千米,加价 2.4 元;超过 10 千米时,每满 1 千米,加价 3.6 元,求出租车费用 y(单位:元)与行驶距离 x(单位:千米)的函数关系式.

解 根据题意可列出函数关系式如下:

$$y=\begin{cases} 14, & 0<x\leqslant 3, \\ 14+2.4(x-3), & 3<x\leqslant 10, \\ 30.8+3.6(x-10), & x>10. \end{cases}$$

七、基本初等函数

1. 常数函数(constant function)

$y=C$(C 为任意实数),其定义域为 $(-\infty,+\infty)$.

2. 幂函数(power function)

幂函数 $y=x^\mu$(μ 为任意实数),其定义域随 μ 的不同而不同.但不论 μ 取何值,$y=x^\mu$ 总在 $(0,+\infty)$ 内有定义,并且图形均经过 $(1,1)$ 点.

当 $\mu = -1$ 时，$y = \dfrac{1}{x}$ 的定义域是 $(-\infty, 0) \cup (0, +\infty)$，如图 1-7 所示.

当 $\mu = \dfrac{1}{2}$ 时，$y = \sqrt{x}$ 的定义域是 $[0, +\infty)$，如图 1-8 所示.

当 $\mu = 2$ 时，$y = x^2$ 的定义域是 $(-\infty, +\infty)$，如图 1-9 所示.

当 $\mu = 3$ 时，$y = x^3$ 的定义域是 $(-\infty, +\infty)$，如图 1-10 所示.

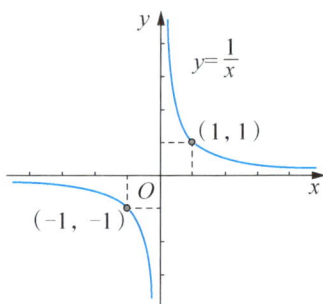

图 1-7

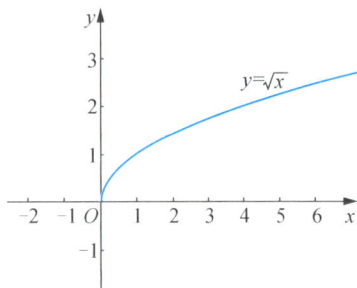

图 1-8

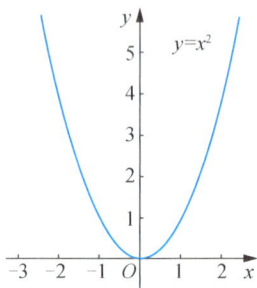

图 1-9

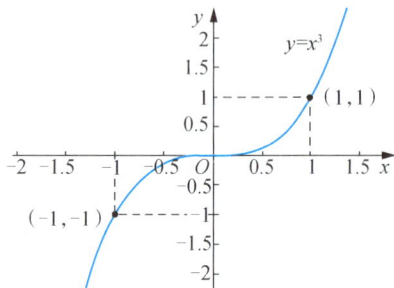

图 1-10

3. 指数函数（exponential function）

$y = a^x (a > 0$ 且 $a \neq 1)$，其定义域为 $(-\infty, +\infty)$. 当 $0 < a < 1$ 时，$y = a^x$ 为单调减少函数；当 $a > 1$ 时，$y = a^x$ 为单调增加函数. 如图 1-11 所示.

在实际中，常出现以 e 为底的指数函数 $y = e^x$，其中 e = 2.71828… 是一个无理数.

有理指数的定义为（其中 n, m 为正整数）：

$$a^0 = 1, \quad a^n = \underbrace{a \cdot a \cdot \cdots \cdot a}_{n \uparrow a}, \quad a^{-n} = \dfrac{1}{a^n},$$

$$a^{\frac{n}{m}} = \sqrt[m]{a^n}, \quad a^{-\frac{n}{m}} = \dfrac{1}{\sqrt[m]{a^n}}.$$

指数运算的性质：

$$a^x \cdot a^y = a^{x+y}, \quad \dfrac{a^x}{a^y} = a^{x-y}, \quad (a^x)^y = a^{xy}.$$

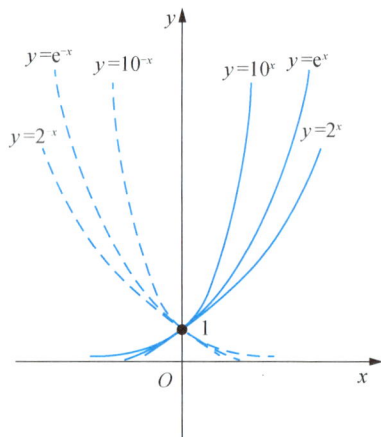

图 1-11

4. 对数函数（logarithmic function）

$y = \log_a x (a > 0$ 且 $a \neq 1)$，其定义域为 $(0, +\infty)$，如图 1-12 所示.

以 10 为底的对数函数记为 $y = \lg x$，称为常用对数，而以 e 为底的对数函数记为 $y = \ln x$，称为自然对数.

根据对数的定义，可以推出两个常用等式：

恒等式　$a^{\log_a N} = N$ $(a>0, a \neq 1)$.

换底公式　$\log_a b = \dfrac{\log_c b}{\log_c a}$ $(a>0, a \neq 1, c>0, c \neq 1)$.

运算的性质：

$\log_a(xy) = \log_a x + \log_a y$,

$\log_a \dfrac{x}{y} = \log_a x - \log_a y$ $(a>0, a \neq 1)$.

图 1-12

5. 三角函数（trigonometric function）

三角函数有以下 6 个：正弦函数 $y = \sin x$；余弦函数 $y = \cos x$；正切函数 $y = \tan x$；余切函数 $y = \cot x$；正割函数 $y = \sec x$；余割函数 $y = \csc x$.

正弦函数与余弦函数的定义域为 $(-\infty, +\infty)$；

正切函数与正割函数的定义域为 $\left\{ x \mid x \neq k\pi + \dfrac{\pi}{2}, k \in \mathbf{Z} \right\}$；

余切函数与余割函数的定义域为 $\{ x \mid x \neq k\pi, k \in \mathbf{Z} \}$.

这 6 个三角函数都是周期函数，$\sin x$，$\cos x$，$\sec x$，$\csc x$ 的最小正周期为 2π；$\tan x$ 与 $\cot x$ 的最小正周期为 π. $\sin x$、$\cos x$、$\tan x$、$\cot x$ 的图形如图 1-13、图 1-14 所示.

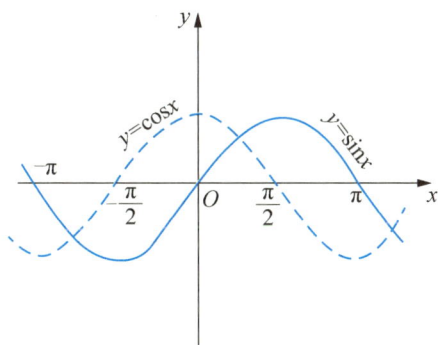

图 1-13

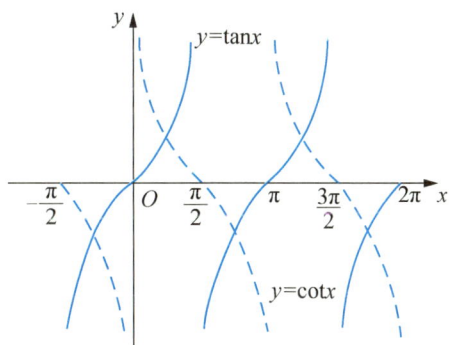

图 1-14

（1）定义

若角 α 是由始边 x 轴的正向绕原点逆时针旋转 α 弧度而得，点 $M(x, y)$ 为其终边上原点外的一点，如图 1-15 所示，则可定义如下：

$$\sin\alpha = \frac{y}{\sqrt{x^2+y^2}}, \qquad \cos\alpha = \frac{x}{\sqrt{x^2+y^2}},$$

$$\tan\alpha = \frac{y}{x}, \qquad \cot\alpha = \frac{1}{\tan\alpha} = \frac{x}{y},$$

$$\sec\alpha = \frac{1}{\cos\alpha} = \frac{\sqrt{x^2+y^2}}{x}, \qquad \csc\alpha = \frac{1}{\sin\alpha} = \frac{\sqrt{x^2+y^2}}{y}.$$

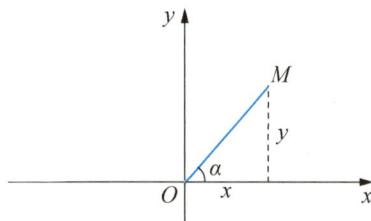

图 1-15

（2）特殊角的三角函数

角度	三角函数					
	sin	cos	tan	cot	sec	csc
$0° = 0$	0	1	0	∞	1	∞
$30° = \dfrac{\pi}{6}$	$\dfrac{1}{2}$	$\dfrac{\sqrt{3}}{2}$	$\dfrac{\sqrt{3}}{3}$	$\sqrt{3}$	$\dfrac{2\sqrt{3}}{3}$	2
$45° = \dfrac{\pi}{4}$	$\dfrac{\sqrt{2}}{2}$	$\dfrac{\sqrt{2}}{2}$	1	1	$\sqrt{2}$	$\sqrt{2}$
$60° = \dfrac{\pi}{3}$	$\dfrac{\sqrt{3}}{2}$	$\dfrac{1}{2}$	$\sqrt{3}$	$\dfrac{\sqrt{3}}{3}$	2	$\dfrac{2\sqrt{3}}{3}$
$90° = \dfrac{\pi}{2}$	1	0	∞	0	∞	1

（3）基本关系式

$$\sin^2\alpha + \cos^2\alpha = 1, \quad \sec^2\alpha - \tan^2\alpha = 1, \quad \csc^2\alpha - \cot^2\alpha = 1.$$

（4）常用公式

和差化积公式：

$$\sin\alpha \pm \sin\beta = 2\sin\frac{\alpha\pm\beta}{2}\cos\frac{\alpha\mp\beta}{2},$$

$$\cos\alpha + \cos\beta = 2\cos\frac{\alpha+\beta}{2}\cos\frac{\alpha-\beta}{2},$$

$$\cos\alpha - \cos\beta = -2\sin\frac{\alpha+\beta}{2}\sin\frac{\alpha-\beta}{2}.$$

倍角公式：

$$\sin2\alpha = 2\sin\alpha\cos\alpha,$$

$$\cos2\alpha = \cos^2\alpha - \sin^2\alpha = 2\cos^2\alpha - 1 = 1 - 2\sin^2\alpha.$$

半角公式：

$$\sin\frac{\alpha}{2} = \pm\sqrt{\frac{1-\cos\alpha}{2}}, \quad \cos\frac{\alpha}{2} = \pm\sqrt{\frac{1+\cos\alpha}{2}}.$$

6. 反三角函数（inverse trigonometric function）

由于三角函数有周期性，因此对应于一个函数值 y 的自变量 x 有无穷多个，在整个定义域上三角函数不存在反函数. 但我们可以选取适当的区间考虑反函数.

反正弦函数 $y = \arcsin x$，它是正弦函数 $y = \sin x$ 在 $\left[-\dfrac{\pi}{2}, \dfrac{\pi}{2}\right]$ 上的反函数. 其定义域为 $[-1,1]$，值域为 $\left[-\dfrac{\pi}{2}, \dfrac{\pi}{2}\right]$，其图形如图 1-16 所示.

反余弦函数 $y = \arccos x$，它是余弦函数 $y = \cos x$ 在 $[0, \pi]$ 上的反函数. 其定义域为 $[-1,1]$，值域为 $[0, \pi]$，其图形如图 1-17 所示.

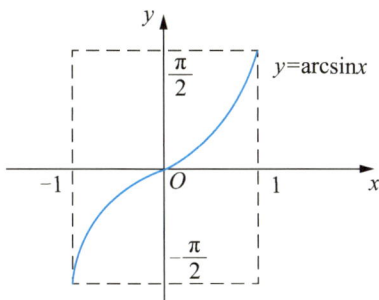

图 1-16

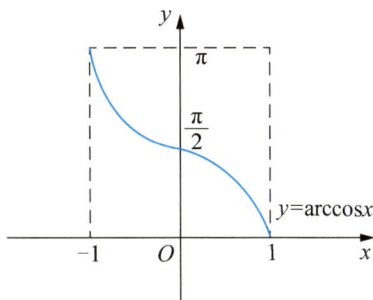

图 1-17

反正切函数 $y = \arctan x$，它是正切函数 $y = \tan x$ 在 $\left(-\dfrac{\pi}{2}, \dfrac{\pi}{2}\right)$ 内的反函数. 其定义域为 $(-\infty, +\infty)$，值域为 $\left(-\dfrac{\pi}{2}, \dfrac{\pi}{2}\right)$，其图形如图 1-18 所示.

反余切函数 $y = \operatorname{arccot} x$，它是余切函数 $y = \cot x$ 在 $(0, \pi)$ 上的反函数，其定义域为 $(-\infty, +\infty)$，值域为 $(0, \pi)$，其图形如图 1-19 所示.

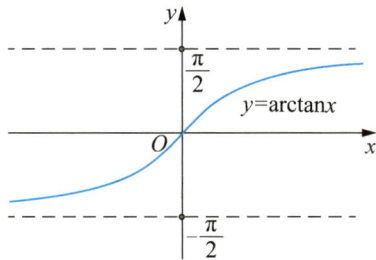

图 1-18

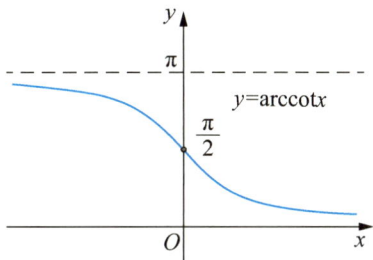

图 1-19

八、函数的运算

1. 函数的四则运算

下面定义函数的四则运算.

定义 1.9 设函数 $f(x), g(x)$ 的定义域都为 $D, k \in \mathbf{R}$，则它们进行四则运算后仍然是一个函数，且定义域不变(除法运算时除数为零的点除外)，函数值的对应定义如下：

(1) 加法运算 $(f+g)(x) = f(x) + g(x), x \in D.$

(2) 数乘运算 $(kf)(x) = kf(x), x \in D.$

(3) 乘法运算 $(fg)(x) = f(x)g(x), x \in D.$

(4) 除法运算 $\left(\dfrac{f}{g}\right)(x) = \dfrac{f(x)}{g(x)}, g(x) \neq 0, x \in D.$

其中等号左端括号内表示对两个函数 f, g 进行运算后所得的函数，它在 x 处的值等于右端的值.

例如，多项式函数

$$P(x) = a_0 x^n + a_1 x^{n-1} + \cdots + a_{n-1} x + a_n$$

是由幂函数经过数乘运算与加法运算得到. 而有理函数

$$R(x) = \frac{a_0 x^n + a_1 x^{n-1} + \cdots + a_{n-1} x + a_n}{b_0 x^m + b_1 x^{m-1} + \cdots + b_{m-1} x + b_m}$$

是由两个多项式函数经过除法运算得到的.

2. 复合函数

定义 1.10　设 y 是 u 的函数 $y = f(u)$，而 u 又是 x 的函数 $u = g(x)$，如果 $u = g(x)$ 的值域包含在 $y = f(u)$ 的定义域内，则称 y 是 x 的**复合函数**（composite function），记作 $y = f[g(x)]$，其中 x 为自变量，y 为因变量，u 为中间变量.

例如，$y = e^u$ 与 $u = \sin x$ 构成复合函数 $y = e^{\sin x}$；$y = \sqrt{u+1}$ 与 $u = \lg x$ 构成复合函数 $y = \sqrt{\lg x + 1}$.

中间变量的个数可以多于一个，即可以由两个以上的函数经过复合构成一个函数. 例如，$y = \cos^3 \sqrt{x}$ 由 $y = u^3$ 与 $u = \cos v$ 以及 $v = \sqrt{x}$ 复合而成，其中 u 与 v 都是中间变量.

在分解复合结构时，必须由表及里，逐层分解，每一层都是基本初等函数或者已是基本初等函数的四则运算形式. 分清复合结构非常重要.

注　并非任何两个函数都可构成一个复合函数. 例如，由 $y = \lg u$ 与 $u = -x^2$ 就不能构成复合函数，这是因为 $y = \lg u$ 的定义域 $(0, +\infty)$ 与 $u = -x^2$ 的值域 $(-\infty, 0]$ 的交集是空集.

例 12　设 $f(x) = \sqrt{x}, g(x) = x^2 - 9$，求 $f[g(x)]$ 的定义域.

解　因为 $f[g(x)] = \sqrt{x^2 - 9}$，由 $x^2 - 9 \geqslant 0$，得 $x \geqslant 3$ 或 $x \leqslant -3$，故定义域 $D = (-\infty, -3] \cup [3, +\infty)$.

例 13　分解下列复合函数的复合结构（即将下列函数分解成用基本初等函数表示）：

（1）$y = e^{\sqrt{x^2 + x}}$；　　　　　（2）$y = \ln\cos\sqrt{x^2 + 3}$.

解　（1）最外层是 $y = e^u$，第二层是 $u = \sqrt{v}$，内层是 $v = x^2 + x$.

（2）最外层是 $y = \ln u$，第二层是 $u = \cos v$，第三层是 $v = \sqrt{w}$，内层是 $w = x^2 + 3$.

3. 初等函数

定义 1.11　由基本初等函数经过有限次四则运算或有限次复合运算所构成，并可用一个式子表示的函数称为**初等函数**（elementary function）.

例如，$y = \lg \cos^2 x$，$y = \sin\sqrt{x} + e^{-2x}$ 等都是初等函数.

通常分段函数不是初等函数，但有些分段函数仍是初等函数. 例如

$$f(x) = |x| = \begin{cases} -x, & x < 0, \\ x, & x \geqslant 0 \end{cases}$$

是分段函数，但它又可表示为 $f(x) = \sqrt{x^2}$，故也可看作初等函数.

这里再介绍形如 $[f(x)]^{g(x)}$ 的函数（其中 $f(x)$ 与 $g(x)$ 都是初等函数，$f(x) > 0$），称之为幂指函数. 由于

$$[f(x)]^{g(x)} = e^{g(x)\ln f(x)},$$

因此幂指函数也是初等函数.

例如，$x^{\sin x} = e^{\sin x \ln x} (x>0)$，$(1+x)^{\frac{1}{x}} = e^{\frac{1}{x} \ln(1+x)} (x>-1, x \neq 0)$ 都是初等函数.

九、常见的经济函数

在经济分析中，或人们在从事生产和经营活动时，所关心的问题是产品的成本、销售的收益和获得的利润. 通常把成本、收益和利润称为经济变量. 在不考虑一些次要因素的情况下，这些经济变量都只与其产品的产量或销售量 Q 有关，可以看成是 Q 的函数.

1. 需求函数 (Demand Function)

市场上某种商品的需求量 Q 是指消费者愿意购买且有能力购买的该商品的数量，它与该商品本身的价格、消费者的收入以及与该商品有关的商品的价格等因素有关，我们暂且只把需求量 Q_d（或 Q）看作是该商品本身价格 P 的函数，即 $Q_d = f_d(P)$，称之为需求函数.

一般来说，需求函数 $Q_d = f_d(P)$ 是关于价格 P 的单调减少函数. 商品价格的上涨会使需求量减少，商品价格的下降会使需求量增加. 反过来，需求量也会影响商品的价格，价格 P 也可以表示成需求量 Q_d（或 Q）的函数，即 $P = D(Q)$，称之为价格函数.

常用下面的几种初等函数来近似表示需求函数：

线性函数 $Q_d = -aP + b$，$a>0$，$b>0$.

幂函数 $Q_d = aP^{-k}$，$a>0$，$k>0$.

指数函数 $Q_d = ae^{-kP}$，$a>0$，$k>0$.

2. 供给函数 (Supply Function)

供给函数是对生产者或经营者而言的. 供给必须具备两个条件：一是有出售商品的愿望，二是有可供出售的商品. 类似于需求，供给也受许多因素的影响. 若不考虑其他因素，只考虑价格因素对供给的影响，这时供给量 Q_s（或 Q）看作是该商品本身价格 P 的函数，记作 $Q_s = f_s(P)$，称之为供给函数.

一般来说，供给函数 $Q_s = f_s(P)$ 是关于价格 P 的单调增加函数. 如果商品的价格下降，生产者或经营者获得的利润就减少，生产量就下降，因而供给量降低；而当商品的价格上升时，会导致供给量增加. 反过来，供给量也会影响商品的价格，价格 P 也可以表示成供给量 Q_s（或 Q）的函数，即 $P = S(Q)$.

常用下面的几种初等函数来近似表示供给函数：

线性函数 $Q_s = aP + b$，$a>0$.

幂函数 $Q_s = aP^k$，$a>0$，$k>0$.

指数函数 $Q_s = ae^{kP}$，$a>0$，$k>0$.

在经济领域中，需求曲线与供给曲线的交点 (P_0, Q_0) 称为供需平衡点. 所谓"均衡价格"就是指市场上对某种商品的需求量与供给量相等时的价格 P_0. 当市场价格 $P > P_0$ 时，供大于求，商品滞销；当 $P < P_0$ 时，供不应求，商品短缺. 如图 1-20 所示.

在经济学中，常用 $D = D(P)$ 表示需求函数，$S = S(P)$ 表示供给函数.

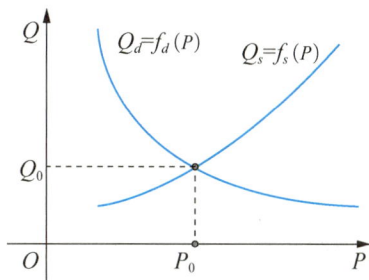

图 1-20

3. 成本函数（Cost Function）

成本函数 $C(Q)$ 即生产 Q 单位产品的总成本，包括固定成本 C_0 和可变成本 $C_1(Q)$，即 $C(Q)=C_0+C_1(Q)$.

固定成本是指支付固定生产要素的费用，包括厂房、机器设备等，它与产量 Q 无关；可变成本是指支付可变生产要素的费用，包括原材料、工人工资等，它随着产量 Q 的变动而变化.

而 $\dfrac{C(Q)}{Q}$ 称为平均成本函数，即单位产品的成本，记作 $\bar{C}(Q)$，即 $\bar{C}(Q)=\dfrac{C(Q)}{Q}$.

4. 收益函数（Revenue Function）

收益函数即销售 Q 单位产品的总收益，设产品的单价为 P，销售量等于需求量 Q，则收益 $R(Q)=PQ$，这里的 P 可以是给定的常数，也可以是需求量 Q 的函数 $P(Q)$，那么 $R(Q)=P(Q)Q$.

而 $\dfrac{R(Q)}{Q}$ 称为平均收益，即单位产品的收益，记作 $\bar{R}(Q)$，即 $\bar{R}(Q)=\dfrac{R(Q)}{Q}=P$.

5. 利润函数（Profit Function）

利润函数即生产或销售 Q 单位产品的总利润，设产销平衡，即产量等于销售量 Q，显然有利润 $L(Q)=R(Q)-C(Q)$.

而 $\dfrac{L(Q)}{Q}$ 称为平均利润，即单位产品的利润，记作 $\bar{L}(Q)$，即 $\bar{L}(Q)=\dfrac{L(Q)}{Q}$.

例 14　若某商品的需求量 Q（台）是价格 P（元）的线性函数. 已知每台售价 500 元时，每月可销售 1500 台，如果每台售价降为 450 元时，每月可增销 250 台，试求线性需求函数.

解　设 $Q=aP+b$，由题意得
$$\begin{cases} 1500=500a+b, \\ 1750=450a+b, \end{cases}$$
解得 $a=-5,b=4000$，于是需求函数为 $Q=-5P+4000$（台）.

例 15　设某商品的需求量函数为
$$Q=-aP+b,\ a>0,\ b>0,$$
讨论当价格 $P=0$ 时的需求量和当 $Q=0$ 时的价格.

解　当价格 $P=0$ 时，需求量 $Q=b$，表示当价格为零时，消费者对商品的需求量为 b，b 也就是市场对该商品的饱和需求量；当需求量 $Q=0$ 时，价格 $P=\dfrac{b}{a}$，它表示价格上涨到 $\dfrac{b}{a}$ 时，没有人愿意购买该商品.

例 16　已知某商品的需求函数和供给函数分别为
$$Q_d=10-P,\ Q_s=-5+4P,$$
求该商品的均衡价格.

解　由 $Q_d=Q_s$，即 $10-P=-5+4P$，解得 $P=3$，即均衡价格
$$P_0=3.$$

例 17 设生产某种产品，固定成本为 1000 元，且每多生产 1 件产品，成本增加 4 元，每件售价为 7 元，假设产销平衡，求：（1）成本函数；（2）单位成本函数；（3）收益函数；（4）利润函数.

解 设产量为 Q 件，则

（1）成本函数 $C(Q)=1000+4Q$（元）.

（2）单位成本函数 $\bar{C}(Q)=\dfrac{1000}{Q}+4$（元/件）.

（3）收益函数 $R(Q)=7Q$（元）.

（4）利润函数 $L(Q)=R(Q)-C(Q)=3Q-1000$（元）.

例 18 生产某种产品，固定成本为 5 万元，且每多生产 10 000 台，成本增加 3 万元，已知需求函数 $Q=20-2P$（其中 P 表示价格，单位为万元，Q 表示需求量，单位为万台），假设产销平衡，试写出利润函数 $L(Q)$ 的表达式.

解 收益函数 $\quad R(Q)=PQ=\dfrac{20-Q}{2}Q=-\dfrac{1}{2}Q^2+10Q$（万元），

成本函数 $\quad C(Q)=5+3Q$（万元），

利润函数 $\quad L(Q)=R(Q)-C(Q)=-\dfrac{1}{2}Q^2+7Q-5\ (0\leqslant Q\leqslant 20)$（万元）.

习题 1-1

A 级题目

1. 求下列函数的定义域，并用区间表示：

（1）$y=\sqrt{16-x^2}$；　　　　　　　　（2）$y=\dfrac{x-3}{x^2-2x+4}$；

（3）$y=\dfrac{1}{x}-\sqrt{1-x^2}$；　　　　　　（4）$y=\dfrac{\lg(x-1)}{x-2}$；

（5）$y=\arcsin\dfrac{x-1}{2}$；　　　　　　（6）$y=\begin{cases}x^2+1, & x<0,\\ \ln x, & x>0.\end{cases}$

2. 设 $f(x)=x^2+3x-2$，求 $f(0)$，$f(1)$，$f(-1)$，$f(-x)$，$f\left(\dfrac{1}{x}\right)$，$f(x+1)$.

3. 设 $f(x)=\begin{cases}3x+1, & x<1,\\ \ln x, & x\geqslant 1.\end{cases}$ 求 $f(0)$，$f(1)$，$f(2)$.

4. 判别下列函数的奇偶性，并加以说明：

（1）$f(x)=\sin(x^5-2x^3+3x)$；　　　（2）$f(x)=\dfrac{\sin x}{x}+\cos x$；

（3）$f(x)=x+\cos x$；　　　　　　　（4）$f(x)=\ln(\sqrt{x^2+1}-x)$；

（5）$f(x)=\lg\dfrac{1-x}{1+x}$；　　　　　　（6）$f(x)=\dfrac{\cos x}{1-x^2}$.

5. 设函数 $f(x)=\begin{cases}\sqrt{1-x^2}, & |x|\leqslant 1,\\ |x|-1, & |x|>1.\end{cases}$

（1）画出函数 $y = f(x)$ 的图形；

（2）判断函数 $f(x)$ 的奇偶性；

（3）求 $f\left(\dfrac{1}{2}\right)$，$f(3)$ 的值.

6. 求下列函数的反函数：

（1）$y = 2x + 3$；

（2）$y = \dfrac{x-2}{x+2}$；

（3）$y = x^3 - 4$；

（4）$y = 2 + \lg(3x+1)$；

（5）$y = \dfrac{2^x}{2^x + 1}$；

（6）$y = 1 + e^{2+x}$.

7. 将下列函数表示成分段函数：

（1）$f(x) = 2 + |x-1|$；

（2）$f(x) = 2x + \sqrt{x^2 + 2x + 1}$.

8. 设 $f(x)$ 是定义在 $(-\infty, +\infty)$ 的函数，$g(x) = f(x) + f(-x)$，$h(x) = f(x) - f(-x)$. 判别函数 $g(x)$ 与 $h(x)$ 的奇偶性.

9. 对于下列给定的函数 $f(x)$ 与 $g(x)$，求复合函数 $f[g(x)]$ 的表达式和定义域.

（1）$f(x) = \ln x$，$g(x) = 2^x$；

（2）$f(x) = x^2$，$g(x) = 2^x$；

（3）$f(x) = \dfrac{x-1}{x}$，$g(x) = \dfrac{x}{1-x}$；

（4）$f(x) = \arcsin x$，$g(x) = \sqrt{x-1}$.

10. 设 $f(x) = \dfrac{x}{1+x}$，求 $f[f(x)]$ 与 $f\{f[f(x)]\}$.

11. 设 $f(x) = \dfrac{1-x}{1+x}$，求 $f(x+1)$ 与 $f\left(\dfrac{1}{x}\right)$.

12. 设 $f(x+2) = x^2 - x + 3$，求 $f(x)$.

13. 设 $f(x) = x^2 + 3$，$g(x) = \lg(1+x)$，求 $f[g(x)]$，$g[f(x)]$.

14. 将下列函数分解成基本初等函数表示：

（1）$y = \sqrt{2x+3}$；

（2）$y = 3^{\sqrt{x}}$；

（3）$y = \lg \cos^2 x$；

（4）$y = \sin^5 \sqrt{x}$；

（5）$y = \arctan e^{\frac{1}{x}}$；

（6）$y = \cot^2 \ln x$.

15. 某化肥厂日产量最多为 m 吨，已知固定成本为 a 元，每多生产 1 吨化肥，成本增加 k 元. 若每吨化肥的售价为 P 元，试写出利润 L 与产量 x 的函数关系式.

16. 生产某种产品，固定成本为 2 万元，每多生产 10 000 台，成本增加 1 万元，已知需求函数为 $Q = 20 - 4P$（其中 P 表示产品的价格，单位为万元，Q 表示需求量，单位为万台），假设产销平衡，试写出（1）成本函数；（2）收益函数；（3）利润函数.

17. 某商场以每件 a 元的价格出售某种商品，若顾客一次购买 50 件以上，则超出 50 件的部分以每件 $0.8a$ 元的优惠价出售，试将一次成交的销售收入表示成销售量 x 的函数.

第二节 数列的极限

一、引例

战国时代哲学家庄周所著的《庄子·天下篇》引用过一句话"一尺之棰，日取其半，万世不竭"。也就是说一根长为一尺的棒头，每天截去一半，这样的过程可以无限制地进行下去。

把每天截剩下部分的长度记录如下（单位为尺）：

第一天剩下 $\frac{1}{2}$；第二天剩下 $\frac{1}{2^2}$；第三天剩下 $\frac{1}{2^3}$，$\cdots$；第 n 天剩下 $\frac{1}{2^n}$，$\cdots$。这样就得到一系列剩下部分的长度：

$$\frac{1}{2}, \frac{1}{2^2}, \frac{1}{2^3}, \cdots, \frac{1}{2^n}, \cdots \quad \text{或} \quad \left\{\frac{1}{2^n}\right\}.$$

它们构成一列有次序的数（即数列）。当 n 越大，剩下部分的长度就越小。但无论 n 取得如何大，只要 n 取定了，剩下部分的长度 $\frac{1}{2^n}$ 始终存在。因此，设想 n 无限增大（记为 $n \to \infty$，读作 n 趋于无穷大），即无限制地每天截下去，在这个过程中，截剩下部分的长度 $\frac{1}{2^n}$ 无限接近于 0。在数学上称这个确定的数 0 是数列 $\left\{\frac{1}{2^n}\right\}$ 当 $n \to \infty$ 时的极限。

二、数列极限的概念

1. 数列

定义 1.12 按照一定规律，依次排列而永无终止的一列数 $a_1, a_2, \cdots, a_n, \cdots$ 称为**数列**（sequence）。简记为 $\{a_n\}$。其中，第 n 项 a_n 称为数列的**通项**（general term）。

例如，下面的数列：

$(1) \left\{\frac{1}{2^n}\right\}$：$\frac{1}{2}$，$\frac{1}{4}$，$\frac{1}{8}$，$\cdots$，$\frac{1}{2^n}$，$\cdots$；

$(2) \left\{\frac{n}{n+1}\right\}$：$\frac{1}{2}$，$\frac{2}{3}$，$\frac{3}{4}$，$\cdots$，$\frac{n}{n+1}$，$\cdots$；

$(3) \{(-1)^n\}$：-1，1，-1，$\cdots$，$(-1)^n$，$\cdots$；

$(4) \{2n\}$：2，4，6，$\cdots$，$2n$，$\cdots$。

数列 $\{a_n\}$ 可看作是定义在自然数集上的函数：

$$a_n = f(n), \quad n = 1, 2, \cdots.$$

我们考察当自变量 n 无限增大时，通项 a_n 的变化趋势。不难看出，上面数列（1）与（2）中，通项 a_n 无限趋向于某个确定的数；而数列（3）与（4）中，通项 a_n 不趋向于某个确定的数。

定义 1.13 如果数列 $\{a_n\}$ 满足条件

$$a_1 \leqslant a_2 \leqslant \cdots \leqslant a_n \leqslant a_{n+1} \leqslant \cdots,$$

称 $\{a_n\}$ 是**单调递增的数列**；如果数列 $\{a_n\}$ 满足条件

$$a_1 \geqslant a_2 \geqslant \cdots \geqslant a_n \geqslant a_{n+1} \geqslant \cdots,$$

称 $\{a_n\}$ 是**单调递减的数列**. 单调递增的数列和单调递减的数列统称为**单调数列**.

上面数列（1）是单调递减的数列，数列（2）与（4）是单调递增的数列，而数列（3）则不是单调的数列.

定义 1.14 若存在正数 M，对所有的 n 都满足 $|a_n| \leqslant M$，则称数列 $\{a_n\}$ 为**有界数列**，否则称为**无界数列**.

若存在实数 A，对所有的 n 都满足 $a_n \geqslant A$，则称数列 $\{a_n\}$ 为**有下界数列**，A 是数列 $\{a_n\}$ 的一个下界.

同样，若存在实数 B，对所有的 n 都满足 $a_n \leqslant B$，则称数列 $\{a_n\}$ 为**有上界数列**，B 是数列 $\{a_n\}$ 的一个上界.

显然，有界数列既有上界，又有下界；反之，同时具有上界、下界的数列必为有界数列.

上面数列（1）、（2）、（3）是有界数列，而数列（4）是无界数列.

2. 数列极限的定义

定义 1.15（描述性定义） 设数列 $\{a_n\}$，当项数 n 无限增大时，如果通项 a_n 无限趋近于某个常数 A，则称 A 为**数列 $\{a_n\}$ 的极限**（limit），记作

$$\lim_{n\to\infty} a_n = A,$$

否则，称数列 $\{a_n\}$ 发散，或极限 $\lim\limits_{n\to\infty} a_n$ 不存在.

例 1 考察下列数列当 $n\to\infty$ 时的变化情况，并用极限形式表示其结果：

（1）$\left\{\dfrac{1}{2^n}\right\}$；　（2）$\left\{\dfrac{n}{n+1}\right\}$；　（3）$\{(-1)^n\}$；　（4）$\{2n\}$.

解（1）数列 $\left\{\dfrac{1}{2^n}\right\}$ 的通项 $a_n = \dfrac{1}{2^n}$，当 n 无限增大时，a_n 无限趋近于 0，因此 $\lim\limits_{n\to\infty}\dfrac{1}{2^n}=0$.

（2）数列 $\left\{\dfrac{n}{n+1}\right\}$ 的通项 $a_n = \dfrac{n}{n+1}$，当 n 无限增大时，a_n 无限趋近于 1，因此 $\lim\limits_{n\to\infty}\dfrac{n}{n+1}=1$.

（3）数列 $\{(-1)^n\}$ 的通项 $a_n=(-1)^n$，当 n 按奇数增大时，a_n 始终为 -1，当 n 按偶数增大时，a_n 始终为 1，因此，当 $n\to\infty$ 时，a_n 不趋于一个确定的常数，故 $\lim\limits_{n\to\infty}(-1)^n$ 不存在.

（4）数列 $\{2n\}$ 的通项 $a_n=2n$，当 n 无限增大时，a_n 也无限增大，且 a_n 不趋于一个确定的常数，故 $\lim\limits_{n\to\infty}2n$ 不存在，这种情形可记为 $\lim\limits_{n\to\infty}2n=\infty$.

所谓 a_n 无限趋近于 A，即 $|a_n-A|$ 无限趋近于零. 以数列（2）为例作如下分析：

对于 $\left\{\dfrac{n}{n+1}\right\}$：$|a_n-A|=\left|\dfrac{n}{n+1}-1\right|=\dfrac{1}{n+1}$.

若要 $|a_n-1|<\dfrac{1}{10}$，即 $\dfrac{1}{n+1}<\dfrac{1}{10}$，得 $n>9$，这表示从数列的第 10 项起，以后各项与 1 之差的绝对值都小于 $\dfrac{1}{10}$；

若要 $|a_n-1|<\dfrac{1}{100}$，即 $\dfrac{1}{n+1}<\dfrac{1}{100}$，得 $n>99$，这表示从数列的第 100 项起，以后各项

与 1 之差的绝对值都小于 $\dfrac{1}{100}$.

若要 $|a_n-1|<\varepsilon$（其中 ε 是任意给定的一个充分小的正数），即 $\dfrac{1}{n+1}<\varepsilon$，得 $n>\dfrac{1}{\varepsilon}-1$，这表示对于项数 $n>\dfrac{1}{\varepsilon}-1$ 的以后各项，总有 $|a_n-1|<\varepsilon$ 成立.

由于 ε 是任意给定的充分小的正数，不等式 $|a_n-1|<\varepsilon$ 就刻画了 a_n 无限趋近于 1 这个事实，这样的一个数 1，称为数列 $\left\{\dfrac{n}{n+1}\right\}$ 的极限. 由此我们总结出数列极限的 $\varepsilon-N$ 分析定义.

定义 1.16（$\varepsilon-N$ 分析定义）　对于任意给定的正数 ε，总存在一个正整数 N，当项数 $n>N$ 时，有 $|a_n-A|<\varepsilon$ 成立，则称常数 A 是数列 $\{a_n\}$ 的极限，记作

$$\lim_{n\to\infty}a_n=A.$$

为简便起见，上述定义可用下列记号表示：

$$\forall\varepsilon>0,\ \exists N,\ \text{当 } n>N \text{ 时，有 } |a_n-A|<\varepsilon,\ \text{则}\lim_{n\to\infty}a_n=A.$$

这里记号"$\forall$"表示任意的，"$\exists$"表示存在.

注　定义中的 ε 刻画 a_n 与常数 A 的接近程度，N 刻画 n 充分大的程度；ε 是任意给定的正数，N 是随 ε 而确定的正整数.

如果一个数列有极限，则称这个数列是收敛数列（convergent sequence），否则就称它是发散数列（divergent sequence）.

例 2　用定义验证 $\lim\limits_{n\to\infty}\dfrac{2n+1}{n}=2$.

解　$\forall\varepsilon>0$，要使 $\left|\dfrac{2n+1}{n}-2\right|=\dfrac{1}{n}<\varepsilon$ 成立，即 $n>\dfrac{1}{\varepsilon}$，取 $N=\left[\dfrac{1}{\varepsilon}\right]$，可见，$\forall\varepsilon>0$，$\exists N=\left[\dfrac{1}{\varepsilon}\right]$，当 $n>N$ 时，有 $\left|\dfrac{2n+1}{n}-2\right|<\varepsilon$ 成立，所以 $\lim\limits_{n\to\infty}\dfrac{2n+1}{n}=2$.

3. 数列极限的几何意义

$\lim\limits_{n\to\infty}a_n=A$ 在几何上表示凡是下标 n 大于 N 的各项 a_n 所对应的无穷多个点 $a_{N+1},a_{N+2},\cdots$ 全都落在点 A 的 ε 邻域之内，而在邻域之外至多只有 N 个点.

1.1　数列极限的几何意义

三、收敛数列的主要性质

利用数列极限的定义，不难证明下列性质.

定理 1.1（唯一性）　收敛数列的极限是唯一的.

证明　用反证法. 假设收敛数列 $\{a_n\}$ 的极限不唯一，即有 $\lim\limits_{n\to\infty}a_n=A,\lim\limits_{n\to\infty}a_n=B$，且 $A\neq B$，于是对于某个 $\varepsilon=\dfrac{|A-B|}{2}$，由 $\lim\limits_{n\to\infty}a_n=A$ 可知，存在正整数 N_1，当 $n>N_1$ 时，有

$$|a_n-A|<\dfrac{|A-B|}{2};$$

同理，由 $\lim_{n\to\infty} a_n = B$ 可知，存在正整数 N_2，当 $n > N_2$ 时，有

$$|a_n - B| < \frac{|A-B|}{2}.$$

取 $N = \max(N_1, N_2)$，当 $n > N$ 时，$|a_n - A| < \dfrac{|A-B|}{2}$ 与 $|a_n - B| < \dfrac{|A-B|}{2}$ 都成立，于是

$$|A-B| = |A - a_n + a_n - B| \leqslant |A - a_n| + |a_n - B| < 2\varepsilon = |A-B|,$$

矛盾，这就证明了 $A \neq B$ 的假设不成立，所以唯一性得证.

定理 1.2（有界性） 如果数列 $\{a_n\}$ 收敛，那么数列 $\{a_n\}$ 必有界.

证明 由 $\lim_{n\to\infty} a_n = A$ 可知，对于任意给定的正数 ε，存在正整数 N，当 $n > N$ 时，有 $|a_n - A| < \varepsilon$ 成立，取定 $\varepsilon = 1$，存在正整数 N_1，当 $n > N_1$ 时，有 $|a_n - A| < 1$，于是

$$|a_n| = |a_n - A + A| \leqslant |a_n - A| + |A| < 1 + |A|,$$

取 $M = \max(|a_1|, |a_2|, \cdots, |a_{N_1}|, 1 + |A|)$，则对一切 n，有 $|a_n| \leqslant M$ 成立. 因此收敛数列必有界.

注 根据上面结论，如果数列 $\{a_n\}$ 无界，那么数列 $\{a_n\}$ 一定发散；但是，如果数列 $\{a_n\}$ 有界，却不能断定数列 $\{a_n\}$ 一定收敛. 例如，数列 $\{(-1)^n\}$，显然此数列是有界的，但它不收敛. 因此数列有界只是数列收敛的必要条件.

定理 1.3（保号性） 若 $\lim_{n\to\infty} a_n = A$，且 $A > 0$（或 $A < 0$），则存在正整数 N，当 $n > N$ 时，有 $a_n > 0$（或 $a_n < 0$）.

证明 就 $A > 0$ 的情形给出证明，由于 $\lim_{n\to\infty} a_n = A$，于是对于 $\varepsilon = \dfrac{A}{2}$，存在正整数 N，当 $n > N$ 时，有 $|a_n - A| < \dfrac{A}{2}$，即得 $\dfrac{A}{2} < a_n < \dfrac{3A}{2}$，从而 $a_n > 0$，证毕.

对于 $A < 0$ 的情况类似可证.

推论 1.1 如果数列 $\{a_n\}$ 从某项起有 $a_n \geqslant 0$（或 $a_n \leqslant 0$），且 $\lim_{n\to\infty} a_n = A$，则 $A \geqslant 0$（或 $A \leqslant 0$）.

利用反证法，根据保号性容易得此推论.

定理 1.4（收敛数列与其子数列间的关系） 若数列 $\{a_n\}$ 收敛于 A，则它的任一子数列也收敛于 A.

证明 设 $\{a_{n_k}\}$ 是数列 $\{a_n\}$ 的任一子数列.

由于 $\lim_{n\to\infty} a_n = A$，故对于任意给定的正数 ε，存在正整数 N，当 $n > N$ 时，有 $|a_n - A| < \varepsilon$ 成立.

取 $K = N$，则当 $k > K$ 时，有 $n_k > n_K = n_N \geqslant N$，于是 $|a_{n_k} - A| < \varepsilon$，即得证.

习题 1-2

A 级题目

1. 判断下列数列的极限是否存在，若存在，求出极限值.

（1）$\{2^{(-1)^n}\}$；

（2）$\{\sqrt{n+1} - \sqrt{n}\}$.

2. 用数列极限的分析定义验证:

(1) $\lim\limits_{n\to\infty}\dfrac{n+1}{3n+1}=\dfrac{1}{3}$;

(2) $\lim\limits_{n\to\infty}\left(1-\dfrac{1}{2^n}\right)=1$.

第三节　函数的极限

一、函数极限的概念

第二节我们讲了数列的极限. 如果把数列看作自变量 n 的函数 $x_n=f(n)$,那么数列 $\{x_n=f(n)\}$ 的极限为 a,就是当自变量 n 取正整数且无限增大(即 $n\to\infty$)时,对应的函数值 $f(n)$ 无限接近于确定的数 a. 将数列极限概念中函数为 $f(n)$,自变量的变化过程为 $n\to\infty$ 等特殊性撇开,这样可以引出函数极限的一般概念:在自变量的某个变化过程中,如果对应的函数值无限接近于确定的数,那么这个确定的数就叫作自变量在这一变化过程中函数的极限. 这个极限是与自变量的变化过程密切相关的,由于自变量的变化过程不同,函数的极限就表现为不同的形式. 数列极限看作函数 $f(n)$ 当 $n\to\infty$ 时的极限,这里自变量的变化过程是 $n\to\infty$.

下面讲述自变量的变化过程为其他情形时函数 $f(x)$ 的极限,主要研究两种情形:

(1) 自变量 x 的绝对值 $|x|$ 无限增大即趋于无穷大(记作 $x\to\infty$)时,对应的函数值 $f(x)$ 的变化情况;

(2) 自变量 x 任意接近于有限值 x_0,或者说 x 趋于有限值 x_0(记作 $x\to x_0$)时,对应的函数值 $f(x)$ 的变化情况.

1. 当自变量 $x\to\infty$ 时,函数 $f(x)$ 的极限

自变量 x 趋于无穷大包括三种情况:$x>0$ 且 $|x|$ 无限增大,则记作 $x\to+\infty$;$x<0$ 且 $|x|$ 无限增大,则记作 $x\to-\infty$;如果 x 既可以取正值,又可以取负值,且 $|x|$ 无限增大,则记作 $x\to\infty$.

我们先观察函数 $y=f(x)=\arctan x$ 和 $y=f(x)=\dfrac{1}{x}$ 的图形.

对于函数 $y=\arctan x$ 的图形(如图 1-21 所示),当 $x>0$ 且 $|x|$ 无限增大时,曲线无限接近于直线 $y=\dfrac{\pi}{2}$;而当 $x<0$ 且 $|x|$ 无限增大时,曲线无限接近于直线 $y=-\dfrac{\pi}{2}$. 对于函数 $y=\dfrac{1}{x}$ 的图形(如图 1-22 所示),$|x|$ 无限增大,曲线无限接近于 x 轴,即直线 $y=0$.

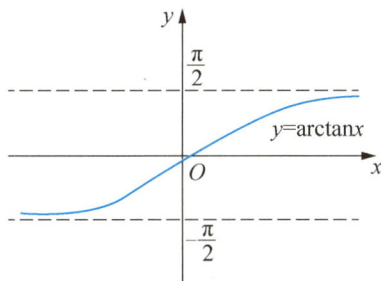

图 1-21

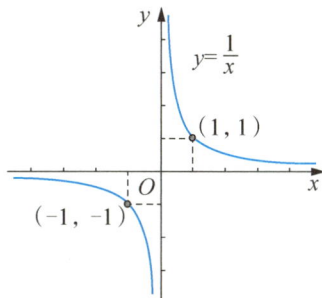

图 1-22

一般地，我们假设函数 $f(x)$ 在 $|x|>M$（M 为某一正数）时有定义，考虑自变量 x 的变化过程为 $x\to\infty$，如果当 $x\to\infty$ 时，对应的函数值 $f(x)$ 无限接近于某个确定的数值 A，那么 A 叫作函数 $f(x)$ 当 $x\to\infty$ 时的极限，精确地说，就有如下定义：

定义 1.17（$\varepsilon-M$ 分析定义） 对于任意给定的正数 ε，总存在一个正数 M，当 $|x|>M$ 时，有

$$|f(x)-A|<\varepsilon$$

成立，则称 A 是**函数 $f(x)$ 当 $x\to\infty$ 时的极限**，记作

$$\lim_{x\to\infty}f(x)=A.$$

注 定义中的 ε 刻画 $f(x)$ 与常数 A 的接近程度，M 刻画 $|x|$ 充分大的程度；ε 是任意给定的正数，M 是随 ε 而确定的正实数.

上述定义可简单记为：

$\forall\varepsilon>0$，$\exists M>0$，当 $|x|>M$ 时，恒有 $|f(x)-A|<\varepsilon$ 成立，则 $\lim\limits_{x\to\infty}f(x)=A$.

若讨论当 $x\to+\infty$ 时，函数 $f(x)$ 的极限，只需将定义 1.17 中的 $|x|>M$ 改为 $x>M$；同样对于 $x\to-\infty$ 时，函数 $f(x)$ 的极限，只需将定义 1.17 中的 $|x|>M$ 改为 $x<-M$ 即可.

例 1 验证 $\lim\limits_{x\to\infty}\dfrac{1}{x}=0$.

解 $\forall\varepsilon>0$，要使 $\left|\dfrac{1}{x}-0\right|=\dfrac{1}{|x|}<\varepsilon$ 成立，只要 $|x|>\dfrac{1}{\varepsilon}$，取 $M=\dfrac{1}{\varepsilon}$，可见，$\forall\varepsilon>0$，$\exists M=\dfrac{1}{\varepsilon}$，当 $|x|>M$ 时，有 $\left|\dfrac{1}{x}-0\right|<\varepsilon$ 成立，所以 $\lim\limits_{x\to\infty}\dfrac{1}{x}=0$.

下面给出 $\lim\limits_{x\to\infty}f(x)=A$ 的几何意义：

对于任意的 $\varepsilon>0$，存在正数 M，当 $|x|>M$ 时，函数 $f(x)$ 的图形都落在两条直线 $y=A-\varepsilon$ 与 $y=A+\varepsilon$ 之间，如图 1-23 所示.

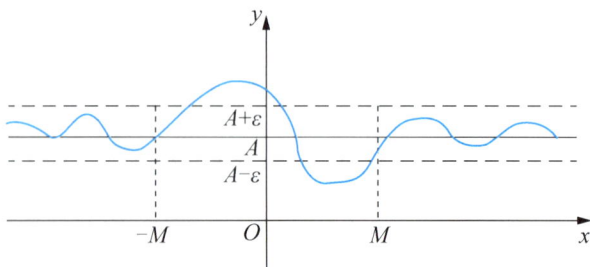

图 1-23

1.2 自变量趋于无穷时函数极限的几何意义

定理 1.5 由定义 1.17 不难得到如下结论. $\lim\limits_{x\to\infty}f(x)=A$ 的充要条件是 $\lim\limits_{x\to-\infty}f(x)=\lim\limits_{x\to+\infty}f(x)=A$.

2. 当自变量 $x\to x_0$ 时，函数 $f(x)$ 的极限

我们先观察函数 $y=f(x)=x+1$ 和 $y=f(x)=\dfrac{x^2-1}{x-1}$ 的图形.

对于函数 $y=x+1$ 的图形（如图 1-24 所示），当 x 越来越接近 1 时，$f(x)$ 无限接近于常数 2，即当 x 从 1 的左侧或右侧趋向于 1 时，$|f(x)-2|=|(x+1)-2|$ 越来越接近

于零. 对于函数 $y=\dfrac{x^2-1}{x-1}$ 的图形（如图 1-25 所示），尽管 $f(x)$ 在 $x=1$ 处无定义，但当 x 从 1 的左侧或右侧趋向于 1 时，$f(x)$ 仍无限接近于常数 2，即当 x 从 1 的左侧或右侧趋向于 1 时，$|f(x)-2|=\left|\dfrac{x^2-1}{x-1}-2\right|$ 越来越接近于零.

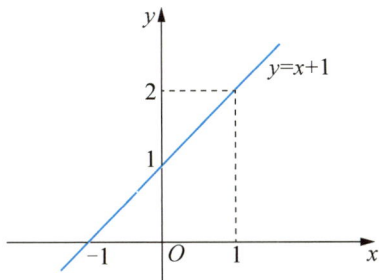

图 1-24

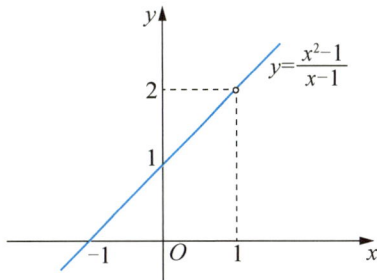

图 1-25

从上面例子我们看到，自变量 $x\to x_0$ 是指 x 无限接近于 x_0，但 $x\neq x_0$，因此在考虑当 $x\to x_0$，函数 $f(x)$ 的变化趋势时，只要在点 x_0 的某一个邻域（x_0 可以除外）内考虑就可以了.

一般地，我们考虑自变量 x 的变化过程为 $x\to x_0$，如果当 $x\to x_0$ 时，对应的函数值 $f(x)$ 无限接近于某个确定的数值 A，那么 A 叫作函数 $f(x)$ 当 $x\to x_0$ 时的极限，精确地说，就有如下定义.

定义 1.18（ $\varepsilon-\delta$ 分析定义）　对于任意给定的正数 ε，总存在一个正数 δ，当 $0<|x-x_0|<\delta$ 时，有

$$|f(x)-A|<\varepsilon$$

成立，则称 A 为**函数 $f(x)$ 当 $x\to x_0$ 时的极限**，记作

$$\lim_{x\to x_0}f(x)=A.$$

上述定义可简记为：

$\forall\varepsilon>0$，$\exists\delta>0$，当 $0<|x-x_0|<\delta$ 时，有 $|f(x)-A|<\varepsilon$，则 $\lim\limits_{x\to x_0}f(x)=A$.

注　（1）定义中的 ε 刻画 $f(x)$ 与常数 A 的接近程度；δ 刻画 x 与 x_0 的接近程度；ε 是任意给定的正数，δ 是随 ε 而确定的正数.

（2）$0<|x-x_0|<\delta$ 表示 $x\in(x_0-\delta,x_0)\cup(x_0,x_0+\delta)$，即当 $x\to x_0$ 时，$f(x)$ 的极限是否存在与 $f(x)$ 在点 x_0 处是否有定义以及 $f(x_0)$ 取什么值都无关.

例 2　用定义验证 $\lim\limits_{x\to 2}(3x-2)=4$.

解　$\forall\varepsilon>0$，要使 $|(3x-2)-4|=3|x-2|<\varepsilon$，只要 $|x-2|<\dfrac{\varepsilon}{3}$，取 $\delta=\dfrac{\varepsilon}{3}$，可见，

$\forall\varepsilon>0$，$\exists\delta=\dfrac{\varepsilon}{3}$，当 $0<|x-2|<\delta$ 时，有 $|(3x-2)-4|<\varepsilon$ 成立，所以 $\lim\limits_{x\to 2}(3x-2)=4$.

对于更一般的情况，同理可证 $\lim\limits_{x\to x_0}(ax+b)=ax_0+b$.

例 3 证明 $\lim\limits_{x\to 0}a^x=1\,(a>0)$.

证明 对任意的 $\varepsilon>0$，要使 $|a^x-1|<\varepsilon$，即

$$1-\varepsilon<a^x<1+\varepsilon \tag{1-1}$$

当 $0<a<1$ 时，式（1-1）为 $\log_a(1+\varepsilon)<x<\log_a(1-\varepsilon)$，取 $\delta=\min\{\,|\log_a(1+\varepsilon)|,$ $|\log_a(1-\varepsilon)|\,\}$，因此，对于任意 $0<\varepsilon<1$，都存在 $\delta=\min\{\,|\log_a(1+\varepsilon)|,\ |\log_a(1-\varepsilon)|\,\}$，当 $|x-0|<\delta$ 时，有 $|a^x-1|<\varepsilon$. 即当 $0<a<1$ 时，$\lim\limits_{x\to 0}a^x=1$.

当 $a\geqslant 1$ 时，结论显然成立.

因此，
$$\lim_{x\to 0}a^x=1.$$

特别地，我们有 $\lim\limits_{x\to 0}e^x=1$.

例 4 证明 $\lim\limits_{x\to x_0}\sqrt{x}=\sqrt{x_0}\ (x_0>0)$.

证明 对任意的 $\varepsilon>0$，要使

$$|f(x)-A|=|\sqrt{x}-\sqrt{x_0}|=\left|\frac{x-x_0}{\sqrt{x}+\sqrt{x_0}}\right|\leqslant\frac{1}{\sqrt{x_0}}|x-x_0|<\varepsilon,$$

即

$$|x-x_0|<\sqrt{x_0}\,\varepsilon,$$

又要求 $x\geqslant 0$，也即 $|x-x_0|\leqslant x_0$，因此可以取 $\delta=\min\{x_0,\sqrt{x_0}\,\varepsilon\}$，当 $0<|x-x_0|<\delta$ 时，就有 $|\sqrt{x}-\sqrt{x_0}|<\varepsilon$.

用同样的方法可以证明 $\lim\limits_{x\to x_0}\sqrt[3]{x}=\sqrt[3]{x_0}$.（这个结论可以推广到更一般的 n 次根式）

下面给出 $\lim\limits_{x\to x_0}f(x)=A$ 的几何意义：

对于任意的 $\varepsilon>0$，总存在 $\delta>0$，当 x 落在 x_0 的 δ 邻域内（点 x_0 可除外）时，函数 $y=f(x)$ 的图形全部落在两直线 $y=A-\varepsilon$ 与 $y=A+\varepsilon$ 之间，如图 1-26 所示.

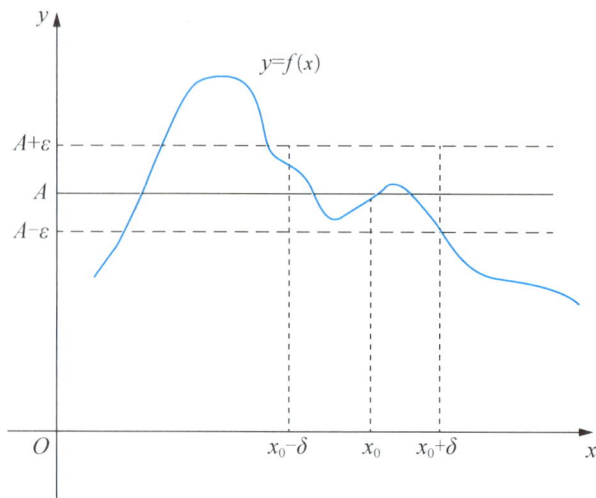

1.3　自变量趋于固定值时函数极限的几何意义

图 1-26

3. 左极限与右极限

上面讨论了当 $x \to x_0$ 时，$f(x)$ 的极限，实际包含了两个方向，即 x 从 x_0 的左侧和 x 从 x_0 的右侧趋向于 x_0（或者说要求自变量 x 必须从 x_0 左右两侧趋向于 x_0），但是，有时需要考虑 x 仅从 x_0 的左侧或仅从 x_0 的右侧趋向于 x_0 时，$f(x)$ 的极限，于是，我们引进左右极限的概念.

如果当 x 从 x_0 的左侧（$x < x_0$）趋向于 x_0 时，$f(x)$ 无限趋近于常数 A，则称 A 为 $x \to x_0$ 时 $f(x)$ 的左极限，记作 $\lim\limits_{x \to x_0^-} f(x) = A$ 或 $f(x_0 - 0) = A$.

如果当 x 从 x_0 的右侧（$x > x_0$）趋向于 x_0 时，$f(x)$ 无限趋近于常数 A，则称 A 为 $x \to x_0$ 时 $f(x)$ 的右极限，记作 $\lim\limits_{x \to x_0^+} f(x) = A$ 或 $f(x_0 + 0) = A$.

定义 1.19（$\varepsilon - \delta$ 分析定义）　对于任意给定的正数 ε，存在正数 δ，如果当 $0 < x_0 - x < \delta$ 时，有 $|f(x) - A| < \varepsilon$ 成立，则称 A 为函数 $f(x)$ 当 $x \to x_0$ 时的左极限（left limit）；如果当 $0 < x - x_0 < \delta$ 时，有 $|f(x) - A| < \varepsilon$ 成立，则称 A 为函数 $f(x)$ 当 $x \to x_0$ 时的右极限（right limit）.

根据左右极限的定义，显然有下述定理.

定理 1.6　$\lim\limits_{x \to x_0} f(x) = A$ 的充要条件是 $\lim\limits_{x \to x_0^-} f(x) = \lim\limits_{x \to x_0^+} f(x) = A$.

由上述定理可知，如果左右极限中至少有一个不存在或者它们虽然都存在但不相等，那么 $\lim\limits_{x \to x_0} f(x)$ 就不存在了.

例 5　设 $f(x) = \dfrac{|x|}{x}$，求 $\lim\limits_{x \to 0} f(x)$.

解　由于 $f(x)$ 在 $x = 0$ 左右两侧的表达式不同，所以考虑左右极限.
因为

$$\lim_{x \to 0^-} f(x) = \lim_{x \to 0^-} \frac{|x|}{x} = \lim_{x \to 0^-} \frac{-x}{x} = -1, \quad \lim_{x \to 0^+} f(x) = \lim_{x \to 0^+} \frac{|x|}{x} = \lim_{x \to 0^+} \frac{x}{x} = 1,$$

故 $\lim\limits_{x \to 0} f(x)$ 不存在.

例 6　设 $f(x) = \begin{cases} e^x, & x < 0 \\ 2x + 1, & x > 0, \end{cases}$ 求 $\lim\limits_{x \to 0} f(x)$ 与 $\lim\limits_{x \to 2} f(x)$.

解　由于 $f(x)$ 在 $x = 0$ 左右两侧的表达式不同，所以考虑左右极限.
因为 $\lim\limits_{x \to 0^-} f(x) = \lim\limits_{x \to 0^-} e^x = 1$，$\lim\limits_{x \to 0^+} f(x) = \lim\limits_{x \to 0^+} (2x + 1) = 1$，所以 $\lim\limits_{x \to 0} f(x) = 1$，而 $\lim\limits_{x \to 2} f(x) = \lim\limits_{x \to 2} (2x + 1) = 5$.

二、函数极限的主要性质

与收敛数列的性质相比较，可得函数极限的一些相应的性质，它们都可以根据函数极限的定义，运用类似于证明收敛数列性质的方法加以证明. 由于函数极限的定义按自变量的变化过程不同有各种形式，下面仅以"$\lim\limits_{x \to x_0} f(x)$"这种形式为代表给出关于函数极限性质的一些定理，并就其中的几个给出证明，至于其他形式的极限的性质及其证明，只要相应地作一些修改即可得出.

定理 1.7（唯一性）　若当 $x \to x_0$ 时，函数 $f(x)$ 有极限，则极限值是唯一的.

定理 1.8（局部有界性）　若 $\lim\limits_{x \to x_0} f(x) = A$，则在 x_0 的某邻域内（点 x_0 可除外），函

数 $f(x)$ 有界.

定理 1.9（局部保号性） 若 $\lim\limits_{x \to x_0} f(x) = A$，且 $A > 0$（或 $A < 0$），则存在 x_0 的某邻域（点 x_0 可除外），在此邻域内有 $f(x) > 0$（或 $f(x) < 0$）.

证明 就 $A > 0$ 的情形给出证明.

由于 $\lim\limits_{x \to x_0} f(x) = A$，于是对于 $\varepsilon = \dfrac{A}{2}$，$\exists \delta > 0$，当 $0 < |x - x_0| < \delta$ 时，有 $|f(x) - A| < \dfrac{A}{2}$，

即得 $\dfrac{A}{2} < f(x) < \dfrac{3A}{2}$，可见 $f(x) > 0$，得证.

对于 $A < 0$ 的情况类似可证.

推论 1.2 若 $\lim\limits_{x \to x_0} f(x) = A$，且在 x_0 的某邻域内（点 x_0 可除外）有 $f(x) > 0$（或 $f(x) < 0$），则必有 $A \geqslant 0$（或 $A \leqslant 0$）.

利用反证法，根据保号性容易得此推论.

习题 1-3

A 级题目

1. 用函数极限的分析定义验证：

（1）$\lim\limits_{x \to \infty} \dfrac{5x^2 + 1}{x^2} = 5$；

（2）$\lim\limits_{x \to +\infty} \dfrac{\sin x}{x} = 0$；

（3）$\lim\limits_{x \to -2} \dfrac{x^2 - 4}{x + 2} = -4$；

（4）$\lim\limits_{x \to 3} (3x - 1) = 8$.

2. 求下列函数在 $x = 0$ 处的左右极限，并说明函数在 $x = 0$ 处的极限是否存在.

（1）$f(x) = \begin{cases} x, & x \leqslant 0, \\ (x-1)^2, & x > 0; \end{cases}$

（2）$f(x) = \begin{cases} e^x, & x \leqslant 0, \\ (x+1)^2, & x > 0; \end{cases}$

（3）$f(x) = \begin{cases} x, & x \leqslant 0, \\ 3x - 1, & x > 0; \end{cases}$

（4）$f(x) = \dfrac{|x|}{x}$.

3. 设 $f(x) = \begin{cases} x, & x \leqslant 2, \\ 2x - 1, & x > 2. \end{cases}$

试求（1）$\lim\limits_{x \to 0} f(x)$；（2）$\lim\limits_{x \to 2} f(x)$；（3）$\lim\limits_{x \to 3} f(x)$.

第四节　极限的运算法则

为便于叙述，以 $x \to x_0$ 这种情形为例，对于 $x \to \infty$，$n \to \infty$ 等各类情形，结论类似.

定理 1.10 设 $\lim\limits_{x \to x_0} f(x) = A$，$\lim\limits_{x \to x_0} g(x) = B$，则有

（1）$\lim\limits_{x \to x_0} [f(x) \pm g(x)] = \lim\limits_{x \to x_0} f(x) \pm \lim\limits_{x \to x_0} g(x) = A \pm B$.

（2）$\lim\limits_{x \to x_0} [f(x) \cdot g(x)] = \lim\limits_{x \to x_0} f(x) \cdot \lim\limits_{x \to x_0} g(x) = A \cdot B$.

特别地，$\lim\limits_{x \to x_0} [cf(x)] = c \lim\limits_{x \to x_0} f(x) = cA$（$c$ 为常数）.

（3）$\lim\limits_{x\to x_0}\dfrac{f(x)}{g(x)}=\dfrac{\lim\limits_{x\to x_0}f(x)}{\lim\limits_{x\to x_0}g(x)}=\dfrac{A}{B}(B\neq 0).$

证明 简单来说，若两个极限存在，则可以进行四则运算．（做除法时分母不能为零）下面只证明定理 1.10（1）中的加法，其余利用极限的分析定义同理可证．

我们的目的是得到：对于任意的 $\varepsilon>0$，存在 $\delta>0$，使得当 $0<|x-x_0|<\delta$ 时，有
$$|(f(x)+g(x))-(A+B)|<\varepsilon.$$

由已知条件得 $\lim\limits_{x\to x_0}f(x)=A$，所以对于任意的 $\dfrac{\varepsilon}{2}>0$，存在 $\delta_1>0$，使得当 $0<|x-x_0|<\delta_1$ 时，有 $|f(x)-A|<\dfrac{\varepsilon}{2}$；

同样地，$\lim\limits_{x\to x_0}g(x)=B$，所以对于前面的 $\dfrac{\varepsilon}{2}$，存在 $\delta_2>0$，使得当 $0<|x-x_0|<\delta_2$ 时，有 $|g(x)-B|<\dfrac{\varepsilon}{2}.$

所以当 $\delta=\min\{\delta_1,\ \delta_2\}$ 时，有
$$|(f(x)+g(x))-(A+B)|=|(f(x)-A)+(g(x)-B)|\leqslant|f(x)-A|+|g(x)-B|<\dfrac{\varepsilon}{2}+\dfrac{\varepsilon}{2}=\varepsilon,$$
所以
$$\lim\limits_{x\to x_0}(f(x)+g(x))=A+B.$$

例1 求 $\lim\limits_{x\to 1}(x^2-2x+3)$．

解 $\lim\limits_{x\to 1}(x^2-2x+3)=(\lim\limits_{x\to 1}x)^2-2\lim\limits_{x\to 1}x+3=1^2-2\times 1+3=2.$

例2 求 $\lim\limits_{x\to 2}\dfrac{x^2-x-2}{x^2-5x+6}$．

解 $\lim\limits_{x\to 2}\dfrac{x^2-x-2}{x^2-5x+6}=\lim\limits_{x\to 2}\dfrac{(x-2)(x+1)}{(x-2)(x-3)}=\lim\limits_{x\to 2}\dfrac{x+1}{x-3}=-3.$

例3 求 $\lim\limits_{x\to 4}\dfrac{\sqrt{x}-2}{x-4}$．

解 $\lim\limits_{x\to 4}\dfrac{\sqrt{x}-2}{x-4}=\lim\limits_{x\to 4}\dfrac{(\sqrt{x}-2)(\sqrt{x}+2)}{(x-4)(\sqrt{x}+2)}=\lim\limits_{x\to 4}\dfrac{x-4}{(x-4)(\sqrt{x}+2)}$
$$=\lim\limits_{x\to 4}\dfrac{1}{\sqrt{x}+2}=\dfrac{1}{4}.$$

上面例2、例3运用的方法——"消去零因子"法，即如果当 $x\to x_0$ 时，分子、分母都趋向于零（称"$\dfrac{0}{0}$"型），那么我们想办法消去零因子 $x-x_0$．

例4 求 $\lim\limits_{x\to\infty}\dfrac{x^2-x+1}{2x^2+x-10}$．

解 当 $x\to\infty$ 时，分子、分母都趋向于 ∞，我们以 x 的最高次幂（或分子和分母中的最大者）分别除分子、分母各项，有

$$\lim_{x\to\infty}\frac{x^2-x+1}{2x^2+x-10}=\lim_{x\to\infty}\frac{1-\dfrac{1}{x}+\dfrac{1}{x^2}}{2+\dfrac{1}{x}-\dfrac{10}{x^2}}=\frac{1}{2}.$$

此例运用的方法——"消去无穷大因子"法，即如果当 $x\to\infty$ 时，分子、分母都趋向于无穷大（称"$\dfrac{\infty}{\infty}$"型），那么我们以 x 的最高次幂（或分子和分母中的最大者）分别除分子、分母各项，即

$$\lim_{x\to\infty}\frac{a_0x^n+a_1x^{n-1}+\cdots+a_{n-1}x+a_n}{b_0x^m+b_1x^{m-1}+\cdots+b_{m-1}x+b_m}=\lim_{x\to\infty}\frac{a_0x^n}{b_0x^m}=\begin{cases}0, & \text{当 }n<m\text{ 时},\\[2mm]\dfrac{a_0}{b_0}, & \text{当 }n=m\text{ 时},\\[2mm]\infty, & \text{当 }n>m\text{ 时}.\end{cases}$$

例 5 求 $\lim\limits_{n\to\infty}\left(\sqrt{n^2+2n}-n\right)$.

解 **解法一** $\lim\limits_{n\to\infty}\left(\sqrt{n^2+2n}-n\right)=\lim\limits_{n\to\infty}\dfrac{2n}{\sqrt{n^2+2n}+n}=\lim\limits_{n\to\infty}\dfrac{2}{\sqrt{1+\dfrac{2}{n}}+1}=1.$

解法二 $\lim\limits_{n\to\infty}\left(\sqrt{n^2+2n}-n\right)=\lim\limits_{n\to\infty}\dfrac{2n}{\sqrt{n^2+2n}+n}=\lim\limits_{n\to\infty}\dfrac{2n}{\sqrt{n^2}+n}=1.$

例 6 求 $\lim\limits_{x\to 1}\left(\dfrac{x}{x-1}-\dfrac{1}{x^2-x}\right)$.

解 $\lim\limits_{x\to 1}\left(\dfrac{x}{x-1}-\dfrac{1}{x^2-x}\right)=\lim\limits_{x\to 1}\dfrac{x^2-1}{x(x-1)}=\lim\limits_{x\to 1}\dfrac{x+1}{x}=2.$

在直接求复合函数的极限 $\lim\limits_{x\to x_0}f(g(x))$ 有难度时，可以考虑代换 $u=g(x)$，将难以计算的极限 $\lim\limits_{x\to x_0}f(g(x))$ 转化为容易计算的极限 $\lim\limits_{u\to u_0}f(u)$，这种方法的理论依据是如下定理.

定理 1.11（复合函数的极限运算法则） 设函数 $y=f(g(x))$ 是由函数 $u=g(x)$ 与 $y=f(u)$ 复合而成，$y=f(g(x))$ 在点 x_0 的去心邻域内有定义，若 $\lim\limits_{x\to x_0}g(x)=u_0$，$\lim\limits_{u\to u_0}f(u)=A$，且存在 $\delta_0>0$，当 $x\in \overset{\circ}{U}(x_0,\delta_0)$ 时，有 $g(x)\neq u_0$，则 $\lim\limits_{x\to x_0}f(g(x))=\lim\limits_{u\to u_0}f(u)=A.$

定理 1.11 中将 $x\to x_0$ 换成 $x\to\infty$，结论仍然是成立的.

例 7 求极限 $\lim\limits_{x\to 1}(x^3+4x-1)^{10}$.

解 令 $u=x^3+4x-1$，则 $x\to 1$ 时 $u\to 4$，所以 $\lim\limits_{x\to 1}(x^3+4x-1)^{10}=\lim\limits_{u\to 4}u^{10}=4^{10}.$

例 8 求 $\lim\limits_{x\to 2}\dfrac{\sqrt[3]{x-1}-1}{x-2}$.

解 令 $\sqrt[3]{x-1}=t$.

$$\lim_{x\to 2}\frac{\sqrt[3]{x-1}-1}{x-2}=\lim_{t\to 1}\frac{t-1}{t^3-1}=\lim_{t\to 1}\frac{t-1}{(t-1)(t^2+t+1)}$$
$$=\lim_{t\to 1}\frac{1}{t^2+t+1}=\frac{1}{3}.$$

习题 1-4

A 级题目

1. 计算下列极限：

(1) $\lim\limits_{x \to 2}(x^2+3x-1)$；

(2) $\lim\limits_{x \to 0}\dfrac{x^2-6x+8}{5x+4}$；

(3) $\lim\limits_{x \to 1}\dfrac{x^2-6x+8}{x^2-5x+4}$；

(4) $\lim\limits_{x \to 0}\dfrac{4x^3-2x^2+x}{3x^2+2x}$；

(5) $\lim\limits_{h \to 0}\dfrac{(x+h)^2-x^2}{h}$；

(6) $\lim\limits_{x \to 1}\dfrac{x^2-3x+2}{x^2-1}$；

(7) $\lim\limits_{x \to 0}\dfrac{x}{\sqrt{1+x}-1}$；

(8) $\lim\limits_{x \to 3}\dfrac{\sqrt{5x+1}-4}{x-3}$；

(9) $\lim\limits_{n \to \infty}\left(\dfrac{1}{n^2}+\dfrac{2}{n^2}+\cdots+\dfrac{n}{n^2}\right)$；

(10) $\lim\limits_{n \to \infty}\left[\dfrac{1}{1 \cdot 2}+\dfrac{1}{2 \cdot 3}+\cdots+\dfrac{1}{n(n+1)}\right]$；

(11) $\lim\limits_{x \to \infty}\dfrac{x^2-1}{2x^2-x+1}$；

(12) $\lim\limits_{x \to \infty}\dfrac{x^2+x}{x^3-3x^2+5}$；

(13) $\lim\limits_{x \to \infty}\dfrac{x^3+x}{3x^2+5}$；

(14) $\lim\limits_{x \to \infty}\dfrac{(x+3)^{10}(3x-2)^{20}}{(2x+1)^{30}}$；

(15) $\lim\limits_{n \to \infty}\sqrt{n}\left(\sqrt{n+2}-\sqrt{n}\right)$；

(16) $\lim\limits_{x \to 1}\left(\dfrac{1}{1-x}-\dfrac{3}{1-x^3}\right)$；

(17) $\lim\limits_{x \to +\infty}\left(\sqrt{x^2+x+1}-\sqrt{x^2-x+1}\right)$；

(18) $\lim\limits_{x \to +\infty}\left[\sqrt{(x+a)(x+b)}-x\right]$.

2. 若 $\lim\limits_{x \to 1}\dfrac{x^2+ax-3}{x-1}=4$，求 a 的值.

3. 若 $\lim\limits_{x \to 2}\dfrac{x^2-3x+k}{x-2}=1$，求 k 的值.

4. 若 $\lim\limits_{x \to 1}\dfrac{x^2+ax+b}{x-1}=2$，求 a,b 的值.

5. 若 $\lim\limits_{x \to \infty}\left(\dfrac{x^2+1}{x-1}-ax-b\right)=3$，求 a,b 的值.

第五节　极限存在准则和两个重要极限

前几节阐明了数列极限的概念，给出了它的精确定义，并由此推断了收敛数列以及函数极限的性质. 现在我们来进一步讨论极限的存在问题. 在本节中我们将会给出两个重要的极限存在准则，并在这两个准则的基础上分别得到两个重要的极限.

一、极限存在准则 I ——夹逼准则

定理 1.12（夹逼定理）　设有 3 个数列 $\{a_n\}$、$\{b_n\}$、$\{c_n\}$，如果 $a_n \leqslant b_n \leqslant c_n$，且 $\lim\limits_{n \to \infty}a_n=\lim\limits_{n \to \infty}c_n=A$，则 $\lim\limits_{n \to \infty}b_n=A$.

例1 求 $\lim\limits_{n\to\infty}\left(\dfrac{1}{\sqrt{n^2+1}}+\dfrac{1}{\sqrt{n^2+2}}+\cdots+\dfrac{1}{\sqrt{n^2+n}}\right)$.

解 由于 $\dfrac{1}{\sqrt{n^2+1}}+\dfrac{1}{\sqrt{n^2+2}}+\cdots+\dfrac{1}{\sqrt{n^2+n}}<\dfrac{n}{\sqrt{n^2+1}}$，

且 $\lim\limits_{n\to\infty}\dfrac{n}{\sqrt{n^2+1}}=1$，

又由于 $\dfrac{1}{\sqrt{n^2+1}}+\dfrac{1}{\sqrt{n^2+2}}+\cdots+\dfrac{1}{\sqrt{n^2+n}}>\dfrac{n}{\sqrt{n^2+n}}$，且 $\lim\limits_{n\to\infty}\dfrac{n}{\sqrt{n^2+n}}=1$.

因此，由夹逼定理可知

$$\lim_{n\to\infty}\left(\frac{1}{\sqrt{n^2+1}}+\frac{1}{\sqrt{n^2+2}}+\cdots+\frac{1}{\sqrt{n^2+n}}\right)=1.$$

定理 1.12 可以推广到函数的极限.

函数极限的夹逼定理：如果函数 $f(x)$、$g(x)$、$h(x)$ 在点 x_0 的某去心邻域内有 $g(x)\leqslant f(x)\leqslant h(x)$，且 $\lim\limits_{x\to x_0}g(x)=\lim\limits_{x\to x_0}h(x)=A$，则 $\lim\limits_{x\to x_0}f(x)=A$.

1.4 夹逼定理拓展

二、第一重要极限

第一重要极限：$\lim\limits_{x\to 0}\dfrac{\sin x}{x}=1$.

证明 先证明 $x\to 0^+$ 时，有 $\dfrac{\sin x}{x}\to 1$，即 $\lim\limits_{x\to 0^+}\dfrac{\sin x}{x}=1$.

作单位圆（如图 1-27 所示），设圆心角 $\angle AOB=x\left(0<x<\dfrac{\pi}{2}\right)$，并过 A 点作圆的切线，由于 $\triangle AOB$ 的面积 < 扇形 OAB 的面积 < $\triangle AOC$ 的面积，即得

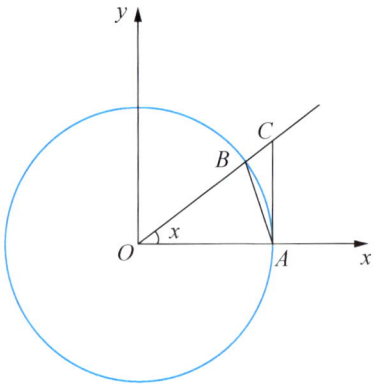

图 1-27

$$\frac{1}{2}\cdot 1\cdot 1\cdot \sin x<\frac{1}{2}\cdot 1^2\cdot x<\frac{1}{2}\cdot 1\cdot \tan x,$$

上面不等式各边同除以 $\dfrac{1}{2}\sin x$，得 $1<\dfrac{x}{\sin x}<\dfrac{1}{\cos x}$，即

$\cos x<\dfrac{\sin x}{x}<1$.

下面来证 $\lim\limits_{x\to 0^+}\cos x=1$.

事实上，当 $0<x<\dfrac{\pi}{2}$ 时，$0<1-\cos x=2\sin^2\dfrac{x}{2}<2\cdot\left(\dfrac{x}{2}\right)^2=\dfrac{x^2}{2}$，由夹逼定理，有 $\lim\limits_{x\to 0^+}(1-\cos x)=0$，即 $\lim\limits_{x\to 0^+}\cos x=1$.

由 $\lim\limits_{x\to 0^+}\cos x=1$ 及夹逼定理，得 $\lim\limits_{x\to 0^+}\dfrac{\sin x}{x}=1$ 成立.

再证明 $x\to 0^-$ 时 $\dfrac{\sin x}{x}\to 1$ 也成立，即 $\lim\limits_{x\to 0^-}\dfrac{\sin x}{x}=1$.

因为 $\lim\limits_{x\to 0^-}\dfrac{\sin x}{x}\xlongequal{x=-t}\lim\limits_{t\to 0^+}\dfrac{\sin(-t)}{-t}=\lim\limits_{t\to 0^+}\dfrac{\sin t}{t}=1$，

于是 $\lim\limits_{x\to 0}\dfrac{\sin x}{x}=1$，得证.

为了更直观地理解当 $x\to 0$ 时函数 $\dfrac{\sin x}{x}$ 的极

限，给出了函数的图形，如图 1-28 所示.

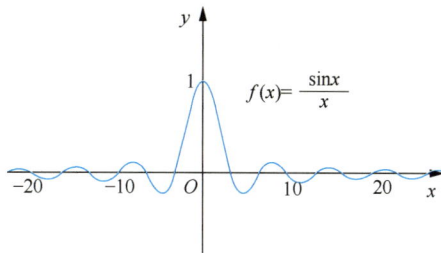

图 1-28

例 2　求下列极限：

(1) $\lim\limits_{x\to 0}\dfrac{\sin 7x}{x}$;

(2) $\lim\limits_{x\to 0}\dfrac{2x-\sin x}{3x+\sin x}$;

(3) $\lim\limits_{x\to 0}\dfrac{1-\cos x}{x^2}$;

(4) $\lim\limits_{x\to \infty}x\sin \dfrac{1}{x}$;

(5) $\lim\limits_{x\to 1}\dfrac{\sin(x-1)}{\sqrt{x}-1}$;

(6) $\lim\limits_{x\to 0}\dfrac{\sin x}{|x|}$.

解　(1) $\lim\limits_{x\to 0}\dfrac{\sin 7x}{x}=\lim\limits_{x\to 0}\dfrac{\sin 7x}{7x}\cdot 7=7$.

(2) $\lim\limits_{x\to 0}\dfrac{2x-\sin x}{3x+\sin x}=\lim\limits_{x\to 0}\dfrac{2-\dfrac{\sin x}{x}}{3+\dfrac{\sin x}{x}}=\dfrac{2-1}{3+1}=\dfrac{1}{4}$.

(3) $\lim\limits_{x\to 0}\dfrac{1-\cos x}{x^2}=\lim\limits_{x\to 0}\dfrac{2\sin^2\dfrac{x}{2}}{x^2}=\dfrac{1}{2}\lim\limits_{x\to 0}\left(\dfrac{\sin\dfrac{x}{2}}{\dfrac{x}{2}}\right)^2=\dfrac{1}{2}$.

(4) $\lim\limits_{x\to \infty}x\sin \dfrac{1}{x}=\lim\limits_{x\to \infty}\dfrac{\sin \dfrac{1}{x}}{\dfrac{1}{x}}=1$.

(5) $\lim\limits_{x\to 1}\dfrac{\sin(x-1)}{\sqrt{x}-1}=\lim\limits_{x\to 1}\left[\dfrac{\sin(x-1)}{x-1}\cdot(\sqrt{x}+1)\right]=1\times 2=2$.

(6) 因为 $\lim\limits_{x\to 0^+}\dfrac{\sin x}{|x|}=\lim\limits_{x\to 0^+}\dfrac{\sin x}{x}=1$，$\lim\limits_{x\to 0^-}\dfrac{\sin x}{|x|}=\lim\limits_{x\to 0^-}\dfrac{\sin x}{-x}=-1$，所以 $\lim\limits_{x\to 0}\dfrac{\sin x}{|x|}$ 不存在.

三、极限存在准则 II——单调有界收敛准则

如果数列 $\{x_n\}$ 满足条件

$$x_1\leqslant x_2\leqslant\cdots\leqslant x_n\leqslant x_{n+1}\leqslant\cdots,$$

则称数列 $\{x_n\}$ 是单调增加的.

如果数列 $\{x_n\}$ 满足条件

$$x_1\geqslant x_2\geqslant\cdots\geqslant x_n\geqslant x_{n+1}\geqslant\cdots,$$

则称数列 $\{x_n\}$ 是单调减少的.

单调增加或单调减少的数列简称单调数列.

在讨论数列极限的性质时曾指出，收敛数列必有界，但有界数列未必收敛，有界是数列收敛的必要条件，但如果是单调有界数列呢？这就有单调有界收敛准则.

定理 1.13 单调有界数列必有极限（证明略）.

具体地说，有下列性质：

（1）如果数列 $\{x_n\}$ 单调增加且有上界，即存在数 M，使得

$$x_n \leqslant M (n = 1, 2, \cdots),$$

那么 $\lim\limits_{n \to \infty} x_n$ 必存在，且极限 $\leqslant M$.

（2）如果数列 $\{x_n\}$ 单调减少且有下界，即存在数 m，使得

$$x_n \geqslant m (n = 1, 2, \cdots),$$

那么 $\lim\limits_{n \to \infty} x_n$ 必存在，且极限 $\geqslant m$.

例 3 证明数列 $\{a_n\} = \left\{\left(1 + \dfrac{1}{n}\right)^n\right\}$ 极限存在.

证明 由二项式定理，有

$$a_n = \left(1 + \frac{1}{n}\right)^n = 1 + \frac{n}{1!} \cdot \frac{1}{n} + \frac{n(n-1)}{2!} \cdot \frac{1}{n^2} + \frac{n(n-1)(n-2)}{3!} \cdot \frac{1}{n^3} + \cdots$$

$$+ \frac{n(n-1)\cdots(n-k+1)}{k!} \cdot \frac{1}{n^k} + \cdots + \frac{n(n-1)\cdots 2 \cdot 1}{n!} \cdot \frac{1}{n^n}$$

$$= 1 + 1 + \frac{1}{2!}\left(1 - \frac{1}{n}\right) + \frac{1}{3!}\left(1 - \frac{1}{n}\right)\left(1 - \frac{2}{n}\right) + \cdots$$

$$+ \frac{1}{k!}\left(1 - \frac{1}{n}\right)\left(1 - \frac{2}{n}\right)\cdots\left(1 - \frac{k-1}{n}\right) + \cdots + \frac{1}{n!}\left(1 - \frac{1}{n}\right)\left(1 - \frac{2}{n}\right)\cdots\left(1 - \frac{n-1}{n}\right),$$

同理 $a_{n+1} = \left(1 + \dfrac{1}{n+1}\right)^{n+1} = 1 + 1 + \dfrac{1}{2!}\left(1 - \dfrac{1}{n+1}\right) + \dfrac{1}{3!}\left(1 - \dfrac{1}{n+1}\right)\left(1 - \dfrac{2}{n+1}\right) + \cdots$

$$+ \frac{1}{k!}\left(1 - \frac{1}{n+1}\right)\left(1 - \frac{2}{n+1}\right)\cdots\left(1 - \frac{k-1}{n+1}\right) + \cdots + \frac{1}{n!}\left(1 - \frac{1}{n+1}\right)\left(1 - \frac{2}{n+1}\right)\cdots\left(1 - \frac{n-1}{n+1}\right)$$

$$+ \frac{1}{(n+1)!}\left(1 - \frac{1}{n+1}\right)\left(1 - \frac{2}{n+1}\right)\cdots\left(1 - \frac{n}{n+1}\right),$$

比较上面两个展开式，容易看出 $a_n < a_{n+1}$，即说明了数列 $\{a_n\}$ 是单调增加的.

又因为

$$a_n < 1 + 1 + \frac{1}{2!} + \frac{1}{3!} + \cdots + \frac{1}{n!} < 1 + 1 + \frac{1}{2} + \frac{1}{2^2} + \cdots + \frac{1}{2^{n-1}} = 1 + \frac{1 - \dfrac{1}{2^n}}{1 - \dfrac{1}{2}} < 3,$$

表明 $\{a_n\}$ 有上界，

根据单调有界数列必有极限，所以 $\lim\limits_{n \to \infty}\left(1 + \dfrac{1}{n}\right)^n$ 存在，通常用字母 e 来表示它，即

$$\lim_{n \to \infty}\left(1 + \frac{1}{n}\right)^n = e,$$

这个数 e 是一个无理数，它的值是 $e = 2.718281828459045\cdots$.

四、第二重要极限

第二重要极限：$\lim\limits_{x\to\infty}\left(1+\dfrac{1}{x}\right)^x=\mathrm{e}.$

证明 由例 3 $\lim\limits_{n\to\infty}\left(1+\dfrac{1}{n}\right)^n=\mathrm{e}$，下面我们证明对于连续自变量 x，也有

$$\lim_{x\to\infty}\left(1+\frac{1}{x}\right)^x=\mathrm{e}.$$

当 $x\to+\infty$ 时，由于 $n\le x<n+1$，即得 $\dfrac{1}{n+1}<\dfrac{1}{x}\le\dfrac{1}{n}$，于是

$$1+\frac{1}{n+1}<1+\frac{1}{x}\le1+\frac{1}{n},$$

从而有 $\left(1+\dfrac{1}{n+1}\right)^n<\left(1+\dfrac{1}{x}\right)^x\le\left(1+\dfrac{1}{n}\right)^{n+1}$，由于

$$\lim_{n\to\infty}\left(1+\frac{1}{n}\right)^{n+1}=\lim_{n\to\infty}\left[\left(1+\frac{1}{n}\right)^n\cdot\left(1+\frac{1}{n}\right)\right]=\mathrm{e},$$

$$\lim_{n\to\infty}\left(1+\frac{1}{n+1}\right)^n=\lim_{n\to\infty}\left[\left(1+\frac{1}{n+1}\right)^{n+1}\cdot\left(1+\frac{1}{n+1}\right)^{-1}\right]=\mathrm{e},$$

因此 $\lim\limits_{x\to+\infty}\left(1+\dfrac{1}{x}\right)^x=\mathrm{e}.$

当 $x\to-\infty$ 时，只需令 $x=-t$，不难证得 $\lim\limits_{x\to-\infty}\left(1+\dfrac{1}{x}\right)^x=\mathrm{e}.$

综上证得 $\lim\limits_{x\to\infty}\left(1+\dfrac{1}{x}\right)^x=\mathrm{e}.$

在极限 $\lim\limits_{x\to\infty}\left(1+\dfrac{1}{x}\right)^x=\mathrm{e}$ 中，如令 $\dfrac{1}{x}=t$，则得到它的另一形式，即 $\lim\limits_{t\to0}(1+t)^{\frac{1}{t}}=\mathrm{e}.$

例 4 求下列极限：

(1) $\lim\limits_{x\to\infty}\left(1+\dfrac{1}{x}\right)^{2x-5}$；

(2) $\lim\limits_{x\to\infty}\left(1-\dfrac{3}{x}\right)^{5x}$；

(3) $\lim\limits_{x\to\infty}\left(\dfrac{2x-1}{2x+1}\right)^x$；

(4) $\lim\limits_{x\to\infty}\left(\dfrac{x^2}{x^2-1}\right)^x$；

(5) $\lim\limits_{x\to0}(1+x)^{\frac{2}{x}}$；

(6) $\lim\limits_{x\to0}(1-2x)^{\frac{3}{x}}.$

解 (1) $\lim\limits_{x\to\infty}\left(1+\dfrac{1}{x}\right)^{2x-5}=\lim\limits_{x\to\infty}\left[\left(1+\dfrac{1}{x}\right)^x\right]^{\frac{2x-5}{x}}$

$$=\left[\lim_{x\to\infty}\left(1+\frac{1}{x}\right)^x\right]^{\lim\limits_{x\to\infty}\frac{2x-5}{x}}=\mathrm{e}^2.$$

(2) $\lim\limits_{x\to\infty}\left(1-\dfrac{3}{x}\right)^{5x}=\lim\limits_{x\to\infty}\left[\left(1-\dfrac{3}{x}\right)^{-\frac{x}{3}}\right]^{-\frac{3}{x}\cdot5x}$

$$=\left[\lim_{x\to\infty}\left(1-\frac{3}{x}\right)^{-\frac{x}{3}}\right]^{\lim\limits_{x\to\infty}\left(\frac{-3}{x}\cdot5x\right)}=\mathrm{e}^{-15}.$$

（3）$\lim\limits_{x\to\infty}\left(\dfrac{2x-1}{2x+1}\right)^x=\lim\limits_{x\to\infty}\left(1+\dfrac{-2}{2x+1}\right)^x=\lim\limits_{x\to\infty}\left[\left(1+\dfrac{-2}{2x+1}\right)^{\frac{2x+1}{-2}}\right]^{\frac{-2x}{2x+1}}$

$\qquad\qquad=\left[\lim\limits_{x\to\infty}\left(1+\dfrac{-2}{2x+1}\right)^{\frac{2x+1}{-2}}\right]^{\lim\limits_{x\to\infty}\frac{-2x}{2x+1}}=\mathrm{e}^{-1}.$

（4）$\lim\limits_{x\to\infty}\left(\dfrac{x^2}{x^2-1}\right)^x=\lim\limits_{x\to\infty}\left(1+\dfrac{1}{x^2-1}\right)^x=\lim\limits_{x\to\infty}\left[\left(1+\dfrac{1}{x^2-1}\right)^{x^2-1}\right]^{\frac{x}{x^2-1}}$

$\qquad\qquad=\left[\lim\limits_{x\to\infty}\left(1+\dfrac{1}{x^2-1}\right)^{x^2-1}\right]^{\lim\limits_{x\to\infty}\frac{x}{x^2-1}}=\mathrm{e}^0=1.$

（5）$\lim\limits_{x\to0}(1+x)^{\frac{2}{x}}=\lim\limits_{x\to0}\left[(1+x)^{\frac{1}{x}}\right]^2=\left[\lim\limits_{x\to0}(1+x)^{\frac{1}{x}}\right]^2=\mathrm{e}^2.$

（6）$\lim\limits_{x\to0}(1-2x)^{\frac{3}{x}}=\lim\limits_{x\to0}\left\{\left[1+(-2x)\right]^{\frac{1}{-2x}}\right\}^{-6}$

$\qquad\qquad=\left\{\lim\limits_{x\to0}\left[1+(-2x)\right]^{\frac{1}{-2x}}\right\}^{-6}=\mathrm{e}^{-6}.$

例 5 确定 c，使 $\lim\limits_{x\to\infty}\left(\dfrac{x+c}{x-c}\right)^x=4.$

解 $\lim\limits_{x\to\infty}\left(\dfrac{x+c}{x-c}\right)^x=\lim\limits_{x\to\infty}\left(1+\dfrac{2c}{x-c}\right)^x=\lim\limits_{x\to\infty}\left[\left(1+\dfrac{2c}{x-c}\right)^{\frac{x-c}{2c}}\right]^{\frac{2cx}{x-c}}$

$\qquad=\left[\lim\limits_{x\to\infty}\left(1+\dfrac{2c}{x-c}\right)^{\frac{x-c}{2c}}\right]^{\lim\limits_{x\to\infty}\frac{2cx}{x-c}}=\mathrm{e}^{2c},$

由 $\mathrm{e}^{2c}=4$，可得 $c=\ln2.$

例 6 假设某人以本金 A_0 进行一项投资，投资的年利率为 r，按连续复利计息，求 t 年末的本利和 A_t.

解 设一年分 m 期计息，投资每期的利率为 $\dfrac{r}{m}$，于是一年末的本利和为

$$A_1=A_0\left(1+\dfrac{r}{m}\right)^m,$$

t 年末的本利和为

$$A_t=A_0\left(1+\dfrac{r}{m}\right)^{mt},$$

如果计息期数 $m\to\infty$，那么，t 年末的本利和为

$$A_t=\lim\limits_{m\to\infty}A_0\left(1+\dfrac{r}{m}\right)^{mt}=A_0\mathrm{e}^{rt}.$$

习题 1-5

A 级题目

1．利用数列极限的夹逼定理证明：

（1）$\lim\limits_{n\to\infty}\sqrt{1+\dfrac{1}{n}}=1$；

（2）$\lim\limits_{n\to\infty}(1+2^n)^{\frac{1}{n}}=2.$

2. 计算下列极限：

（1）$\lim\limits_{x \to 0} \dfrac{\sin 3x}{x}$；

（2）$\lim\limits_{x \to 0} \dfrac{\sin 2x}{\sin 3x}$；

（3）$\lim\limits_{x \to 0} \dfrac{\tan 2x}{5x}$；

（4）$\lim\limits_{x \to 0} \dfrac{2x - \sin x}{3x + \sin x}$；

（5）$\lim\limits_{x \to \pi} \dfrac{\sin x}{\pi - x}$；

（6）$\lim\limits_{x \to 0} \dfrac{1 - \cos 2x}{x^2}$.

3. 计算下列极限：

（1）$\lim\limits_{x \to \infty} \left(1 + \dfrac{1}{x}\right)^{3x}$；

（2）$\lim\limits_{x \to \infty} \left(1 + \dfrac{2}{x}\right)^{x+4}$；

（3）$\lim\limits_{x \to 0} (1 - 2x)^{\frac{1}{x}}$；

（4）$\lim\limits_{x \to 0} (1 + 3x)^{\frac{-1}{x}}$；

（5）$\lim\limits_{x \to +\infty} \left(1 - \dfrac{1}{x}\right)^{\sqrt{x}}$；

（6）$\lim\limits_{x \to \infty} \left(\dfrac{1+x}{x}\right)^{2x}$；

（7）$\lim\limits_{x \to \infty} \left(\dfrac{x^2}{x^2 - 1}\right)^{x}$；

（8）$\lim\limits_{x \to 0} (1 + 3\tan^2 x)^{\cot^2 x}$；

（9）$\lim\limits_{x \to +\infty} x \left[\ln(x+1) - \ln x\right]$；

（10）$\lim\limits_{n \to \infty} n \left[\ln(n+3) - \ln(n+1)\right]$.

4. 求常数 c，使 $\lim\limits_{x \to \infty} \left(\dfrac{x+c}{x-c}\right)^{x} = 9$.

第六节 无穷小量和无穷大量

一、无穷小量

前面在讨论数列和函数的极限时，我们经常遇到以零为极限的变量. 例如，变量 $\dfrac{1}{2^n}$，当 $n \to \infty$ 时，其极限为 0；函数 $\dfrac{1}{x}$，当 $x \to \infty$ 时，其极限为 0；函数 $x^2 - 1$，当 $x \to 1$ 时，其极限为 0；这些在自变量某一变化过程中以零为极限的变量称为无穷小量，简称无穷小.

我们以 $x \to x_0$ 为例，来定义函数 $f(x)$ 无穷小量的概念.

1. 无穷小量的定义

定义 1.20 如果 $\lim\limits_{x \to x_0} \alpha(x) = 0$，则称 $\alpha(x)$ 是当 $x \to x_0$ 时的无穷小量（infinitesimal）. 简称无穷小.

例如，当 $x \to 1$ 时，$x^2 - 1$ 是无穷小量.

当 $n \to \infty$ 时，$\dfrac{1}{n}$ 是无穷小量.

显然，所谓无穷小量是针对自变量的某种变化趋势而言的，它的极限必须是零. 特别地，零是无穷小量.

2. 无穷小量的性质

（1）有限个无穷小量的和、差、积仍为无穷小量；

（2）有界函数与无穷小量的乘积仍为无穷小量.

以上性质均可利用极限的定义予以证明. 现仅证明性质(2)：

证明 设 $f(x)$ 为有界函数，即存在正数 M，有

$$|f(x)| \leqslant M$$

成立，又设当 $x \to x_0$ 时，$\alpha(x)$ 是无穷小量，即

$$\lim_{x \to x_0} \alpha(x) = 0,$$

于是 $\forall \dfrac{\varepsilon}{M} > 0$，$\exists \delta > 0$，当 $0 < |x - x_0| < \delta$ 时，有 $|\alpha(x) - 0| < \dfrac{\varepsilon}{M}$，即 $|\alpha(x)| < \dfrac{\varepsilon}{M}$，故

$$|f(x) \cdot \alpha(x) - 0| = |f(x) \cdot \alpha(x)| = |f(x)| \cdot |\alpha(x)| < M \cdot \frac{\varepsilon}{M} = \varepsilon$$

成立，因此

$$\lim_{x \to x_0} f(x) \alpha(x) = 0,$$

即表示当 $x \to x_0$ 时，$f(x) \cdot \alpha(x)$ 是无穷小量.

此性质可以用来求某些函数的极限.

例 1 求 $\lim\limits_{x \to 0} x^2 \cos \dfrac{1}{x}$.

解 由于当 $x \to 0$ 时，x^2 是无穷小量，又因为 $\left| \cos \dfrac{1}{x} \right| \leqslant 1$，即 $\cos \dfrac{1}{x}$ 是有界函数，

所以 $\lim\limits_{x \to 0} x^2 \cos \dfrac{1}{x} = 0$.

例 2 求 $\lim\limits_{x \to \infty} \dfrac{2x - \sin x}{x + \sin x}$.

解 由于 $\lim\limits_{x \to \infty} \dfrac{2x - \sin x}{x + \sin x} = \lim\limits_{x \to \infty} \dfrac{2 - \dfrac{\sin x}{x}}{1 + \dfrac{\sin x}{x}}$，又当 $x \to \infty$ 时，$\dfrac{1}{x}$ 是无穷小量，且 $\sin x$ 是有界

函数，所以 $\lim\limits_{x \to \infty} \dfrac{\sin x}{x} = 0$，因此，$\lim\limits_{x \to \infty} \dfrac{2x - \sin x}{x + \sin x} = 2$.

注 性质(1)必须对有限个无穷小量才成立. 若是无限个无穷小量，就不一定成立了.

例如，$\lim\limits_{n \to \infty} \left(\dfrac{1}{n^2} + \dfrac{2}{n^2} + \cdots + \dfrac{n}{n^2} \right) = \dfrac{1}{2} \neq 0$.

3. 无穷小量的比较

由无穷小量的性质知，两个无穷小量的和、差、积仍是无穷小量，那么两个无穷小量的商又会出现什么情况呢？

比如，当 $x \to 0$ 时，x，$3x$，$\sin x$，x^2，$x \sin \dfrac{1}{x}$ 都是无穷小量，但是 $\lim\limits_{x \to 0} \dfrac{x^2}{x} = 0$，$\lim\limits_{x \to 0} \dfrac{x}{3x} =$

$\dfrac{1}{3}$，$\lim\limits_{x \to 0} \dfrac{x}{\sin x} = 1$，$\lim\limits_{x \to 0} \dfrac{3x}{x^2} = \infty$，$\lim\limits_{x \to 0} \dfrac{x \sin \dfrac{1}{x}}{x} = \lim\limits_{x \to 0} \sin \dfrac{1}{x}$ 不存在，由此可见，在自变量的同一

变化过程中，两个无穷小量的商的极限可能是零，可能是非零常数，也可能不存在.

两个无穷小量的商的极限的各种不同情况，反映了作为分子、分母的两个不同的无穷小量趋于零的"快慢"程度不同. 就上面几个例子来说，当 $x \to 0$ 时，x^2 趋于零的速度比 x "快些"，x 趋于零的速度比 x^2 "慢些"，而 $\sin x$ 与 x 趋于零的速度"快慢差不多".

下面我们以 $x \to x_0$ 为例，用数学语言来描述这种"快慢"程度，则有下面无穷小量比较的概念：

定义 1.21　设当 $x \to x_0$ 时，$\alpha(x)$ 与 $\beta(x)$ 都是无穷小量.

如果 $\lim\limits_{x \to x_0} \dfrac{\alpha(x)}{\beta(x)} = 0$，则称 $\alpha(x)$ 是比 $\beta(x)$ 高阶的无穷小（infinitesimal of higher order），记作 $\alpha(x) = o(\beta(x))$.

如果 $\lim\limits_{x \to x_0} \dfrac{\alpha(x)}{\beta(x)} = \infty$，则称 $\alpha(x)$ 是比 $\beta(x)$ 低阶的无穷小（infinitesimal of lower order）（此时即 $\lim\limits_{x \to x_0} \dfrac{\beta(x)}{\alpha(x)} = 0$，则称 $\beta(x)$ 是比 $\alpha(x)$ 高阶的无穷小），记作 $\beta(x) = o(\alpha(x))$.

如果 $\lim\limits_{x \to x_0} \dfrac{\alpha(x)}{\beta(x)} = c\,(c \neq 0,1\ 且为常数)$，则称 $\alpha(x)$ 与 $\beta(x)$ 是同阶无穷小（infinitesimal of same order），记作 $\alpha(x) = O(\beta(x))$.

如果 $\lim\limits_{x \to x_0} \dfrac{\alpha(x)}{\beta(x)} = 1$，则称 $\alpha(x)$ 与 $\beta(x)$ 是等价无穷小（equivalent infinitesimal），记作 $\alpha(x) \sim \beta(x)$.

例 3　当 $x \to 0$ 时，试比较 $\sqrt{1+x} - \sqrt{1-x}$ 与 x.

解　由于 $\lim\limits_{x \to 0} \dfrac{\sqrt{1+x} - \sqrt{1-x}}{x} = \lim\limits_{x \to 0} \dfrac{2}{\sqrt{1+x} + \sqrt{1-x}} = 1$，所以，当 $x \to 0$ 时，$\sqrt{1+x} - \sqrt{1-x} \sim x$.

在计算两个无穷小之比的极限时，利用等价无穷小可以使计算的过程大大简化. 如下定理可以提供理论依据.

定理 1.14（等价无穷小替换定理）　当 $x \to x_0$ 时，若 $\alpha(x) \sim \alpha_1(x)$，$\beta(x) \sim \beta_1(x)$，且 $\lim\limits_{x \to x_0} \dfrac{\alpha_1(x)}{\beta_1(x)}$ 存在，则 $\lim\limits_{x \to x_0} \dfrac{\alpha(x)}{\beta(x)} = \lim\limits_{x \to x_0} \dfrac{\alpha_1(x)}{\beta_1(x)}$.

证明　$\lim\limits_{x \to x_0} \dfrac{\alpha(x)}{\beta(x)} = \lim\limits_{x \to x_0} \left[\dfrac{\alpha(x)}{\alpha_1(x)} \cdot \dfrac{\alpha_1(x)}{\beta_1(x)} \cdot \dfrac{\beta_1(x)}{\beta(x)} \right] = \lim\limits_{x \to x_0} \dfrac{\alpha(x)}{\alpha_1(x)} \cdot \lim\limits_{x \to x_0} \dfrac{\alpha_1(x)}{\beta_1(x)} \cdot \lim\limits_{x \to x_0} \dfrac{\beta_1(x)}{\beta(x)}$

$$= 1 \cdot \lim\limits_{x \to x_0} \dfrac{\alpha_1(x)}{\beta_1(x)} \cdot 1 = \lim\limits_{x \to x_0} \dfrac{\alpha_1(x)}{\beta_1(x)}.$$

从这个定理可知，在两个无穷小之比中，把每一个（或其中的一个）无穷小换成它的等价无穷小，并不改变比的极限值.

在极限计算中，常用到下列几组等价无穷小替换：

当 $x \to 0$ 时，

$$\sin x \sim x,\ \tan x \sim x,\ 1 - \cos x \sim \dfrac{x^2}{2},\ \arcsin x \sim x,\ \arctan x \sim x,\ \ln(1+x) \sim x,\ e^x - 1 \sim x,$$

$$\sqrt[n]{1+x} - 1 \sim \dfrac{1}{n}x.$$

当 $\varphi(x) \to 0$ 时，

$$\sin\varphi(x) \sim \varphi(x)，\tan\varphi(x) \sim \varphi(x)，1-\cos\varphi(x) \sim \frac{\varphi^2(x)}{2}，\arcsin\varphi(x) \sim \varphi(x)，$$

$$\arctan\varphi(x) \sim \varphi(x)，\ln[1+\varphi(x)] \sim \varphi(x)，\mathrm{e}^{\varphi(x)}-1 \sim \varphi(x)，\sqrt[n]{1+\varphi(x)}-1 \sim \frac{1}{n}\varphi(x).$$

例 4 求 $\lim\limits_{x \to 0} \dfrac{\tan 5x}{\sin 7x}$.

解 由于当 $x \to 0$ 时，$\tan 5x \sim 5x$，$\sin 7x \sim 7x$，于是，

$$\lim\limits_{x \to 0} \frac{\tan 5x}{\sin 7x} = \lim\limits_{x \to 0} \frac{5x}{7x} = \frac{5}{7}.$$

例 5 求 $\lim\limits_{x \to 0} \dfrac{\sin 3x \cdot \ln(1+5x)}{1-\cos x}$.

解 由于当 $x \to 0$ 时，$\sin 3x \sim 3x$，$\ln(1+5x) \sim 5x$，$1-\cos x \sim \dfrac{x^2}{2}$，于是，

$$\lim\limits_{x \to 0} \frac{\sin 3x \cdot \ln(1+5x)}{1-\cos x} = \lim\limits_{x \to 0} \frac{3x \cdot 5x}{\dfrac{x^2}{2}} = 30.$$

因为无穷小是极限为零的函数，所以在无穷小与函数极限之间有着下述密切的联系.

定理 1.15（具有极限的函数与无穷小量的关系） 函数 $f(x)$ 在点 x_0 处极限存在（即 $\lim\limits_{x \to x_0} f(x) = A$）的充分必要条件是 $f(x) = A + \alpha(x)$，其中 $\alpha(x)$ 是当 $x \to x_0$ 时的无穷小量.

证明 必要性 设 $\lim\limits_{x \to x_0} f(x) = A$，于是有

$$\lim\limits_{x \to x_0}[f(x)-A] = \lim\limits_{x \to x_0} f(x) - A = A - A = 0,$$

即当 $x \to x_0$ 时，$f(x)-A$ 是无穷小量. 令 $f(x)-A = \alpha(x)$，即 $f(x) = A + \alpha(x)$，其中 $\alpha(x)$ 是当 $x \to x_0$ 时的无穷小量.

充分性 设 $f(x) = A + \alpha(x)$，其中 $\lim\limits_{x \to x_0} \alpha(x) = 0$，于是

$$\lim\limits_{x \to x_0} f(x) = \lim\limits_{x \to x_0}[A + \alpha(x)] = A + \lim\limits_{x \to x_0} \alpha(x) = A.$$

二、无穷大量

定义 1.22 如果当 $x \to x_0$ 时，函数 $f(x)$ 的绝对值 $|f(x)|$ 无限增大，则称当 $x \to x_0$ 时，$f(x)$ 是**无穷大量**（infinity），记作 $\lim\limits_{x \to x_0} f(x) = \infty$.

显然，无穷大量与无穷小量有如下关系：

定理 1.16 当 $x \to x_0$ 时，若 $f(x)$ 是无穷大量，则 $\dfrac{1}{f(x)}$ 是无穷小量；若 $f(x)$ 是无穷小量，且 $f(x) \neq 0$，则 $\dfrac{1}{f(x)}$ 是无穷大量.

例 6 求 $\lim\limits_{x \to 0} \mathrm{e}^{\frac{1}{x}}$.

解　由于当 $x\to0^-$ 时，$\dfrac{1}{x}\to-\infty$，于是 $\lim\limits_{x\to0^-}e^{\frac{1}{x}}=0$，当 $x\to0^+$ 时，$\dfrac{1}{x}\to+\infty$，于是

$\lim\limits_{x\to0^+}e^{\frac{1}{x}}=+\infty$，所以，$\lim\limits_{x\to0}e^{\frac{1}{x}}$ 不存在.

习题 1-6

A 级题目

1. 在给定的变化过程中，下列函数哪些是无穷小量？哪些是无穷大量？

(1) $f(x)=\dfrac{1}{x^2}$，$x\to0$；　　　　(2) $f(x)=\dfrac{1}{x^2}$，$x\to\infty$；

(3) $f(x)=e^x-1$，$x\to0$；　　　　(4) $f(x)=e^x-1$，$x\to\infty$；

(5) $f(x)=\sin\dfrac{1}{x}$，$x\to0$；　　　　(6) $f(x)=\sin\dfrac{1}{x}$，$x\to\infty$.

2. 计算下列极限：

(1) $\lim\limits_{x\to\infty}\dfrac{x^2+1}{x^3+x}(4+\cos x)$；　　　　(2) $\lim\limits_{x\to2}(x^2-4)\sin\dfrac{1}{x-2}$；

(3) $\lim\limits_{x\to0}\dfrac{x^2\cos\dfrac{1}{x}}{\sin x}$；　　　　(4) $\lim\limits_{x\to\infty}\dfrac{2x+\sin x}{x-\sin x}$.

3. 当 $x\to0$ 时，将下列无穷小量与无穷小量 x 比较：

(1) $x-3x^2$；　　　　(2) x^2+x^3；

(3) $\sqrt{1+x}-1$；　　　　(4) $\sqrt{1+x}-\sqrt{1-x}$.

4. 计算下列极限：

(1) $\lim\limits_{x\to0}\dfrac{e^{2x}-1}{\tan x}$；　　　　(2) $\lim\limits_{x\to0}\dfrac{\ln(1+2x)}{\sin3x}$；

(3) $\lim\limits_{x\to0}\dfrac{\sqrt{1+3x\tan x}-1}{\sin x^2}$；　　　　(4) $\lim\limits_{x\to0}\dfrac{1-\cos3x}{\sin^2x}$；

(5) $\lim\limits_{x\to0}\dfrac{\sin2x\cdot(e^{3x}-1)}{\tan x^2}$；　　　　(6) $\lim\limits_{x\to0}\dfrac{\sqrt[3]{1-x\sin x}-1}{\ln(1-x)\cdot\tan3x}$.

B 级题目

1. 求下列函数的定义域和解析表达式：

(1) $f(x)=\lim\limits_{n\to\infty}(\sin x)^n$；　　　　(2) $f(x)=\lim\limits_{n\to\infty}\arctan(x^n)$.

2. 当 $x\to0$ 时，证明下列命题：

(1) $x\cdot o(x^2)=o(x^3)$；　　　　(2) $o(x^2)+o(x^2)=o(x^2)$.

3. 计算下列极限：

(1) $\lim\limits_{x\to0}(x+3^x)^{\frac{2}{x}}$；　　　　(2) $\lim\limits_{x\to0}\dfrac{(1+x^2)^{\sin x}-1}{x^3}$.

4. 试确定 a 的值，使得 $\lim\limits_{x\to0}\left(a\cdot\arctan\dfrac{1}{x}+(1+|x|)^{\frac{1}{x}}\right)$ 存在.

第七节　函数的连续性

一、函数连续的概念

我们知道，函数是物质世界中各种变量之间的依存关系的具体反映.

例如，自由落体运动中物体下落的距离 h 是时间 t 的函数

$$h = \frac{1}{2}gt^2,$$

其中 g 为常数.

又如消费者对某产品的需求量 Q 是价格 P 的函数

$$Q = ae^{-bP},$$

其中常数 $a>0$，$b>0$.

从上面各种现象的变化来看，距离 h、需求量 Q 随着时间 t 和价格 P 的变化而连续不断地变化着.

从几何直观上看，这些函数的图形（抛物线、指数曲线）也都是连续不断的曲线. 这些事实揭示了函数的另外一个十分重要的性质，即所谓函数的连续性.

容易看出，凡是连续变化的现象，都和这样一个事实联系着，就是某一个函数当它的自变量有微小的变化时，相应的函数值的变化也很微小，这种特点就是函数的连续性.

连续性是函数的一个重要特性. 直观地讲，所谓函数 $y=f(x)$ 在点 $x=x_0$ 处连续，就是指函数 $y=f(x)$ 的图形在点 $(x_0, f(x_0))$ 处连而不断. 此时，显然有

$$\lim_{x \to x_0^-} f(x) = \lim_{x \to x_0^+} f(x) = f(x_0)，即 \lim_{x \to x_0} f(x) = f(x_0)，$$

因此可以很自然地引入如下定义.

1. 函数在一点处连续的定义

定义 1.23　设函数 $f(x)$ 在点 x_0 的某邻域内有定义，如果 $\lim_{x \to x_0} f(x) = f(x_0)$，则称**函数 $f(x)$ 在点 x_0 处连续**（continuous）.

从定义可知，函数 $f(x)$ 在点 x_0 处连续必须满足下列三个条件：

（1）$f(x)$ 在点 x_0 处有定义，即有确定的函数值 $f(x_0)$；

（2）极限 $\lim_{x \to x_0} f(x)$ 存在，即左极限 $f(x_0-0)$，右极限 $f(x_0+0)$ 存在且相等；

（3）$\lim_{x \to x_0} f(x) = f(x_0)$，即极限值 $\lim_{x \to x_0} f(x)$ 等于函数值 $f(x_0)$.

例 1　设 $f(x) = \begin{cases} (1-x)^{\frac{1}{x}}, & -1<x<1 \text{ 且 } x \neq 0, \\ \dfrac{1}{e}, & x=0, \end{cases}$　问：$f(x)$ 在点 $x=0$ 处是否连续？

解　因为 $f(0) = \dfrac{1}{e}$，$\lim_{x \to 0} f(x) = \lim_{x \to 0} (1-x)^{\frac{1}{x}} = \dfrac{1}{e}$，可见 $\lim_{x \to 0} f(x) = f(0)$，所以 $f(x)$ 在点 $x=0$ 处连续.

例2 设 $f(x) = \begin{cases} \dfrac{\sin 2x}{x}, & x < 0, \\ a, & x = 0, \\ 3 + x\sin\dfrac{1}{x} + b, & x > 0, \end{cases}$ 确定 a, b 的值，使 $f(x)$ 在点 $x = 0$ 处连续.

解 因为

$$f(0) = a,$$

$$\lim_{x \to 0^-} f(x) = \lim_{x \to 0^-} \frac{\sin 2x}{x} = 2,$$

$$\lim_{x \to 0^+} f(x) = \lim_{x \to 0^+} \left(3 + x\sin\frac{1}{x} + b\right) = 3 + b,$$

又 $f(x)$ 在点 $x = 0$ 处连续，即 $\lim\limits_{x \to 0^-} f(x) = \lim\limits_{x \to 0^+} f(x) = f(0)$，得 $a = 2, b = -1$，因此，当 $a = 2, b = -1$ 时，$f(x)$ 在点 $x = 0$ 处连续.

函数在一点处连续的定义可用"$\varepsilon-\delta$"分析定义来叙述：

$\forall \varepsilon > 0, \exists \delta > 0$，当 $|x - x_0| < \delta$ 时，有

$$|f(x) - f(x_0)| < \varepsilon,$$

则称 $f(x)$ 在点 x_0 处连续.

下面给出函数在一点处连续的另一等价定义.

由于 $\lim\limits_{x \to x_0} f(x) = f(x_0)$ 可改写为 $\lim\limits_{x \to x_0} [f(x) - f(x_0)] = 0$，若记 $x - x_0 = \Delta x$（称为自变量的改变量），则 $f(x) - f(x_0) = f(x_0 + \Delta x) - f(x_0)$ 记作 Δy（称为函数值的改变量），于是得

$$\lim_{\Delta x \to 0} \Delta y = 0.$$

定义 1.24 设函数 $f(x)$ 在点 x_0 的某邻域内有定义，如果当自变量的改变量 Δx 趋向于零时，函数值的相应改变量 Δy 也趋向于零，即 $\lim\limits_{\Delta x \to 0} \Delta y = 0$，则称**函数 $f(x)$ 在点 x_0 处连续**.

例3 证明 $y = \sin x$ 在定义域 $(-\infty, +\infty)$ 内任一点 x_0 处都连续.

证明 当自变量 x 从 x_0 改变到 $x_0 + \Delta x$ 时，函数 y 的值就从 $\sin x_0$ 改变到 $\sin(x_0 + \Delta x)$，于是函数值的改变量

$$\Delta y = \sin(x_0 + \Delta x) - \sin x_0 = 2\cos\left(x_0 + \frac{\Delta x}{2}\right)\sin\frac{\Delta x}{2},$$

由于 $\left|\cos\left(x_0 + \dfrac{\Delta x}{2}\right)\right| \leqslant 1$，$\lim\limits_{\Delta x \to 0} \sin\dfrac{\Delta x}{2} = 0$，故 $\lim\limits_{\Delta x \to 0} 2\cos\left(x_0 + \dfrac{\Delta x}{2}\right)\sin\dfrac{\Delta x}{2} = 0$，即 $\lim\limits_{\Delta x \to 0} \Delta y = 0$，因此 $y = \sin x$ 在 $(-\infty, +\infty)$ 内任一点 x_0 处连续.

同理可证 $\cos x$ 在 $(-\infty, +\infty)$ 内任一点 x_0 处连续.

定义 1.25 设函数 $f(x)$ 在区间 $(x_0 - \delta, x_0]$ 内有定义 $(\delta > 0)$，如果 $\lim\limits_{x \to x_0^-} f(x) = f(x_0)$，则称函数 $f(x)$ 在点 x_0 处**左连续**；设函数 $f(x)$ 在区间 $[x_0, x_0 + \delta)$ 内有定义 $(\delta > 0)$，如果 $\lim\limits_{x \to x_0^+} f(x) = f(x_0)$，则称 $f(x)$ 在点 x_0 处**右连续**.

2. 函数在区间连续的定义

（1）若函数 $f(x)$ 在开区间 (a, b) 内每一点处都连续，则称函数 $f(x)$ 在 (a, b) 内连续；

1.5 函数连续性的几何解释

（2）若函数 $f(x)$ 在开区间 (a,b) 内每一点处都连续，且在左端点 $x=a$ 处右连续（即 $\lim\limits_{x\to a^+}f(x)=f(a)$），在右端点 $x=b$ 处左连续（即 $\lim\limits_{x\to b^-}f(x)=f(b)$），则称函数 $f(x)$ 在闭区间 $[a,b]$ 上连续，记作 $f(x)\in C[a,b]$.

二、连续函数的运算性质

根据函数极限的运算法则和连续的定义，易知连续函数有如下性质（证明从略）.

定理 1.17 若 $f(x),g(x)$ 都在点 x_0 连续，则 $f(x)\pm g(x),f(x)g(x)$ 也在点 x_0 连续，且 $g(x_0)\neq 0$ 时，$\dfrac{f(x)}{g(x)}$ 在点 x_0 连续.

由这个定理和 $\sin x,\cos x$ 的连续性可知

$$\tan x=\frac{\sin x}{\cos x},\quad \cot x=\frac{\cos x}{\sin x},$$

$$\sec x=\frac{1}{\cos x},\quad \csc x=\frac{1}{\sin x},$$

在分母不为零的点是连续的，也就是说，这些函数在定义域内是连续的.

定理 1.18（反函数连续性定理） 有界闭区间上的严格单调增加（减少）的连续函数存在反函数，并且在相应的闭区间严格增加（减少）且连续.

对于基本初等函数中的指数函数 $y=a^x$，根据连续的定义可以证明其连续性，则它的反函数 $y=\log_a x$ 也是连续函数. 同理，反三角函数在其定义域内也是连续函数.

定理 1.19 若 $v=g(x)$ 在点 x_0 连续，$v_0=g(x_0)$，而 $y=f(v)$ 在点 v_0 连续，那么复合函数 $y=f(g(x))$ 在点 x_0 连续.

定理 1.19 说明了复合函数的连续性，结论可以表示为

$$\lim_{x\to x_0}f(g(x))=f(g(x_0))=f(\lim_{x\to x_0}g(x)).$$

这也说明极限符号 $\lim\limits_{x\to x_0}$ 可以与函数符号互换顺序.

对于一般的幂函数 $y=x^\alpha\ (x>0)$，由于 $x^\alpha=e^{\alpha\ln x}$，所以幂函数可以看作是指数函数 e^v 和对数函数 $v=\ln x$ 的复合，由定理 1.19 知，函数 $y=x^\alpha$ 在 $(0,+\infty)$ 内连续.

综上可知，基本初等函数在各自的定义域内连续，从而由基本初等函数经过有限次四则运算和有限次复合运算得到的初等函数在其定义域内连续，见下述定理.

定理 1.20 一切初等函数在其定义区间上都是连续的.

由这个定理可知，若 $f(x)$ 是初等函数，x_0 是其定义区间上的任意一点，则有

$$\lim_{x\to x_0}f(x)=f(\lim_{x\to x_0}x)=f(x_0),$$

这说明，对于连续函数求极限，可以把极限符号与函数记号交换，也就是只要把函数式中的 x 代以 x_0 即可.

例如，$\lim\limits_{x\to\frac{\pi}{6}}\ln\sin x=\ln\left(\sin\dfrac{\pi}{6}\right)=\ln\dfrac{1}{2}=-\ln 2.$

注 分段函数一般不是初等函数，因此在定义域内就不一定连续了.

例 4　求下列函数的连续区间：

$(1)f(x)=\dfrac{\sin x}{x^2-x}$;

$(2)f(x)=\begin{cases}\dfrac{x}{\sqrt{1+x}-1}, & x\neq0,\ x>-1,\\ 1, & x=0.\end{cases}$

解　$(1)f(x)=\dfrac{\sin x}{x^2-x}$是初等函数，它的定义区间就是连续区间. 于是，$f(x)$的连续区间是$(-\infty,0)$，$(0,1)$，$(1,+\infty)$.

$(2)f(x)$是分段函数，需考察分段点 $x=0$ 处的连续性. 由于

$$\lim_{x\to0}f(x)=\lim_{x\to0}\frac{x}{\sqrt{1+x}-1}=\lim_{x\to0}\frac{x(\sqrt{1+x}+1)}{x}$$
$$=\lim_{x\to0}(\sqrt{1+x}+1)=2,$$

而 $f(0)=1$，可见 $f(x)$ 在 $x=0$ 处不连续. 于是，$f(x)$ 的连续区间是$(-1,0)$，$(0,+\infty)$.

三、函数的间断点

为了深刻理解函数连续性的概念，讨论函数不连续的情况十分必要.

1. 间断点的定义

定义 1.26　若函数$f(x)$在点x_0处不连续，则点x_0称为$f(x)$的间断点(discontinuity).

显然，如果有下列三种情形中的任何一种发生，则点x_0就是函数的间断点.

$(1)f(x)$在x_0处没有定义；

(2)虽然$f(x_0)$有定义，但$\lim\limits_{x\to x_0}f(x)$不存在；

(3)虽然$f(x_0)$有定义，且$\lim\limits_{x\to x_0}f(x)$存在，但极限值不等于函数值，即$\lim\limits_{x\to x_0}f(x)\neq f(x_0)$.

2. 间断点的分类

定义 1.27　若函数$f(x)$当$x\to x_0$时，左右极限都存在但不相等，则称点x_0为$f(x)$的第一类跳跃间断点(jump discontinuity).

若函数$f(x)$当$x\to x_0$时，左右极限都存在且相等，即极限存在，但不等于函数值（或函数值无定义），则称点x_0为$f(x)$的第一类可去间断点(removable discontinuity).

若点x_0为$f(x)$的可去间断点，如果我们补充定义$f(x_0)=\lim\limits_{x\to x_0}f(x)$，则函数$f(x)$在点$x_0$处连续，此即"可去"的由来.

除了第一类间断点外，其他间断点都称为第二类间断点. 例如，$x=0$是$y=\dfrac{1}{x}$的第二类间断点（常称为无穷间断点(infinite discontinuity)）；$x=0$是$y=\sin\dfrac{1}{x}$的第二类间断点（常称为振荡间断点(oscillating discontinuity)）.

例 5 求下列函数的间断点，并指明其类型：

(1) $f(x) = x\sin\dfrac{1}{x}$；

(2) $f(x) = \begin{cases} x-2, & x<0, \\ e^x, & x\geqslant 0; \end{cases}$

(3) $f(x) = \dfrac{\sin x}{x^2-2x}$.

解 (1) $f(x) = x\sin\dfrac{1}{x}$ 在 $x=0$ 处无定义. 由于 $\lim\limits_{x\to 0} x = 0$，即当 $x\to 0$ 时，x 为无穷小

量，而 $\sin\dfrac{1}{x}$ 为有界函数，可见 $\lim\limits_{x\to 0} f(x) = \lim\limits_{x\to 0} x\sin\dfrac{1}{x} = 0$，所以 $x=0$ 是 $f(x) = x\sin\dfrac{1}{x}$ 的第

一类可去间断点.

(2) 它是分段函数，只需考察分段点 $x=0$ 处，由于
$$\lim_{x\to 0^-} f(x) = \lim_{x\to 0^-}(x-2) = -2,$$
$$\lim_{x\to 0^+} f(x) = \lim_{x\to 0^+} e^x = 1,$$

可见，左右极限都存在但不相等，所以 $x=0$ 是 $f(x)$ 的第一类跳跃间断点.

(3) 它是初等函数，定义域为 $(-\infty,0)\cup(0,2)\cup(2,+\infty)$，在 $x=0,x=2$ 处无定义.

考察 $x=0$ 处，因为
$$\lim_{x\to 0} f(x) = \lim_{x\to 0}\frac{\sin x}{x(x-2)} = \lim_{x\to 0}\left(\frac{\sin x}{x}\cdot\frac{1}{x-2}\right) = -\frac{1}{2},$$

所以 $x=0$ 是第一类可去间断点.

考察 $x=2$ 处，因为
$$\lim_{x\to 2} f(x) = \lim_{x\to 2}\frac{\sin x}{x(x-2)} = \infty,$$

所以 $x=2$ 是第二类间断点（无穷间断点）.

在经济理论中，通常假设所讨论的经济函数是连续的，但是不连续的函数还是有的. 例如，当产量达到一定数量后，需要再增产时，就必须增添新的设备以及增加劳力，这时成本作为产量的函数就可能跳跃上升，它的图形将是一条不连续曲线.

四、闭区间上连续函数的性质

闭区间上的连续函数有很多重要性质，其中不少性质从几何直观上看是很明显的，但证明却并不容易，需要用到实数理论，这超出了本书的范围. 我们将以定理的形式把性质叙述出来，略去证明.

定理 1.21（有界定理） 设函数 $f(x)$ 在闭区间 $[a,b]$ 上连续，则 $f(x)$ 在 $[a,b]$ 上有界.

定理 1.22（最值定理） 设函数 $f(x)$ 在闭区间 $[a,b]$ 上连续，则 $f(x)$ 在 $[a,b]$ 上一定有最大值 M 和最小值 m，即至少存在 ξ_1，$\xi_2\in[a,b]$，使得对一切 $x\in[a,b]$，均有
$$m = f(\xi_1)\leqslant f(x)\leqslant f(\xi_2) = M.$$

如图 1-29 所示.

注 定理的条件如果不满足，则最大值和最小值就不一定存在了，例如 $y=x$ 在开区间 $(0,1)$ 内就找不到最大值与最小值，$y=\dfrac{1}{x}$ 在 $[-1,1]$ 上由于不连续，也不存在最大值和最小值.

定理 1.23（介值定理） 设函数 $f(x)$ 在闭区间 $[a,b]$ 上连续，M 与 m 分别为 $f(x)$ 在 $[a,b]$ 上的最大值和最小值，则对任意介于 m 与 M 之间的实数 c，在 $[a,b]$ 上至少存在一点 ξ，使得

$$f(\xi)=c.$$

如图 1-30 所示.

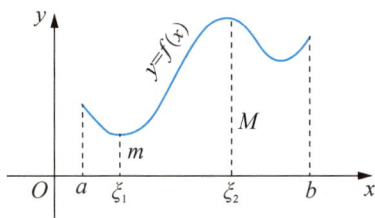
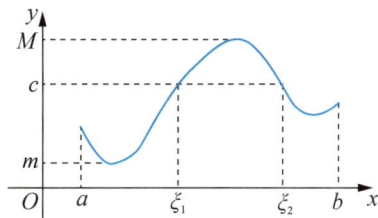

图 1-29   图 1-30

例 6 若 $f(x)$ 在 (a,b) 内连续，且 $a<x_1<x_2<x_3<b$，证明：在 $[x_1,x_3]$ 上至少存在一点 ξ，使得

$$f(\xi)=\frac{f(x_1)+f(x_2)+f(x_3)}{3}.$$

证明 由于 $f(x)$ 在 (a,b) 内连续，且 $a<x_1<x_2<x_3<b$，显然 $f(x)$ 在 $[x_1,x_3]$ 上连续. 由最值定理可知，在 $[x_1,x_3]$ 上 $f(x)$ 有最大值 M 和最小值 m，即得

$$m\leqslant f(x_1)\leqslant M,$$
$$m\leqslant f(x_2)\leqslant M,$$
$$m\leqslant f(x_3)\leqslant M,$$

于是有

$$m\leqslant\frac{f(x_1)+f(x_2)+f(x_3)}{3}\leqslant M,$$

由介值定理可知，在 $[x_1,x_3]$ 上至少存在一点 ξ，使得

$$f(\xi)=\frac{f(x_1)+f(x_2)+f(x_3)}{3}.$$

定理 1.24（零值定理） 设函数 $f(x)$ 在 $[a,b]$ 上连续，且 $f(a)$ 与 $f(b)$ 异号，即

$$f(a)f(b)<0,$$

则在开区间 (a,b) 内至少存在一点 ξ，使得

$$f(\xi)=0.$$

如图 1-31 所示.

该定理的结论表明方程 $f(x)=0$ 在 (a,b) 内至少有一个实根.

从几何图形上看，表明此时曲线 $y=f(x)$ 与 x 轴至少有一个交点.

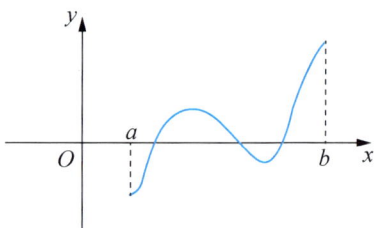

图 1-31

例 7 证明方程 $x \cdot 2^x = 1$ 至少有一个小于 1 的正根.

证明 设 $f(x)=x \cdot 2^x - 1$，显然，$f(x)$ 在 $[0,1]$ 上连续，且

$$f(0)=(x \cdot 2^x - 1)\big|_{x=0} = -1 < 0,$$
$$f(1)=(x \cdot 2^x - 1)\big|_{x=1} = 1 > 0,$$

于是，由零值定理可知，在 $(0,1)$ 内至少存在一点 ξ，使得 $f(\xi)=0$，即方程 $x \cdot 2^x = 1$ 至少有一个小于 1 的正根.

例 8 证明方程 $x^3 - 3x^2 - x + 3 = 0$ 在区间 $(-2,0)$，$(0,2)$，$(2,4)$ 内各有一根.

证明 设 $f(x) = x^3 - 3x^2 - x + 3$，显然，$f(x)$ 分别在 $[-2,0]$，$[0,2]$，$[2,4]$ 上连续，且

$$f(-2) = (x^3 - 3x^2 - x + 3)\big|_{x=-2} = -15,$$
$$f(0) = (x^3 - 3x^2 - x + 3)\big|_{x=0} = 3,$$
$$f(2) = (x^3 - 3x^2 - x + 3)\big|_{x=2} = -3,$$
$$f(4) = (x^3 - 3x^2 - x + 3)\big|_{x=4} = 15,$$

由零值定理可知存在 $\xi_1 \in (-2,0)$，$\xi_2 \in (0,2)$，$\xi_3 \in (2,4)$，使得 $f(\xi_1)=0$，$f(\xi_2)=0$，$f(\xi_3)=0$. 这表明方程 $x^3 - 3x^2 - x + 3 = 0$ 在区间 $(-2,0)$，$(0,2)$，$(2,4)$ 内至少各有一根. 但三次方程 $f(x)=0$ 最多有三个根，故方程 $f(x)=0$ 在区间 $(-2,0)$，$(0,2)$，$(2,4)$ 内各有一根.

习题 1-7

A 级题目

1. 判断下列函数在指定点处的连续性：

$(1) f(x) = \begin{cases} \dfrac{\sin 3x}{x}, & x \neq 0, \\ 1, & x = 0, \end{cases}$ 在 $x=0$ 处；

$(2) f(x) = \begin{cases} x^2 \sin \dfrac{1}{x}, & x \neq 0, \\ 0, & x = 0, \end{cases}$ 在 $x=0$ 处；

$(3) f(x) = \begin{cases} e^{x-1}, & x < 1, \\ 2-x, & x \geq 1, \end{cases}$ 在 $x=1$ 处；

$(4) f(x) = \begin{cases} \dfrac{\sqrt{x+2}-2}{x-2}, & x \neq 2, \\ 4, & x = 2, \end{cases}$ 在 $x=2$ 处；

$(5) f(x) = \begin{cases} e^x, & x \leq 0, \\ \dfrac{\sin x}{x}, & x > 0, \end{cases}$ 在 $x=0$ 处；

$(6) f(x) = \begin{cases} \dfrac{\sin x}{|x|}, & x \neq 0, \\ 1, & x = 0, \end{cases}$ 在 $x=0$ 处；

$(7) f(x) = \begin{cases} 2^{\frac{1}{x}}, & x \neq 0, \\ 0, & x = 0, \end{cases}$ 在 $x=0$ 处.

2. 确定 a,b 的值，使下列函数 $f(x)$ 在 $x=0$ 处连续：

$(1)f(x)=\begin{cases} \ln(1-2x)^{\frac{3}{x}}, & x\neq 0, \\ a, & x=0; \end{cases}$

$(2)f(x)=\begin{cases} \dfrac{x}{\sqrt{1+x}-1}, & x\neq 0, \\ a, & x=0; \end{cases}$

$(3)f(x)=\begin{cases} \mathrm{e}^x, & x\leqslant 0, \\ x+a, & x>0; \end{cases}$

$(4)f(x)=\begin{cases} \dfrac{1}{x}\sin x, & x<0, \\ a, & x=0, \\ x\sin\dfrac{1}{x}+b, & x>0; \end{cases}$

$(5)f(x)=\begin{cases} \dfrac{\ln(1-3x)}{ax}, & x<0, \\ 2, & x=0, \\ \dfrac{\sin bx}{x}, & x>0. \end{cases}$

3. 补充定义 $f(0)$，使下列函数 $f(x)$ 在 $x=0$ 处连续：

$(1)f(x)=\dfrac{\ln(1+2x)}{x}$；

$(2)f(x)=\dfrac{\sqrt{1+x}-\sqrt{1-x}}{x}$；

$(3)f(x)=\ln(1+kx)^{\frac{m}{x}}$.

4. 求出下列函数的连续区间：

$(1)f(x)=\dfrac{1}{\sqrt{9-x^2}}$；

$(2)f(x)=\begin{cases} \dfrac{2x}{\sqrt{1-x}-\sqrt{1+x}}, & -1<x<0, \\ \mathrm{e}^{\sin x}-3, & x\geqslant 0; \end{cases}$

$(3)f(x)=\begin{cases} \dfrac{1}{x-1}, & 0\leqslant x<1, \\ 1, & 1\leqslant x\leqslant 2, \\ \dfrac{\sin(x-2)}{x-2}, & 2<x\leqslant 3. \end{cases}$

5. 指出下列函数的间断点，并说明其类型：

$(1)f(x)=\dfrac{1}{x^2+x}$；

$(2)f(x)=\dfrac{x^2-1}{x^2-3x+2}$；

$(3)f(x)=\dfrac{\sin x}{x^2-x}$

$(4)f(x)=\begin{cases} \dfrac{1-x^2}{1-x}, & x\neq 1, \\ 0, & x=1; \end{cases}$

$(5)f(x)=\begin{cases} 5, & x<1, \\ 4x+1, & 1\leqslant x<2, \\ 3+x^2, & x\geqslant 2; \end{cases}$

$(6)f(x)=\begin{cases} \dfrac{\sin x}{x}, & x<0, \\ 0, & x=0, \\ \mathrm{e}^{-x}, & x>0. \end{cases}$

6. 证明：方程 $x^5-3x=1$ 在 1 与 2 之间至少存在一个实根.

7. 证明：曲线 $y=x^4-3x^2+7x-10$ 在 $x=1$ 与 $x=2$ 之间与 x 轴至少有一个交点.

8. 设 $f(x)=e^x-2$，试证：在 $(0,2)$ 内至少有一点 ξ，使得 $f(\xi)=\xi$.

B 级题目

1. 求下列函数的间断点，并说明其间断点类型：

$(1) f(x)=|x|^{\frac{1}{(x-1)(x-2)}}$；

$(2) f(x)=\dfrac{\ln|1+x|}{(e^x-1)(x-1)}$；

$(3) f(x)=\dfrac{\ln|x|}{|x|^x-1}\cdot\arctan\dfrac{1}{x-1}$.

1.6　本章小结

本章小结

函数概念与性质	了解 函数的概念与性质(有界性、奇偶性、单调性、周期性) 熟悉 几类常见函数的性质和图形 理解 常见的经济函数(需求函数、供给函数、成本函数、收益函数、利润函数)
极限	了解 数列极限和函数极限的概念与性质 了解 函数极限存在性与左右极限之间的关系 掌握 极限的四则运算法则 了解 极限的两个存在准则(夹逼准则、单调有界收敛准则) 熟练 利用两个重要极限求极限 了解 无穷小的概念,会用等价无穷小替换求极限
连续	理解 函数连续性的概念 了解 初等函数的连续性及函数间断的概念,会判别函数间断点的类型 了解 闭区间上连续函数的性质(有界定理,最大值、最小值定理,介值定理和零值定理)

数学通识：割圆术与极限

刘徽（约225—约295年），魏晋时期著名数学家，中国古典数学理论奠基人之一，在中国数学史上做出了极大贡献，如图1-32所示。他的《九章算术注》和《海岛算经》是中国宝贵的数学遗产。在《海岛算经》一书中，刘徽精心选编了九个测量问题，这些题目富有创造性、复杂性和代表性。

图1-32

刘徽在《九章算术注》中提出了"割圆术"，即将圆周用内接或外切正多边形穷竭的一种求圆面积和圆周长的方法。刘徽用割圆术证明了圆面积的精确公式，并给出了计算圆周率的科学方法。

如图1-33所示，首先从圆的内接六边形开始"割圆"，依次使边数倍增……算到192边形的面积，得到 $\pi = \frac{157}{50} = 3.14$，计算到3 072边形的面积，得出 $\pi = \frac{3927}{1250} = 3.141\ 6$，称为"徽率"。刘徽提出的计算圆周率的科学方法，奠定了此后千余年来中国圆周率计算在世界上的领先地位。

正六边形   正十二边形   正二十四边形

$3 < \pi < 3.401\ 923\ 788\ 6$ $3.105\ 828\ 541\ 2 < \pi < 3.211\ 657\ 082\ 5$ $3.132\ 628\ 613\ 3 < \pi < 3.159\ 428\ 685\ 3$

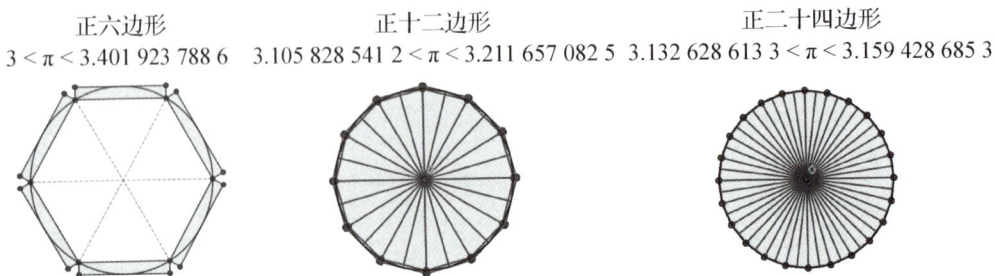

图1-33

刘徽在割圆术中提出的"割之弥细，所失弥少，割之又割，以至于不可割，则与圆合体而无所失矣"，可被视为中国古代朴素的极限观念。

极限思想在东西方自古有之。早在春秋战国时期（公元前770—前221年），古代中国人就对极限有了思考。《庄子·天下篇》记载："一尺之棰，日取其半，万世不竭"，即体现了"无限分割"的思想。无独有偶，古希腊诡辩学派的安提丰（Antiphon，约公元前 430 年)在解决"化圆为方"的问题上，提出了一种颇有价值的方法，后人称这种方法为"穷竭法"，是西方极限理论的萌芽. 安提丰的方法是：先作一圆内接正方形，将边数加倍，得内接八边形；再加倍，得十六边形. 如此下去，最后正多边形穷竭了圆，总可以作出与正多边形等积的正方形，故圆可化为方. 显然，圆化方的结论是错误的，但它向人们展示了"曲"与"直"的辩证关系和一种求圆面积的近似方法，启发了人们后来以"直"代"曲"解决问题. 而刘徽的割圆术正是这种思想的具体化.

刘徽思维敏捷，方法灵活，既提倡推理又主张直观. 他是中国最早明确主张用逻辑推理的方式来论证数学命题的人. 刘徽的一生是为数学刻苦探求的一生. 他人格高尚，是学而不厌的伟人，给中华民族留下了宝贵的知识财富，并使中国数学在世界数学史上留下了浓墨重彩的一笔！

总复习题一

1. 求下列函数的定义域，并用区间表示：

$(1) y = \dfrac{\sqrt{x-2}}{x-3} + \dfrac{1}{\lg(5-x)}$；　　　$(2) y = e^{\frac{1}{x-1}} + \dfrac{1}{1-\ln x}$.

2. 设函数 $f(x)$ 的定义域是 $[0,1]$，求下列函数的定义域：

$(1) f(x-4)$；　　　$(2) f(\lg x)$；　　　$(3) f(\sin x)$.

3. 设 $f(x) = \begin{cases} 1-x^2, & x < 0 \\ x^2-1, & x \geqslant 0, \end{cases}$ 求 $g(x) = f(x) + f(-x)$.

4. (1) 设 $f\left(x - \dfrac{1}{x}\right) = \dfrac{x^2}{1+x^4}$，求 $f(x)$；

(2) 设 $f(x^2-1) = \ln\dfrac{x^2}{x^2-2}$，且 $f[\varphi(x)] = \ln x$，求 $\varphi(x)$；

(3) 设 $af(x) + bf\left(\dfrac{1}{x}\right) = \dfrac{c}{x}$，求 $f(x)$.

5. 现有电话机每部售价为 180 元，成本为 100 元，厂方为鼓励销售商大量采购，决定凡是订购量超过 200 部的，每多订购 10 部，多订的电话机的售价就降低 1 元，但其最低价为每部 120 元.

(1) 将每部的实际售价 P 表示为订购量 x 的函数；

(2) 将厂方所获的利润 L 表示为订购量 x 的函数；

(3) 某商店订购了 1000 部，厂方可获得利润多少？

6. 求 $\lim\limits_{n \to \infty}\left(\dfrac{1}{n^2+1} + \dfrac{2}{n^2+2} + \cdots + \dfrac{n}{n^2+n}\right)$.

7. 设 $f(x) = \dfrac{1}{1+e^{\frac{1}{x}}}$，求 $\lim\limits_{x \to 0} f(x)$.

8. 设数列 $\{a_n\}$：$\sqrt{2}, \sqrt{2+\sqrt{2}}, \sqrt{2+\sqrt{2+\sqrt{2}}}, \cdots, \sqrt{2+a_{n-1}}, \cdots$. 证明 $\lim\limits_{n \to \infty} a_n$ 存在，并求此极限值.

9. 计算下列极限：

$(1) \lim\limits_{x \to 0} \dfrac{\sqrt{1+x^2}-1}{\sin x^2}$；　　　　　　$(2) \lim\limits_{x \to 0} \dfrac{\sqrt{1-\cos x}}{x}$；

$(3) \lim\limits_{x \to +\infty} (\sin\sqrt{x+1} - \sin\sqrt{x})$；　　$(4) \lim\limits_{x \to \infty} \dfrac{3x-1}{x^3 \sin\dfrac{1}{x^2}}$.

10. 求 $\lim\limits_{x \to 0} \dfrac{\sqrt[4]{1+2x}-1}{\sin(\sin 2x)}$.

11. 判断下列函数在指定点处的连续性：

$(1) f(x) = \begin{cases} e^{-\frac{1}{x}}, & x \neq 0 \\ 0, & x = 0, \end{cases}$ 在 $x = 0$ 处；

$(2) f(x) = \lim\limits_{n \to \infty} \dfrac{x + x^2 e^{nx}}{1 + e^{nx}}$，在 $x=0$ 处.

12. 指出下列函数的间断点，并说明其类型：

$(1) f(x) = \begin{cases} \dfrac{3^{\frac{1}{x}} - 1}{3^{\frac{1}{x}} + 1}, & x \neq 0, \\ 1, & x = 0; \end{cases}$

$(2) f(x) = \dfrac{1}{1 - e^{\frac{x}{1-x}}}.$

13. 设函数 $f(x)$ 在 (a,b) 内连续，$a < x_1 < x_2 < b$，且 k_1 与 k_2 是任意正常数，证明：在 (a,b) 内至少存在一点 ξ，使得

$$f(\xi) = \frac{k_1 f(x_1) + k_2 f(x_2)}{k_1 + k_2}.$$

14. 证明：方程 $x - a\sin x - b = 0$（其中 a, b 为正常数）至少有一个不超过 $a+b$ 的正根.

15. 若函数 $f(x)$ 及 $g(x)$ 都在 $[a,b]$ 上连续，且 $f(a) < g(a)$，$f(b) > g(b)$，证明：在 (a,b) 内至少存在一点 ξ，使得 $f(\xi) = g(\xi)$.

第二章
导数与微分

我们在解决实际问题时，经常需要了解变量变化快慢（即变化率）的问题，例如城市人口增长的速度、国民经济发展的速度、劳动生产率的提高等. 导数就是描述变化率的数学工具，函数的导数和微分是微分学中两个重要且密切相关的概念.

本章从分析实际问题着手，引进导数的概念，介绍基本的求导公式及运算法则，最后引进微分的概念，介绍导数与微分的关系.

第一节　导数概念

一、引例

为了说明微分学的基本概念——导数，我们先通过两个例子说明.

1. 平面曲线上切线的斜率

设平面曲线 $y=f(x)$（如图 2-1 所示），点 $M_0(x_0,y_0)$ 是曲线上的一个定点，在曲线上任取一个点 $M(x_0+\Delta x,y_0+\Delta y)(\Delta x\neq 0)$，$M$ 是曲线上的动点. 作割线 M_0M，设其倾角（即与 x 轴正方向的夹角）为 φ，则割线 M_0M 的斜率为

$$k_{M_0M}=\tan\varphi=\frac{\Delta y}{\Delta x}=\frac{f(x_0+\Delta x)-f(x_0)}{\Delta x}.$$

当动点 M 沿曲线趋近于定点 M_0，即当 $\Delta x\to 0$ 时，若极限

$$\lim_{\Delta x\to 0}\frac{f(x_0+\Delta x)-f(x_0)}{\Delta x}$$

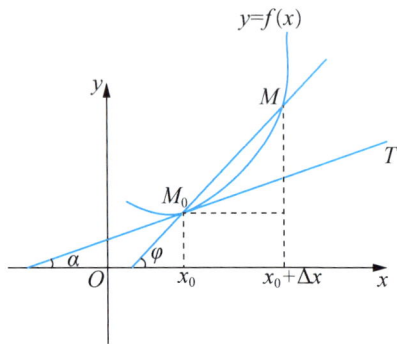

图 2-1

存在，此时割线 M_0M 有一个极限位置 M_0T，称 M_0T 是曲线在 M_0 点处的切线. 若其倾角（即与 x 轴正方向的夹角）为 α，则有

$$\tan\alpha=k_{M_0T}=\lim_{\Delta x\to 0}\frac{\Delta y}{\Delta x}=\lim_{\Delta x\to 0}\frac{f(x_0+\Delta x)-f(x_0)}{\Delta x}.$$

2. 总产量对时间的变化率

设某产品的总产量函数为 $Q=Q(t)$，其中 t 为时间，求总产量在时刻 t_0 的变化率.

当 t 在 t_0 处取得一个改变量 $\Delta t \neq 0$ 时，相应地，总产量 Q 也有一个改变量 $\Delta Q = Q(t_0+\Delta t)-Q(t_0)$，于是总产量从时刻 t_0 到时刻 $t_0+\Delta t$ 这段时间的平均变化率为

$$\overline{Q}(t)=\frac{\Delta Q}{\Delta t}=\frac{Q(t_0+\Delta t)-Q(t_0)}{\Delta t}.$$

当 $\Delta t \to 0$ 时，若这个平均变化率的极限存在，则此极限

$$q(t_0)=\lim_{\Delta t \to 0}\frac{\Delta Q}{\Delta t}=\lim_{\Delta t \to 0}\frac{Q(t_0+\Delta t)-Q(t_0)}{\Delta t}$$

即是总产量在时刻 t_0 的变化率.

以上两个例子反映的具体问题不同，分别属于几何问题和经济问题，我们还可以举出很多例子，例如变速直线运动的速度、质量分布不均匀细棒的密度、人口增长率、能源消耗率等问题，尽管它们的实际意义各不相同，但都归结为计算当自变量的改变量趋于零时，函数改变量与自变量改变量之比的极限，即形如

$$\lim_{\Delta x \to 0}\frac{f(x_0+\Delta x)-f(x_0)}{\Delta x},$$

这种极限反映了函数 $f(x)$ 随自变量 x 的变化而变化的快慢程度.

二、导数的定义

定义 2.1 设函数 $y=f(x)$ 在点 x_0 的某邻域内有定义，当自变量 x 在点 x_0 处取得改变量 Δx，即自变量 x 从 x_0 改变到 $x_0+\Delta x$（$\Delta x \neq 0$，点 $x_0+\Delta x$ 仍在该邻域内）时，函数 $f(x)$ 取得的相应改变量为

$$\Delta y=f(x_0+\Delta x)-f(x_0),$$

若当 $\Delta x \to 0$ 时，比值 $\dfrac{\Delta y}{\Delta x}$ 的极限存在，即

$$\lim_{\Delta x \to 0}\frac{\Delta y}{\Delta x}=\lim_{\Delta x \to 0}\frac{f(x_0+\Delta x)-f(x_0)}{\Delta x}$$

存在，则称此极限值为函数 $f(x)$ 在点 x_0 处的**导数**（derivative）. 记为

$$f'(x_0)，\text{ 或 } y'(x_0)，\text{ 或 } \frac{\mathrm{d}y}{\mathrm{d}x}\bigg|_{x=x_0}，\text{ 或 } \frac{\mathrm{d}f}{\mathrm{d}x}\bigg|_{x=x_0},$$

即 $f'(x_0)=\lim\limits_{\Delta x \to 0}\dfrac{f(x_0+\Delta x)-f(x_0)}{\Delta x}$，此时，称函数 $f(x)$ 在点 x_0 处**可导**.

$\dfrac{\Delta y}{\Delta x}=\dfrac{f(x_0+\Delta x)-f(x_0)}{\Delta x}$ 表示函数 $f(x)$ 在 x_0 与 $x_0+\Delta x$ 两点间的平均变化率，而导数

$f'(x_0)=\lim\limits_{\Delta x \to 0}\dfrac{\Delta y}{\Delta x}=\lim\limits_{\Delta x \to 0}\dfrac{f(x_0+\Delta x)-f(x_0)}{\Delta x}$ 表示函数 $f(x)$ 在点 x_0 处的变化率.

若上述这个极限不存在，则称函数 $f(x)$ 在点 x_0 处不可导或导数不存在. 特别地，当上述极限为无穷大时，为方便起见，可记为 $f'(x_0)=\infty$.

由导数定义可知，上面介绍的两个引例可叙述如下.

（1）曲线 $y=f(x)$ 在点 $M_0(x_0, y_0)$ 处切线的斜率 k 是函数 $f(x)$ 在点 x_0 处的导数 $f'(x_0)$，即

$$k=f'(x_0).$$

（2）产品的总产量 $Q=Q(t)$ 在时刻 t_0 的变化率就是总产量在时刻 t_0 处的导数，即

$$q(t_0)=Q'(t_0).$$

例 1 设 $f'(x_0)$ 存在，求 $\lim\limits_{\Delta x \to 0} \dfrac{f(x_0-2\Delta x)-f(x_0)}{\Delta x}$.

解 $\lim\limits_{\Delta x \to 0} \dfrac{f(x_0-2\Delta x)-f(x_0)}{\Delta x} = -2 \lim\limits_{\Delta x \to 0} \dfrac{f[x_0+(-2\Delta x)]-f(x_0)}{-2\Delta x}$

$$= -2f'(x_0).$$

例 2 求 $y=x^2$ 在点 $x=1$ 处的导数.

解 当 x 由 1 改变到 $1+\Delta x$ 时，函数改变量为

$$\Delta y=(1+\Delta x)^2-1^2=2 \cdot \Delta x+(\Delta x)^2,$$

即

$$\frac{\Delta y}{\Delta x}=2+\Delta x,$$

从而

$$\lim\limits_{\Delta x \to 0} \frac{\Delta y}{\Delta x}=\lim\limits_{\Delta x \to 0}(2+\Delta x)=2,$$

故

$$f'(1)=2.$$

在 $f'(x_0)=\lim\limits_{\Delta x \to 0} \dfrac{f(x_0+\Delta x)-f(x_0)}{\Delta x}$ 中，若令 $x=x_0+\Delta x$，则函数 $f(x)$ 在点 x_0 处的导数 $f'(x_0)$ 也可表示成

$$f'(x_0)=\lim\limits_{x \to x_0} \frac{f(x)-f(x_0)}{x-x_0},$$

这是函数 $f(x)$ 在点 x_0 处导数的另一种常用的表达形式.

例 3 设 $f(x)=\begin{cases} x^2\sin\dfrac{1}{x}, & x \neq 0 \\ 0, & x=0, \end{cases}$ 求 $f'(0)$.

解 $f'(0)=\lim\limits_{x \to 0} \dfrac{f(x)-f(0)}{x-0}=\lim\limits_{x \to 0} \dfrac{x^2\sin\dfrac{1}{x}-0}{x-0}=\lim\limits_{x \to 0} x\sin\dfrac{1}{x}=0.$

定义 2.2 若函数 $f(x)$ 在区间 (a,b) 内每一点处都可导，则称函数 $f(x)$ 在区间 (a, b) 内可导. 这时对于任何一个 $x \in (a,b)$，都对应着函数 $f(x)$ 的一个确定的导数值，这样就构成了一个新的函数，称此函数为 $f(x)$ 的**导函数**（derivative function），简称**导数**，记作

$$f'(x)，或 y'(x)，或 \frac{\mathrm{d}y}{\mathrm{d}x}，或 \frac{\mathrm{d}f}{\mathrm{d}x},$$

即
$$f'(x) = \lim_{\Delta x \to 0} \frac{f(x+\Delta x) - f(x)}{\Delta x}.$$

显然，若函数 $f(x)$ 在点 x_0 处可导，则函数 $f(x)$ 在点 x_0 处的导数 $f'(x_0)$ 就是导函数 $f'(x)$ 在点 x_0 处的值，即
$$f'(x_0) = f'(x)\big|_{x=x_0}.$$

例4 求常数函数 $y=C$ 的导数.

解 因为 $y' = \lim\limits_{\Delta x \to 0} \dfrac{\Delta y}{\Delta x} = \lim\limits_{\Delta x \to 0} \dfrac{C-C}{\Delta x} = 0$，所以常数函数的导数 $(C)' = 0$.

例5 求幂函数 $y = x^n$（n 是正整数）的导数.

解 因为 $y' = \lim\limits_{\Delta x \to 0} \dfrac{\Delta y}{\Delta x} = \lim\limits_{\Delta x \to 0} \dfrac{(x+\Delta x)^n - x^n}{\Delta x}$，利用二项式定理将 $(x+\Delta x)^n$ 展开有

$$(x+\Delta x)^n = x^n + nx^{n-1}\Delta x + \frac{n(n-1)}{2!}x^{n-2}(\Delta x)^2 + \cdots + (\Delta x)^n,$$

于是得

$$y' = \lim_{\Delta x \to 0}\left[nx^{n-1} + \frac{n(n-1)}{2!}x^{n-2}\Delta x + \cdots + (\Delta x)^{n-1} \right] = nx^{n-1},$$

即 $(x^n)' = nx^{n-1}$.

事实上，对任意实数 μ，都有 $(x^\mu)' = \mu x^{\mu-1}$ 成立，见本章第二节例9. 这是幂函数的导数公式.

利用幂函数的导数公式得：

当 $\mu = \dfrac{1}{2}$ 时，$(x^{\frac{1}{2}})' = \dfrac{1}{2}x^{\frac{1}{2}-1} = \dfrac{1}{2}x^{-\frac{1}{2}}$，即 $(\sqrt{x})' = \dfrac{1}{2\sqrt{x}}$；

当 $\mu = -1$ 时，$(x^{-1})' = -x^{-1-1} = -x^{-2}$，即 $\left(\dfrac{1}{x}\right)' = -\dfrac{1}{x^2}$.

例6 求指数函数 $y = a^x$（$a>0$ 且 $a \neq 1$）的导数.

解 因为

$$y' = \lim_{\Delta x \to 0} \frac{\Delta y}{\Delta x} = \lim_{\Delta x \to 0} \frac{a^{x+\Delta x} - a^x}{\Delta x} = a^x \lim_{\Delta x \to 0} \frac{a^{\Delta x} - 1}{\Delta x} = a^x \lim_{\Delta x \to 0} \frac{e^{\Delta x \ln a} - 1}{\Delta x}$$

$$= a^x \lim_{\Delta x \to 0} \frac{\Delta x \ln a}{\Delta x} = a^x \ln a,$$

所以指数函数 $y = a^x$ 的导数 $(a^x)' = a^x \ln a$.

特别地，当 $a = e$ 时，即得 $(e^x)' = e^x$.

例7 求对数函数 $y = \log_a x$（$a>0$ 且 $a \neq 1$）的导数.

解 因为

$$y' = \lim_{\Delta x \to 0} \frac{\Delta y}{\Delta x} = \lim_{\Delta x \to 0} \frac{\log_a(x+\Delta x) - \log_a x}{\Delta x} = \lim_{\Delta x \to 0} \frac{\log_a\left(1 + \dfrac{\Delta x}{x}\right)}{\Delta x}$$

$$= \lim_{\Delta x \to 0} \frac{1}{x} \log_a \left(1 + \frac{\Delta x}{x}\right)^{\frac{x}{\Delta x}} = \frac{1}{x} \log_a e = \frac{1}{x \ln a},$$

所以对数函数 $y=\log_a x$ 的导数 $(\log_a x)'=\dfrac{1}{x\ln a}$.

特别地，当 $a=\mathrm{e}$ 时，即得 $(\ln x)'=\dfrac{1}{x}$.

例 8 求三角函数 $y=\sin x$ 的导数.

解 因为

$$y'=\lim_{\Delta x\to 0}\frac{\Delta y}{\Delta x}=\lim_{\Delta x\to 0}\frac{\sin(x+\Delta x)-\sin x}{\Delta x}=\lim_{\Delta x\to 0}\frac{2\cos\left(x+\dfrac{\Delta x}{2}\right)\sin\dfrac{\Delta x}{2}}{\Delta x}$$

$$=\lim_{\Delta x\to 0}\left[\cos\left(x+\frac{\Delta x}{2}\right)\cdot\frac{\sin\dfrac{\Delta x}{2}}{\dfrac{\Delta x}{2}}\right]=\cos x,$$

所以三角函数 $y=\sin x$ 的导数 $(\sin x)'=\cos x$.

类似地，有 $(\cos x)'=-\sin x$.

三、导数的几何意义

由引例可知，函数 $y=f(x)$ 在点 x_0 处的导数 $f'(x_0)$ 在几何上就表示了曲线 $y=f(x)$ 在点 $(x_0,f(x_0))$ 处切线的斜率.

由导数的几何意义及直线的点斜式方程，可知曲线 $y=f(x)$ 上点 (x_0,y_0) 处的切线方程为

$$y-y_0=f'(x_0)(x-x_0),$$

曲线 $y=f(x)$ 上点 (x_0,y_0) 处的法线方程为

$$y-y_0=-\frac{1}{f'(x_0)}(x-x_0),$$

2.1 导数的几何意义

其中 $f'(x_0)\neq 0$，$f'(x_0)\neq\infty$.

例 9 求曲线 $y=x^2$ 上点 $(1,1)$ 处的切线方程及法线方程.

解 由导数的几何意义及例 2 可知，曲线 $y=x^2$ 上点 $(1,1)$ 处的切线斜率为 $f'(1)=2$，故切线方程为

$$y-1=2(x-1),$$

即 $2x-y-1=0$.

法线方程为

$$y-1=-\frac{1}{2}(x-1),$$

即 $x+2y-3=0$.

例 10 求曲线 $y=\mathrm{e}^x$ 过点 $(0,0)$ 的切线方程.

解 由于点 $(0,0)$ 不在曲线 $y=\mathrm{e}^x$ 上，设曲线 $y=\mathrm{e}^x$ 上的切点为 (x_0,e^{x_0})，则切线的斜率 $y'(x_0)=(\mathrm{e}^x)'\big|_{x=x_0}=\mathrm{e}^{x_0}$，于是过切点的切线方程为

$$y-\mathrm{e}^{x_0}=\mathrm{e}^{x_0}(x-x_0),$$

又该切线过点 $(0,0)$，将 $x=0,y=0$ 代入上述方程，得 $(1-x_0)\mathrm{e}^{x_0}=0$，所以 $x_0=1$，故曲线 $y=\mathrm{e}^x$ 过点 $(0,0)$ 的切线方程为

$$y=\mathrm{e}x.$$

例 11 设曲线 $y=f(x)$ 与 $y=\ln x$ 在点 $x=1$ 处相切，求 $f(1)$ 和 $f'(1)$.

解 由于曲线 $y=f(x)$ 与 $y=\ln x$ 在点 $x=1$ 处相切，故它们在点 $x=1$ 处有相同的切点和切线斜率，$\ln x\big|_{x=1}=0$，$(\ln x)'\big|_{x=1}=\dfrac{1}{x}\big|_{x=1}=1$，所以 $f(1)=0$，$f'(1)=1$.

四、左导数与右导数

定义 2.3 如果极限 $\lim\limits_{x\to x_0^-}\dfrac{f(x)-f(x_0)}{x-x_0}$ 存在，则称此极限值为 $f(x)$ 在点 x_0 处的<u>左导数</u>(left derivative)，记作 $f'_-(x_0)$，即

$$f'_-(x_0)=\lim_{x\to x_0^-}\frac{f(x)-f(x_0)}{x-x_0}.$$

如果极限 $\lim\limits_{x\to x_0^+}\dfrac{f(x)-f(x_0)}{x-x_0}$ 存在，则称此极限值为 $f(x)$ 在点 x_0 处的<u>右导数</u>(right derivative)，记作 $f'_+(x_0)$，即

$$f'_+(x_0)=\lim_{x\to x_0^+}\frac{f(x)-f(x_0)}{x-x_0}.$$

显然，$f(x)$ 在点 x_0 处可导的充要条件是 $f(x)$ 在点 x_0 处的左右导数存在且相等，即
$$f'(x_0)=A \Leftrightarrow f'_-(x_0)=f'_+(x_0)=A.$$

如果函数 $f(x)$ 在开区间 (a,b) 内可导，且 $f'_+(a)$ 与 $f'_-(b)$ 存在，则称 $f(x)$ 在 $[a,b]$ 上可导.

例 12 设 $f(x)=\begin{cases}\ln(1+x), & -1<x<0,\\ \sqrt{1+x}-\sqrt{1-x}, & 0\leqslant x<1.\end{cases}$ 求 $f'(0)$.

解 由于

$$f'_-(0)=\lim_{x\to 0^-}\frac{f(x)-f(0)}{x-0}=\lim_{x\to 0^-}\frac{\ln(1+x)}{x}=\lim_{x\to 0^-}\frac{x}{x}=1,$$

$$f'_+(0)=\lim_{x\to 0^+}\frac{f(x)-f(0)}{x-0}=\lim_{x\to 0^+}\frac{\sqrt{1+x}-\sqrt{1-x}}{x}=\lim_{x\to 0^+}\frac{2}{\sqrt{1+x}+\sqrt{1-x}}=1,$$

故 $f'(0)=1$.

例 13 设 $f(x)=\begin{cases}x^2, & x<0,\\ 2x, & x\geqslant 0.\end{cases}$ 判断 $f(x)$ 在 $x=0$ 处的可导性.

解 因为

$$f'_-(0)=\lim_{x\to 0^-}\frac{f(x)-f(0)}{x-0}=\lim_{x\to 0^-}\frac{x^2}{x}=\lim_{x\to 0^-}x=0,$$

$$f'_+(0)=\lim_{x\to 0^+}\frac{f(x)-f(0)}{x-0}=\lim_{x\to 0^+}\frac{2x}{x}=2,$$

可见 $f'_-(0)\neq f'_+(0)$，所以 $f(x)$ 在 $x=0$ 处不可导.

以上例子说明，如果 $x=x_0$ 是分段函数 $f(x)$ 的分段点，且 $f(x)$ 在点 x_0 左右两侧的表达式不同，那么应该按导数的定义先求 $f'_-(x_0)$ 与 $f'_+(x_0)$，然后由 $f'_-(x_0)$ 与 $f'_+(x_0)$ 是否相等，判断 $f'(x_0)$ 是否存在.

五、函数可导与连续的关系

定理 2.1 若函数 $y=f(x)$ 在点 x_0 处可导，则函数 $y=f(x)$ 在点 x_0 处连续.

证明 由于 $y=f(x)$ 在点 x_0 处可导，即有

$$\lim_{\Delta x \to 0} \frac{\Delta y}{\Delta x} = \lim_{\Delta x \to 0} \frac{f(x_0+\Delta x)-f(x_0)}{\Delta x} = f'(x_0),$$

于是

$$\lim_{\Delta x \to 0} \Delta y = \lim_{\Delta x \to 0} \left(\frac{\Delta y}{\Delta x} \cdot \Delta x \right) = \lim_{\Delta x \to 0} \frac{\Delta y}{\Delta x} \cdot \lim_{\Delta x \to 0} \Delta x = f'(x_0) \cdot 0 = 0.$$

这就证明了函数 $y=f(x)$ 在点 x_0 处连续.

这个定理的逆命题不成立，即函数 $y=f(x)$ 在点 x_0 处连续时，它在点 x_0 处不一定可导. 例如，$y=|x|$，它在点 $x=0$ 处连续，但不可导.

可见，"函数在点 x_0 处连续"是"函数在点 x_0 处可导"的必要条件.

例 14 判断函数 $f(x) = \begin{cases} x\sin\dfrac{1}{x}, & x \neq 0, \\ 0, & x = 0 \end{cases}$ 在点 $x=0$ 处的连续性与可导性.

解 由于 $f(0)=0$，而

$$\lim_{x \to 0} f(x) = \lim_{x \to 0} x\sin\frac{1}{x} = 0,$$

所以 $f(x)$ 在 $x=0$ 处连续.

又由于

$$f'(0) = \lim_{x \to 0} \frac{f(x)-f(0)}{x-0} = \lim_{x \to 0} \frac{x\sin\dfrac{1}{x}-0}{x} = \lim_{x \to 0} \sin\frac{1}{x},$$

此极限不存在，所以 $f(x)$ 在 $x=0$ 处不可导.

根据定理 2.1，如果已经知道函数在某点处不连续，则立即可得出函数在该点不可导的结论了.

例 15 判别函数 $f(x) = \begin{cases} 3x+1, & x \leq 0, \\ 5^x+2, & x > 0 \end{cases}$ 在点 $x=0$ 处的连续性与可导性.

解 因为

$$\lim_{x \to 0^-} f(x) = \lim_{x \to 0^-} (3x+1) = 1,$$
$$\lim_{x \to 0^+} f(x) = \lim_{x \to 0^+} (5^x+2) = 3,$$

可见 $\lim\limits_{x \to 0} f(x)$ 不存在，因此 $f(x)$ 在点 $x=0$ 处不连续，故 $f(x)$ 在点 $x=0$ 处也不可导.

例 16 已知函数 $f(x) = \begin{cases} x^2, & x \leq 0, \\ ax+b, & x > 0 \end{cases}$ 在点 $x=0$ 处可导，求常数 a,b 的值.

解 因为 $f(x)$ 在点 $x=0$ 处可导，所以 $f(x)$ 在点 $x=0$ 处连续.
由于

$$f(0)=0,$$
$$\lim_{x\to 0^-}f(x)=\lim_{x\to 0^-}x^2=0,$$
$$\lim_{x\to 0^+}f(x)=\lim_{x\to 0^+}(ax+b)=b,$$

所以 $b=0$.
又因为

$$f'_-(0)=\lim_{x\to 0^-}\frac{f(x)-f(0)}{x-0}=\lim_{x\to 0^-}\frac{x^2}{x}=\lim_{x\to 0^-}x=0,$$

$$f'_+(0)=\lim_{x\to 0^+}\frac{f(x)-f(0)}{x-0}=\lim_{x\to 0^+}\frac{ax+b}{x}=\lim_{x\to 0^+}\frac{ax}{x}=a,$$

故 $a=0$.

习题 2-1

A 级题目

1. 设 $f'(x_0)=a$，求下列极限：

(1) $\lim\limits_{\Delta x\to 0}\dfrac{f(x_0+2\Delta x)-f(x_0)}{\Delta x}$;　　　　(2) $\lim\limits_{\Delta x\to 0}\dfrac{f(x_0-\Delta x)-f(x_0)}{\Delta x}$;

(3) $\lim\limits_{h\to 0}\dfrac{f(x_0+h)-f(x_0-h)}{h}$;　　　　(4) $\lim\limits_{h\to 0}\dfrac{f(x_0+4h)-f(x_0+h)}{h}$.

2. 根据导数的定义求下列函数的导数：

(1) $y=x^3$，求 $y'|_{x=1}$;

(2) $f(x)=\begin{cases}x^2\sin\dfrac{1}{x}, & x\neq 0,\\ 0, & x=0,\end{cases}$ 求 $f'(0)$.

3. 求下列函数表示的平面曲线在给定点处的切线方程与法线方程：

(1) $y=x^3$，点 $(1,1)$;　　　　(2) $y=\sqrt{x+1}$，点 $(3,2)$.

4. 设 $f(x)=\begin{cases}x, & x<0,\\ \ln(1+x), & x\geqslant 0,\end{cases}$ 求 $f'(0)$.

5. 判断函数 $f(x)=x|x|$ 在 $x=0$ 处的可导性.

6. 函数 $f(x)=\begin{cases}x^2+1, & 0\leqslant x<1,\\ 3x-1, & x\geqslant 1\end{cases}$ 在点 $x=1$ 处是否可导？为什么？

7. 判断下列函数在给定点处的连续性与可导性：

(1) $f(x)=\begin{cases}\ln(1+x), & -1<x\leqslant 0,\\ \sqrt{1+x}-\sqrt{1-x}, & 0<x<1,\end{cases}$ 在 $x=0$ 处;

(2) $f(x)=\begin{cases}x^2, & x\leqslant 1,\\ 2x-1, & x>1,\end{cases}$ 在 $x=1$ 处;

(3) $f(x)=\begin{cases}x\cos\dfrac{1}{x}, & x\neq 0,\\ 0, & x=0,\end{cases}$ 在 $x=0$ 处;

$(4) f(x) = \begin{cases} x^2 \sin \dfrac{1}{x}, & x \neq 0, \\ 0, & x = 0, \end{cases}$ 在 $x=0$ 处.

8. 设函数 $f(x) = \begin{cases} ax+1, & x \leqslant 2, \\ x^2+b, & x>2 \end{cases}$ 在 $x=2$ 处可导，试确定常数 a,b 的值.

B 级题目

1. 证明：可导周期函数的导函数仍是同周期的周期函数.

2. 证明：可导的偶函数的导函数是奇函数，可导的奇函数的导函数是偶函数.

3. 若曲线 $y=f(x)$ 和 $y=x^2-x$ 在点 $(1,0)$ 处有公共切线，计算极限 $\lim\limits_{n \to \infty} f\left(\dfrac{n}{n+2}\right)$.

4. 若 $f(x)$ 在 $x=1$ 处可导，且 $\lim\limits_{x \to 0} \dfrac{f(e^{x^2})-2f(1+\sin^2 x)}{x^2}=3$，求 $f'(1)$.

5. 若函数 $f(x)$ 在区间 $(-1,1)$ 内连续，且 $\lim\limits_{x \to 0} \dfrac{f(x)}{|x|}=0$，求 $f'(0)$.

6. 设 $f(x)=[x]+\sqrt{x-[x]}$，这里 $[x]$ 表示对 x 取整.

讨论：$(1) f(x)$ 在 $x=2$ 处是否连续；

$\qquad (2) f(x)$ 在 $x=2$ 处是否可导.

第二节　导数的运算法则与基本初等函数导数公式

导数的定义不仅阐明了导数概念的实质，也给出了求函数 $y=f(x)$ 导数的方法. 在上节中，我们已经由此得到了几个基本初等函数的导数公式，但如果对每一个函数，都直接用定义去求它的导数，那将是极为复杂和非常困难的，所以需要找到一些基本的导数公式与运算法则，借助它们来解决导数的计算.

一、函数和、差、积、商的求导法则

定理 2.2　若函数 $u(x)$ 与 $v(x)$ 在点 x 处可导，则函数 $y=u(x) \pm v(x)$ 在点 x 处也可导，且有

$$[u(x) \pm v(x)]' = u'(x) \pm v'(x).$$

证明　当自变量 x 有改变量 Δx 时，函数 $u(x)$ 与 $v(x)$ 就分别取得改变量 Δu 与 Δv，于是函数 y 的改变量为

$$\Delta y = [(u+\Delta u) \pm (v+\Delta v)] - (u \pm v)$$
$$= \Delta u \pm \Delta v,$$

已知 $u(x)$ 与 $v(x)$ 在点 x 处可导，则

$$\lim_{\Delta x \to 0} \frac{\Delta u}{\Delta x} = u'(x), \quad \lim_{\Delta x \to 0} \frac{\Delta v}{\Delta x} = v'(x),$$

因此

$$y' = \lim_{\Delta x \to 0} \frac{\Delta y}{\Delta x} = \lim_{\Delta x \to 0} \frac{\Delta u \pm \Delta v}{\Delta x} = \lim_{\Delta x \to 0} \frac{\Delta u}{\Delta x} \pm \lim_{\Delta x \to 0} \frac{\Delta v}{\Delta x} = u'(x) \pm v'(x),$$

即

$$[u(x) \pm v(x)]' = u'(x) \pm v'(x).$$

这个结果可推广到任意有限个可导函数，即
$$[u_1(x)\pm u_2(x)\pm\cdots\pm u_k(x)]'=u_1'(x)\pm u_2'(x)\pm\cdots\pm u_k'(x).$$

例1 设 $y=\sqrt{x}+x-x^2$，求 y' 和 $y'(1)$.

解 $y'=(\sqrt{x})'+(x)'-(x^2)'=\dfrac{1}{2\sqrt{x}}+1-2x$；

$$y'(1)=\left(\dfrac{1}{2\sqrt{x}}+1-2x\right)\bigg|_{x=1}=-\dfrac{1}{2}.$$

例2 设 $y=x^3-\sin x+2^x-\ln x+3\cos4$，求 y'.

解 $y'=(x^3)'-(\sin x)'+(2^x)'-(\ln x)'+(3\cos4)'$

$\qquad =3x^2-\cos x+2^x\ln2-\dfrac{1}{x}+0$

$\qquad =3x^2-\cos x+2^x\ln2-\dfrac{1}{x}.$

定理2.3 若函数 $u(x)$ 与 $v(x)$ 在点 x 处可导，则函数 $y=u(x)\cdot v(x)$ 在点 x 处也可导，且有
$$[u(x)\cdot v(x)]'=u'(x)\cdot v(x)+u(x)\cdot v'(x).$$

证明 当自变量 x 有改变量 Δx 时，函数 $u(x)$ 与 $v(x)$ 就分别取得改变量 Δu 与 Δv，于是函数 $y=u(x)\cdot v(x)$ 的改变量为
$$\Delta y=(u+\Delta u)(v+\Delta v)-u\cdot v$$
$$=\Delta u\cdot v+u\Delta v+\Delta u\cdot\Delta v,$$

于是
$$y'=\lim_{\Delta x\to0}\frac{\Delta y}{\Delta x}=\lim_{\Delta x\to0}\left(\frac{\Delta u}{\Delta x}\cdot v+u\cdot\frac{\Delta v}{\Delta x}+\frac{\Delta u}{\Delta x}\cdot\Delta v\right),$$

已知 $u(x)$ 与 $v(x)$ 在点 x 处可导，则
$$\lim_{\Delta x\to0}\frac{\Delta u}{\Delta x}=u'(x),$$
$$\lim_{\Delta x\to0}\frac{\Delta v}{\Delta x}=v'(x),$$

又由于可导必连续，于是当 $\Delta x\to0$ 时，有 $\Delta v\to0$，因此
$$y'=u'(x)v(x)+u(x)v'(x),$$
即
$$[u(x)\cdot v(x)]'=u'(x)v(x)+u(x)v'(x).$$

特别地，当 $u(x)=C$（C 为常数）时，有
$$(Cv)'=Cv',$$
这表明了常数因子可移到导数符号的外面.

这个公式可推广到有限个可导函数乘积的导数，即
$$(u_1\cdot u_2\cdot\cdots\cdot u_k)'=u_1'\cdot u_2\cdot\cdots\cdot u_k+u_1\cdot u_2'\cdot\cdots\cdot u_k+\cdots+u_1\cdot u_2\cdot\cdots\cdot u_k'.$$

例3 求 $y=(3+2x)(5x^3-x^2)$ 的导数.

解 $y'=(3+2x)'(5x^3-x^2)+(3+2x)(5x^3-x^2)'$

2.2 定理2.3注

$$= \left[(3)' + (2x)' \right] (5x^3 - x^2) + (3 + 2x) \left[(5x^3)' - (x^2)' \right]$$
$$= 2 \cdot (5x^3 - x^2) + (3 + 2x) \cdot (15x^2 - 2x)$$
$$= 40x^3 + 39x^2 - 6x.$$

例 4 求 $y = x^2 \cdot \arctan x \cdot e^x$ 的导数.

解 $y' = (x^2 \cdot \arctan x \cdot e^x)'$
$$= (x^2)' \cdot \arctan x \cdot e^x + x^2 \cdot (\arctan x)' \cdot e^x + x^2 \cdot \arctan x \cdot (e^x)'$$
$$= 2x \cdot \arctan x \cdot e^x + x^2 \cdot \frac{1}{1+x^2} \cdot e^x + x^2 \cdot \arctan x \cdot e^x.$$

定理 2.4 若函数 $u(x)$ 与 $v(x)$ 在点 x 处可导，且 $v(x) \neq 0$，则函数 $y = \dfrac{u(x)}{v(x)}$ 在点 x 处也可导，且有

$$\left[\frac{u(x)}{v(x)} \right]' = \frac{u'(x)v(x) - u(x)v'(x)}{v^2(x)}.$$

证明 当自变量 x 有改变量 Δx 时，函数 $u(x)$ 与 $v(x)$ 分别取得改变量 Δu 与 Δv，于是函数 $y = \dfrac{u(x)}{v(x)}$ 的改变量为

$$\Delta y = \frac{u + \Delta u}{v + \Delta v} - \frac{u}{v} = \frac{v\Delta u - u\Delta v}{(v + \Delta v)v},$$

于是

$$y' = \lim_{\Delta x \to 0} \frac{\Delta y}{\Delta x} = \lim_{\Delta x \to 0} \frac{v\frac{\Delta u}{\Delta x} - u\frac{\Delta v}{\Delta x}}{(v + \Delta v)v},$$

已知 $u(x)$ 与 $v(x)$ 在点 x 处可导，则

$$\lim_{\Delta x \to 0} \frac{\Delta u}{\Delta x} = u'(x),$$
$$\lim_{\Delta x \to 0} \frac{\Delta v}{\Delta x} = v'(x),$$

又由于可导必连续，于是当 $\Delta x \to 0$ 时，有 $\Delta v \to 0$，
所以

$$y' = \frac{u'v - uv'}{v^2},$$

即

$$\left[\frac{u(x)}{v(x)} \right]' = \frac{u'(x)v(x) - u(x)v'(x)}{v^2(x)}.$$

特别地，当 $u(x) = 1$ 时，有

$$\left[\frac{1}{v(x)} \right]' = -\frac{v'(x)}{v^2(x)}.$$

例 5 求正切函数 $y = \tan x$ 的导数.

解 $(\tan x)' = \left(\dfrac{\sin x}{\cos x} \right)' = \dfrac{(\sin x)' \cdot \cos x - \sin x \cdot (\cos x)'}{\cos^2 x}$

$$=\frac{\cos x\cdot\cos x-\sin x\cdot(-\sin x)}{\cos^2 x}=\frac{1}{\cos^2 x}=\sec^2 x.$$

类似地，有 $(\cot x)'=-\frac{1}{\sin^2 x}=-\csc^2 x.$

例 6 求正割函数 $y=\sec x$ 的导数.

解 $(\sec x)'=\left(\frac{1}{\cos x}\right)'=-\frac{(\cos x)'}{\cos^2 x}=-\frac{-\sin x}{\cos^2 x}=\sec x\tan x.$

类似地，有 $(\csc x)'=-\csc x\cot x.$

二、反函数的求导法则

关于反函数的导数，我们引入如下定理.

定理 2.5 设函数 $x=g(y)$ 在某一区间内严格单调、可导，且 $g'(y)\neq0$，则它的反函数 $y=f(x)$ 在对应区间内也严格单调、可导，且有

$$f'(x)=\frac{1}{g'(y)}.$$

证明 由于 $x=g(y)$ 在某一区间内严格单调，可知它的反函数 $y=f(x)$ 在其对应区间内也严格单调，于是当 $\Delta x\neq0$ 时，$\Delta y=f(x+\Delta x)-f(x)\neq0$，因此 $\frac{\Delta y}{\Delta x}=\frac{1}{\frac{\Delta x}{\Delta y}}.$

又由于 $x=g(y)$ 在某一区间内可导，显然连续，于是其反函数 $y=f(x)$ 在对应区间内也连续，即当 $\Delta x\to0$ 时，有 $\Delta y\to0$，又 $g'(y)\neq0$，从而有

$$f'(x)=\lim_{\Delta x\to0}\frac{\Delta y}{\Delta x}=\lim_{\Delta x\to0}\frac{1}{\frac{\Delta x}{\Delta y}}=\frac{1}{\lim_{\Delta y\to0}\frac{\Delta x}{\Delta y}}=\frac{1}{g'(y)},$$

即

$$f'(x)=\frac{1}{g'(y)}.$$

简单说就是：反函数的导数等于已知函数导数的倒数.

例 7 求反正弦函数 $y=\arcsin x\,(-1<x<1)$ 的导数.

解 设 $x=\sin y$ 为已知函数，则 $y=\arcsin x$ 是它的反函数. 由于 $x=\sin y$ 在 $\left(-\frac{\pi}{2},\frac{\pi}{2}\right)$ 内严格单调、可导，且 $(\sin y)'=\cos y\neq0$，因此 $y=\arcsin x$ 在 $(-1,1)$ 内也严格单调、可导，且有

$$(\arcsin x)'=\frac{1}{(\sin y)'}=\frac{1}{\cos y}=\frac{1}{\sqrt{1-\sin^2 y}}=\frac{1}{\sqrt{1-x^2}},$$

即

$$(\arcsin x)'=\frac{1}{\sqrt{1-x^2}}.$$

类似地，有 $(\arccos x)'=-\frac{1}{\sqrt{1-x^2}}.$

例 8　求反正切函数 $y=\arctan x$ 的导数.

解　设 $x=\tan y$ 是已知函数，则 $y=\arctan x$ 是它的反函数，由于 $x=\tan y$ 在 $\left(-\dfrac{\pi}{2},\dfrac{\pi}{2}\right)$ 内严格单调、可导，且 $(\tan y)'=\sec^2 y>0$，因此 $y=\arctan x$ 在 $(-\infty,+\infty)$ 内也严格单调、可导，且有

$$(\arctan x)'=\frac{1}{(\tan y)'}=\frac{1}{\sec^2 y}=\frac{1}{1+\tan^2 y}=\frac{1}{1+x^2},$$

即

$$(\arctan x)'=\frac{1}{1+x^2}.$$

类似地，有

$$(\text{arccot}\,x)'=-\frac{1}{1+x^2}.$$

三、复合函数的求导法则

关于复合函数的导数，我们有如下定理.

定理 2.6　设函数 $y=f(u)$ 与 $u=g(x)$ 构成复合函数 $y=f[g(x)]$，若 $u=g(x)$ 在点 x 处可导，$y=f(u)$ 在对应点 u 处可导，则复合函数 $y=f[g(x)]$ 在点 x 处也可导，且有

$$\{f[g(x)]\}'=f'(u)g'(x)\ \text{或}\ \frac{\mathrm{d}y}{\mathrm{d}x}=\frac{\mathrm{d}y}{\mathrm{d}u}\cdot\frac{\mathrm{d}u}{\mathrm{d}x}.$$

证明　设 x 取得改变量 Δx，此时 u 取得相应的改变量 Δu，从而 y 取得相应的改变量 Δy.

由于函数 $y=f(u)$ 在点 u 处可导，即有

$$\lim_{\Delta u\to 0}\frac{\Delta y}{\Delta u}=f'(u),$$

因此 $\dfrac{\Delta y}{\Delta u}=f'(u)+\alpha$，其中 $\lim\limits_{\Delta u\to 0}\alpha=0$.

两边同乘以 Δu（当 $\Delta u\neq 0$ 时），得到

$$\Delta y=f'(u)\cdot\Delta u+\alpha\cdot\Delta u,$$

因为 u 是中间变量，所以 Δu 可能为零，但当 $\Delta u=0$ 时，显然 $\Delta y=f(u+\Delta u)-f(u)=0$，而上式右边不论 α 为任何确定数时也为零，故不论 Δu 是否为零，上式都成立.

现用 $\Delta x\neq 0$ 同除上式两边，得到

$$\frac{\Delta y}{\Delta x}=f'(u)\frac{\Delta u}{\Delta x}+\alpha\frac{\Delta u}{\Delta x},$$

再令 $\Delta x\to 0$，这时有 $\Delta u\to 0$（也可能取零），从而 $\lim\limits_{\Delta u\to 0}\alpha=0$ 及 $\lim\limits_{\Delta x\to 0}\dfrac{\Delta u}{\Delta x}=g'(x)$. 于是可得

$$\lim_{\Delta x\to 0}\frac{\Delta y}{\Delta x}=f'(u)g'(x),$$

即复合函数 $y=f[g(x)]$ 可导，且

$$\{f[g(x)]\}'=f'(u)g'(x),$$

也就是说，复合函数的导数等于函数对中间变量的导数乘以中间变量对自变量的导数.

例 9 求幂函数 $y=x^{\mu}$（μ 为任意实数）的导数.

解 $y=x^{\mu}=\mathrm{e}^{\mu\ln x}$，可看作由 $y=\mathrm{e}^{u}, u=\mu\ln x$ 复合而成，于是

$$\frac{\mathrm{d}y}{\mathrm{d}x}=\frac{\mathrm{d}y}{\mathrm{d}u}\cdot\frac{\mathrm{d}u}{\mathrm{d}x}=\mathrm{e}^{u}\cdot\mu\,\frac{1}{x}=\mathrm{e}^{\mu\ln x}\cdot\mu\,\frac{1}{x}=x^{\mu}\cdot\mu\,\frac{1}{x}=\mu x^{\mu-1},$$

所以 $(x^{\mu})'=\mu x^{\mu-1}$.

例 10 设 $y=(2x+3)^{50}$，求 y'.

解 $y=(2x+3)^{50}$，可看作由 $y=u^{50}, u=2x+3$ 复合而成，由于 $\dfrac{\mathrm{d}y}{\mathrm{d}u}=50u^{49}$，$\dfrac{\mathrm{d}u}{\mathrm{d}x}=2$，于是

$$y'=\frac{\mathrm{d}y}{\mathrm{d}u}\cdot\frac{\mathrm{d}u}{\mathrm{d}x}=50u^{49}\cdot 2=100\,(2x+3)^{49}.$$

通常，为了书写简便，不必每次写出具体的复合结构，只要知道哪些为中间变量，哪个为自变量，把中间变量的表达式看成一个整体就可以了，即只需直接根据复合函数的求导法则，由表及里、逐层求出.

例 11 设 $y=\sin\dfrac{1}{x}$，求 y'.

解 $y'=\left(\sin\dfrac{1}{x}\right)'=\cos\dfrac{1}{x}\cdot\left(\dfrac{1}{x}\right)'=\cos\dfrac{1}{x}\cdot\left(-\dfrac{1}{x^{2}}\right)=-\dfrac{1}{x^{2}}\cos\dfrac{1}{x}.$

例 12 设 $y=\cos^{5}x$，求 y'.

解 $y'=(\cos^{5}x)'=5\,(\cos x)^{4}\cdot(\cos x)'=5\,(\cos x)^{4}\cdot(-\sin x)=-5\sin x\cdot\cos^{4}x.$

例 13 设 $y=\cot[\ln(2+x^{3})]$，求 $\dfrac{\mathrm{d}y}{\mathrm{d}x}$.

解 $\dfrac{\mathrm{d}y}{\mathrm{d}x}=\{\cot[\ln(2+x^{3})]\}'=-\csc^{2}\ln(2+x^{3})\cdot[\ln(2+x^{3})]'$

$\qquad =-\csc^{2}\ln(2+x^{3})\cdot\dfrac{1}{2+x^{3}}\cdot(2+x^{3})'$

$\qquad =-\csc^{2}\ln(2+x^{3})\cdot\dfrac{1}{2+x^{3}}\cdot 3x^{2}$

$\qquad =-\dfrac{3x^{2}}{2+x^{3}}\csc^{2}\ln(2+x^{3}).$

例 14 设 $y=\ln\arctan\dfrac{1}{x}$，求 y'.

解 $y'=\left(\ln\arctan\dfrac{1}{x}\right)'=\dfrac{1}{\arctan\dfrac{1}{x}}\left(\arctan\dfrac{1}{x}\right)'=\dfrac{1}{\arctan\dfrac{1}{x}}\cdot\dfrac{1}{1+\left(\dfrac{1}{x}\right)^{2}}\left(\dfrac{1}{x}\right)'$

$\qquad =\dfrac{1}{\arctan\dfrac{1}{x}}\cdot\dfrac{1}{1+\left(\dfrac{1}{x}\right)^{2}}\left(-\dfrac{1}{x^{2}}\right)=-\dfrac{1}{(1+x^{2})\arctan\dfrac{1}{x}}.$

例 15 设 $y=\ln\left(x+\sqrt{x^2+a^2}\right)$，求 y'.

解 $y'=\left[\ln\left(x+\sqrt{x^2+a^2}\right)\right]'=\dfrac{1}{x+\sqrt{x^2+a^2}}\left(x+\sqrt{x^2+a^2}\right)'$

$=\dfrac{1}{x+\sqrt{x^2+a^2}}\left[(x)'+\left(\sqrt{x^2+a^2}\right)'\right]=\dfrac{1}{x+\sqrt{x^2+a^2}}\left[1+\dfrac{1}{2\sqrt{x^2+a^2}}\left(x^2+a^2\right)'\right]$

$=\dfrac{1}{x+\sqrt{x^2+a^2}}\left(1+\dfrac{2x}{2\sqrt{x^2+a^2}}\right)=\dfrac{1}{\sqrt{x^2+a^2}}.$

例 16 设 $y=x(\sin\ln x+\cos\ln x)$，求 y'.

解 由乘积的求导法则得

$y'=x'\cdot(\sin\ln x+\cos\ln x)+x\cdot(\sin\ln x+\cos\ln x)'$

$=(\sin\ln x+\cos\ln x)+x\cdot\left[\cos\ln x\cdot(\ln x)'-\sin\ln x\cdot(\ln x)'\right]$

$=(\sin\ln x+\cos\ln x)+x\cdot\left(\cos\ln x\cdot\dfrac{1}{x}-\sin\ln x\cdot\dfrac{1}{x}\right)$

$=(\sin\ln x+\cos\ln x)+(\cos\ln x-\sin\ln x)$

$=2\cos\ln x.$

例 17 设 $f(x)=\left(\dfrac{2x+1}{2-x}\right)^n$，其中 n 为常数，求 $f'(x)$.

解 $f'(x)=\left[\left(\dfrac{2x+1}{2-x}\right)^n\right]'=n\left(\dfrac{2x+1}{2-x}\right)^{n-1}\cdot\left(\dfrac{2x+1}{2-x}\right)'$

$=n\left(\dfrac{2x+1}{2-x}\right)^{n-1}\cdot\dfrac{(2x+1)'\cdot(2-x)-(2x+1)\cdot(2-x)'}{(2-x)^2}$

$=n\left(\dfrac{2x+1}{2-x}\right)^{n-1}\cdot\dfrac{2\cdot(2-x)-(2x+1)\cdot(-1)}{(2-x)^2}$

$=n\left(\dfrac{2x+1}{2-x}\right)^{n-1}\cdot\dfrac{5}{(2-x)^2}=\dfrac{5n}{(2-x)^2}\left(\dfrac{2x+1}{2-x}\right)^{n-1}.$

例 18 设 $y=f(\mathrm{e}^{-3x})$，其中 $f(u)$ 可导，求 $\dfrac{\mathrm{d}y}{\mathrm{d}x}$.

解 $\dfrac{\mathrm{d}y}{\mathrm{d}x}=\left[f(\mathrm{e}^{-3x})\right]'=f'(\mathrm{e}^{-3x})\cdot(\mathrm{e}^{-3x})'=f'(\mathrm{e}^{-3x})\cdot\mathrm{e}^{-3x}(-3x)'$

$=f'(\mathrm{e}^{-3x})\cdot\mathrm{e}^{-3x}(-3)=-3\mathrm{e}^{-3x}f'(\mathrm{e}^{-3x}).$

注 例 18 中的记号 $\left[f(\mathrm{e}^{-3x})\right]'$ 表示函数 $f(\mathrm{e}^{-3x})$ 对自变量 x 的导数，即 $\dfrac{\mathrm{d}y}{\mathrm{d}x}$，而记号 $f'(\mathrm{e}^{-3x})$ 表示函数 $f(u)$ 对 u 的导数，其中 $u=\mathrm{e}^{-3x}$. 因此这两个记号要注意区分.

例 19 设 $y=\left(\cos\sqrt{x}\right)^4$，求 $\lim\limits_{x\to0^+}y'$.

解 由于

$y'=\left[\left(\cos\sqrt{x}\right)^4\right]'=4\left(\cos\sqrt{x}\right)^3\cdot\left(\cos\sqrt{x}\right)'=4\left(\cos\sqrt{x}\right)^3\cdot(-\sin\sqrt{x})\cdot(\sqrt{x})'$

$=4\left(\cos\sqrt{x}\right)^3\cdot(-\sin\sqrt{x})\cdot\dfrac{1}{2\sqrt{x}}=-2\left(\cos\sqrt{x}\right)^3\cdot\dfrac{\sin\sqrt{x}}{\sqrt{x}},$

所以

$$\lim_{x\to 0^+}y'=\lim_{x\to 0^+}\left[-2\left(\cos\sqrt{x}\right)^3\cdot\frac{\sin\sqrt{x}}{\sqrt{x}}\right]=-2\lim_{x\to 0^+}\left(\cos\sqrt{x}\right)^3\cdot\lim_{x\to 0^+}\frac{\sin\sqrt{x}}{\sqrt{x}}=-2.$$

例 20　已知 $y=f\left(\dfrac{3x-2}{3x+2}\right)$，且 $f'(x)=x^2$，求 $\dfrac{\mathrm{d}y}{\mathrm{d}x}\Big|_{x=0}$.

解　由于

$$\frac{\mathrm{d}y}{\mathrm{d}x}=f'\left(\frac{3x-2}{3x+2}\right)\cdot\left(\frac{3x-2}{3x+2}\right)'=\left(\frac{3x-2}{3x+2}\right)^2\cdot\frac{12}{(3x+2)^2},$$

所以

$$\frac{\mathrm{d}y}{\mathrm{d}x}\Big|_{x=0}=\left[\left(\frac{3x-2}{3x+2}\right)^2\cdot\frac{12}{(3x+2)^2}\right]\Big|_{x=0}=3.$$

四、基本初等函数导数公式与求导法则

为了便于记忆和使用，下面列出一些基本初等函数的导数公式与求导法则.

1. 基本初等函数导数公式

(1) $(C)'=0$（C 为常数）.

(2) $(x^\mu)'=\mu x^{\mu-1}$（μ 为实数）.

(3) $(a^x)'=a^x\ln a$（$a>0$ 且 $a\neq 1$），$(e^x)'=e^x$.

(4) $(\log_a x)'=\dfrac{1}{x\ln a}$（$a>0$ 且 $a\neq 1$），$(\ln x)'=\dfrac{1}{x}$.

(5) $(\sin x)'=\cos x$.

(6) $(\cos x)'=-\sin x$.

(7) $(\tan x)'=\sec^2 x=\dfrac{1}{\cos^2 x}$.

(8) $(\cot x)'=-\csc^2 x=-\dfrac{1}{\sin^2 x}$.

(9) $(\sec x)'=\sec x\cdot\tan x$.

(10) $(\csc x)'=-\csc x\cdot\cot x$.

(11) $(\arcsin x)'=\dfrac{1}{\sqrt{1-x^2}}$.

(12) $(\arccos x)'=-\dfrac{1}{\sqrt{1-x^2}}$.

(13) $(\arctan x)'=\dfrac{1}{1+x^2}$.

(14) $(\operatorname{arccot} x)'=-\dfrac{1}{1+x^2}$.

2. 函数和、差、积、商的求导法则

(1) $(u\pm v)'=u'\pm v'$.

(2) $(u\cdot v)'=u'\cdot v+u\cdot v'$，$(Cu)'=Cu'$（$C$ 为常数）.

$(3)\left(\dfrac{u}{v}\right)' = \dfrac{u' \cdot v - u \cdot v'}{v^2}(v \neq 0).$

3. 复合函数的求导法则

$\dfrac{\mathrm{d}y}{\mathrm{d}x} = \{f[g(x)]\}' = f'(u) \cdot g'(x)$，其中 $y = f(u), u = g(x).$

习题 2-2

A 级题目

1. 求下列函数的导数（其中 a, b, n 为常数）：

$(1)\, y = 3x^4 - 2x + 5;$ $(2)\, y = \sqrt{x} - \dfrac{1}{x} + \sqrt{3};$

$(3)\, y = x^5 + 2\sqrt{x} - \dfrac{1}{x^2} + 2;$ $(4)\, y = x^a + 2\sin x - \ln b;$

$(5)\, y = \ln x - 2\lg x + 3\log_2 x;$ $(6)\, y = \sec x + \cot x - 1;$

$(7)\, y = \dfrac{1 - x^2}{\sqrt{x}};$ $(8)\, y = x^2(3x + 1);$

$(9)\, y = (x - a)(x + b);$ $(10)\, y = x\ln x;$

$(11)\, y = x^n \ln x;$ $(12)\, y = (1 + x^2)\arctan x;$

$(13)\, y = \dfrac{\sin x}{x};$ $(14)\, y = \dfrac{5x}{1 + x^2};$

$(15)\, y = \dfrac{x}{2 - \cos x};$ $(16)\, y = \dfrac{x + 1}{x - 1};$

$(17)\, y = 3x - \dfrac{5x}{2 - x};$ $(18)\, y = x\sin x - \cos x;$

$(19)\, y = \dfrac{1 - \ln x}{1 + \ln x};$ $(20)\, y = \dfrac{1 + x - x^2}{1 - x + x^2};$

$(21)\, y = \dfrac{\sin x}{x} + \dfrac{x}{\sin x};$ $(22)\, y = x\sin x\ln x.$

2. 求下列函数在给定点处的导数值：

$(1)\, y = \sin x - \cos x$，求 $y'\big|_{x=\frac{\pi}{6}}$ 和 $y'\big|_{x=\frac{\pi}{4}};$

$(2)\, y = \dfrac{x^2}{x + 1} + x\mathrm{e}^x$，求 $\dfrac{\mathrm{d}y}{\mathrm{d}x}\bigg|_{x=0};$

$(3)\, f(t) = \dfrac{1 - \sqrt{t}}{1 + \sqrt{t}}$，求 $f'(4);$

(4) 设 $f(x) = x\ln x$，求 $\lim\limits_{\Delta x \to 0} \dfrac{f(\mathrm{e} + \Delta x) - f(\mathrm{e})}{\Delta x}.$

3. 求下列函数的导数（其中 n 为常数）：

$(1)\, y = (2x^3 + 5)^{100};$ $(2)\, y = \sqrt{x^2 - 1};$

$(3)\, y = \mathrm{e}^{-2x^3};$ $(4)\, y = \ln\sin x;$

$(5) y = \ln(1+x^2)$; $(6) y = \ln\ln x$;

$(7) y = (\ln x)^2$; $(8) y = \sin nx$;

$(9) y = \sin x^n$; $(10) y = \sin^n x$;

$(11) y = \tan \dfrac{x}{2}$; $(12) y = \tan \dfrac{1}{x}$;

$(13) y = \sec^3 2x$; $(14) y = \operatorname{arccot} \dfrac{1}{x}$;

$(15) y = \ln\tan \dfrac{x}{2}$; $(16) y = (3x^2+4)(2-x)$;

$(17) y = (3x+5)(x+7)^2$; $(18) y = x\mathrm{e}^{-x^2}$;

$(19) y = x^2 \sin \dfrac{1}{x}$; $(20) y = \sqrt{\ln x} + \ln\sqrt{x}$;

$(21) y = \dfrac{x}{\sqrt{1-x^2}}$; $(22) y = \ln \dfrac{1-x^2}{1+x^2}$;

$(23) y = \ln \dfrac{1+\sqrt{x}}{1-\sqrt{x}}$; $(24) y = \mathrm{e}^{-\sin^2 \frac{1}{x}}$;

$(25) y = \sqrt[3]{\tan \dfrac{x}{2}}$; $(26) y = 2^{\frac{x}{\ln x}}$.

4. 设 f 为可导函数, 求下列函数的导数 $\dfrac{\mathrm{d}y}{\mathrm{d}x}$:

$(1) y = f(\cos x)$; $(2) y = \sqrt{f(x)}$;

$(3) y = \dfrac{1}{1-f(x)}$; $(4) y = f(\sin\sqrt{x})$;

$(5) y = x^2 \mathrm{e}^{f(x)}$; $(6) y = \mathrm{e}^{f(x)} f(\mathrm{e}^x)$.

5. 设 $y = f\left(\dfrac{x-1}{x+1}\right)$, 且 $f'(x) = x^3$, 求 $\left.\dfrac{\mathrm{d}y}{\mathrm{d}x}\right|_{x=0}$.

B 级题目

1. 设函数 $y = f^2[f^2(\sin^2 x)]$ (f 可导), 求 $\dfrac{\mathrm{d}y}{\mathrm{d}x}$.

第三节 高阶导数

一、高阶导数的定义

在很多问题中, 不仅要研究函数 $y=f(x)$ 的导数, 而且要研究导函数 $f'(x)$ 的导数, 其仍然是一个函数. 因此, 若有必要的话, 可以对它继续求导. 下面给出高阶导数的定义.

定义 2.4 函数 $y=f(x)$ 的导数 $y'=f'(x)$ 仍是 x 的函数, 如果这个函数 $f'(x)$ 在点 x 处可导, 则称它的导数为函数 $y=f(x)$ 的**二阶导数**, 记作

$$f''(x) , \text{ 或 } y'', \text{ 或} \frac{\mathrm{d}^2 y}{\mathrm{d}x^2}, \text{ 或} \frac{\mathrm{d}^2 f}{\mathrm{d}x^2}.$$

按照导数的定义, 可得

$$f''(x) = \lim_{\Delta x \to 0} \frac{f'(x+\Delta x) - f'(x)}{\Delta x}.$$

类似地，二阶导数 $f''(x)$ 的导数就称为函数 $f(x)$ 的**三阶导数**，记作

$$f'''(x)，\text{ 或 } y'''，\text{ 或 } \frac{\mathrm{d}^3 y}{\mathrm{d}x^3}，\text{ 或 } \frac{\mathrm{d}^3 f}{\mathrm{d}x^3}.$$

$y = f(x)$ 的 n 阶导数就是 $f(x)$ 的 $n-1$ 阶导数的导数，即

$$y^{(n)} = (y^{(n-1)})'.$$

函数 $f(x)$ 的 **n 阶导数**，记作

$$f^{(n)}(x)，\text{ 或 } y^{(n)}，\text{ 或 } \frac{\mathrm{d}^n y}{\mathrm{d}x^n}，\text{ 或 } \frac{\mathrm{d}^n f}{\mathrm{d}x^n}.$$

二阶和二阶以上的导数统称为**高阶导数**．

显然，设 $f(x)$ 的 n 阶导数存在，则它的低于 n 阶的导数都存在．

函数 $f(x)$ 的各阶导数在点 $x = x_0$ 处的数值记为

$$f'(x_0), f''(x_0), \cdots, f^{(n)}(x_0)；\text{ 或 } y'(x_0), y''(x_0), \cdots, y^{(n)}(x_0)；\text{ 或 } \frac{\mathrm{d}y}{\mathrm{d}x}\bigg|_{x=x_0}, \frac{\mathrm{d}^2 y}{\mathrm{d}x^2}\bigg|_{x=x_0}, \cdots,$$

$$\frac{\mathrm{d}^n y}{\mathrm{d}x^n}\bigg|_{x=x_0}；\text{ 或 } \frac{\mathrm{d}f}{\mathrm{d}x}\bigg|_{x=x_0}, \frac{\mathrm{d}^2 f}{\mathrm{d}x^2}\bigg|_{x=x_0}, \cdots, \frac{\mathrm{d}^n f}{\mathrm{d}x^n}\bigg|_{x=x_0}.$$

例 1 设函数 $y = x\mathrm{e}^{x^2}$，求 $\dfrac{\mathrm{d}^2 y}{\mathrm{d}x^2}$.

解 $\dfrac{\mathrm{d}y}{\mathrm{d}x} = (x\mathrm{e}^{x^2})' = \mathrm{e}^{x^2} + 2x^2 \mathrm{e}^{x^2} = (1+2x^2)\mathrm{e}^{x^2}$，

$$\frac{\mathrm{d}^2 y}{\mathrm{d}x^2} = \left[(1+2x^2)\mathrm{e}^{x^2}\right]' = 4x\mathrm{e}^{x^2} + (1+2x^2)\mathrm{e}^{x^2} \cdot 2x = (6x+4x^3)\mathrm{e}^{x^2}.$$

例 2 设函数 $y = f(\mathrm{e}^x)$，且 f 具有二阶连续导数，求 $\dfrac{\mathrm{d}^2 y}{\mathrm{d}x^2}$.

解 由复合函数的求导法则，得

$$\frac{\mathrm{d}y}{\mathrm{d}x} = [f(\mathrm{e}^x)]' = f'(\mathrm{e}^x)(\mathrm{e}^x)' = f'(\mathrm{e}^x)\mathrm{e}^x,$$

再求导，得

$$\frac{\mathrm{d}^2 y}{\mathrm{d}x^2} = [f'(\mathrm{e}^x)\mathrm{e}^x]' = [f'(\mathrm{e}^x)]' \cdot \mathrm{e}^x + f'(\mathrm{e}^x) \cdot (\mathrm{e}^x)'$$

$$= f''(\mathrm{e}^x)(\mathrm{e}^x)' \cdot \mathrm{e}^x + f'(\mathrm{e}^x) \cdot \mathrm{e}^x = f''(\mathrm{e}^x)\mathrm{e}^{2x} + f'(\mathrm{e}^x)\mathrm{e}^x.$$

二、高阶导数的运算法则及求解方法

若函数 $u = u(x), v = v(x)$ 在点 x 处都有 n 阶导数，则 $(u \pm v)^{(n)} = u^{(n)} \pm v^{(n)}$，$(Cu)^{(n)} = Cu^{(n)}$（$C$ 为常数）．

下面给出求解高阶导数的三种方法：直接求导法、间接求导法及莱布尼茨公式法．

1. 直接求导法

由高阶导数的定义容易看出，求函数的高阶导数，可以连续运用求导数的公式与

运算法则，通过归纳就可以得到 n 阶导函数．下面我们用直接求导法求几个常用函数的高阶导数．

例 3　求下列函数的 n 阶导数：

（1）$y=\mathrm{e}^x$；　　　（2）$y=3^x$.

解　（1）由于 $y'=\mathrm{e}^x,y''=\mathrm{e}^x,\cdots,$ 归纳得 $y^{(n)}=\mathrm{e}^x$.

（2）由于 $y'=(3^x)'=3^x(\ln3),y''=3^x(\ln3)^2,\cdots,$ 归纳得 $y^{(n)}=3^x(\ln3)^n$.

例 4　求下列函数的 n 阶导数：

（1）$y=\ln(1+x)$；　　　（2）$y=\ln(3+2x)$.

解　（1）由于 $y'=[\ln(1+x)]'=\dfrac{1}{1+x}=(1+x)^{-1},$

$$y''=[(1+x)^{-1}]'=(-1)(1+x)^{-2},$$
$$y'''=[(-1)(1+x)^{-2}]=(-1)(-2)(1+x)^{-3},$$
$$\vdots$$

归纳得

$$y^{(n)}=(-1)(-2)\cdots[-(n-1)](1+x)^{-n}=(-1)^{n-1}(n-1)!\ \frac{1}{(1+x)^n}.$$

（2）由于 $y'=[\ln(3+2x)]'=\dfrac{2}{3+2x}=(3+2x)^{-1}\cdot2,$

$$y''=[(3+2x)^{-1}\cdot2]'=(-1)(3+2x)^{-2}\cdot2^2,$$
$$y'''=[(-1)(3+2x)^{-2}\cdot2^2]'=(-1)(-2)(3+2x)^{-3}\cdot2^3,$$
$$\vdots$$

归纳得

$$y^{(n)}=(-1)(-2)\cdots[-(n-1)](3+2x)^{-n}\cdot2^n=(-1)^{n-1}2^n(n-1)!\ \frac{1}{(3+2x)^n}.$$

例 5　求 $y=\sin x$ 的 n 阶导数．

解　由于 $y'=(\sin x)'=\cos x=\sin\left(x+\dfrac{\pi}{2}\right),$

$$y''=(\cos x)'=-\sin x=\sin\left(x+2\cdot\frac{\pi}{2}\right),$$
$$y'''=(-\sin x)'=-\cos x=\sin\left(x+3\cdot\frac{\pi}{2}\right),$$
$$\vdots$$

归纳得

$$y^{(n)}=(\sin x)^{(n)}=\sin\left(x+n\cdot\frac{\pi}{2}\right).$$

同理可得

$$(\cos x)^{(n)}=\cos\left(x+n\cdot\frac{\pi}{2}\right).$$

例 6 设 $f(x)=\dfrac{1}{1+x}$，求 $f^{(n)}(x)$.

解 $f'(x)=-\dfrac{1}{(1+x)^2}$，$f''(x)=\dfrac{2}{(1+x)^3}$，$f'''(x)=\left(\dfrac{2}{(1+x)^3}\right)'=\dfrac{-2\cdot 3}{(1+x)^4}$，

通过归纳得

$$\left(\frac{1}{1+x}\right)^{(n)}=(-1)^n\frac{n!}{(1+x)^{n+1}}.$$

2. 间接求导法

求函数的高阶导数，常需要利用已知函数的高阶导数公式，结合求导运算法则、变量代换等来得到高阶导数的通项形式.

例 7 求 $f(x)=\dfrac{1}{x^2+5x+6}$ 的 n 阶导数.

解 由于 $f(x)=\dfrac{1}{x^2+5x+6}=\dfrac{1}{(x+2)(x+3)}=\dfrac{1}{x+2}-\dfrac{1}{x+3}=(x+2)^{-1}-(x+3)^{-1}$，由例 6 不

难得出

$$\left(\frac{1}{x+2}\right)^{(n)}=(-1)^n\frac{n!}{(x+2)^{n+1}}.$$

$$\left(\frac{1}{x+3}\right)^{(n)}=(-1)^n\frac{n!}{(x+3)^{n+1}}.$$

所以 $f^{(n)}(x)=(-1)^n\cdot n!\left[(x+2)^{-n-1}-(x+3)^{-n-1}\right]$.

3. 莱布尼茨公式法

设 $u(x),v(x)$ 都有 n 阶导数，求 $(u(x)v(x))^{(n)}$. 显然我们有
$$(u(x)v(x))'=u'(x)v(x)+u(x)v'(x),$$
$$(u(x)v(x))''=u''(x)v(x)+2u'(x)v'(x)+u(x)v''(x),$$

用归纳法可以证明

$$(u(x)v(x))^{(n)}=u^{(n)}(x)v(x)+C_n^1 u'(x)v^{(n-1)}(x)+C_n^2 u''(x)v^{(n-2)}(x)+\cdots+u(x)v^{(n)}(x).$$

这个公式叫作莱布尼茨公式. 容易看出，上式右边的系数恰好与二项式定理中的系数相同.

例 8 设 $y(x)=x^2\mathrm{e}^{2x}$，求 $y^{(20)}$.

解 设 $u=\mathrm{e}^{2x}, v=x^2$，则 $u^{(k)}=2^k\mathrm{e}^{2x}(k=1,2,\cdots,20)$；
$$v'=2x, v''=2, v^{(k)}=0(k=3,\cdots,20).$$

代入莱布尼茨公式，得

$$y^{(20)}=2^{20}\mathrm{e}^{2x}x^2+20\cdot 2^{19}\mathrm{e}^{2x}\cdot 2x+\frac{20\cdot 19}{2!}2^{18}\mathrm{e}^{2x}\cdot 2=2^{20}\mathrm{e}^{2x}(x^2+20x+95).$$

习题 2-3

A 级题目

1. 求下列函数的二阶导数：

（1）$y=\tan x$；

（2）$y=(3+x^2)^5$；

（3）$y=(1+x^2)\arctan x$；

（4）$y=x\mathrm{e}^{x^2}$；

（5）$y = \ln(1+x^2)$；　　　　　　　　　（6）$y = \sqrt{2x^2+3}$；

（7）$y = \ln(x+\sqrt{1+x^2})$；　　　　　（8）$y = x(\sin\ln x + \cos\ln x)$.

2. 求下列函数在指定点的导数值：

（1）$f(x) = 3x + \ln(1+2x)$，求 $f''(1)$；

（2）$y = \dfrac{\ln x}{x}$，求 $\dfrac{\mathrm{d}^2 y}{\mathrm{d}x^2}\Big|_{x=1}$.

3. 求下列函数的 n 阶导数（其中 a, b 为常数）：

（1）$y = a^x$；　　　　　　　　　　　（2）$y = \ln(ax+b)$；

（3）$y = \dfrac{1}{x+2}$；　　　　　　　　（4）$y = \dfrac{1}{ax+b}$；

（5）$y = \sin^2 \dfrac{x}{2}$；　　　　　　　（6）$y = \sin^2 x$；

（7）$y = x\ln x$；　　　　　　　　　　（8）$y = \dfrac{1-x}{1+x}$.

B 级题目

1. 若函数 $f(x) = e^{\cos x} + e^{-\cos x}$，求 $f^{(5)}(2\pi)$.

2. 设 $f(x) = x^2 \cdot \ln(2x^2+3x+1)$，求 $f^{(n)}(0)$.

3. 试从 $\dfrac{\mathrm{d}x}{\mathrm{d}y} = \dfrac{1}{y'}$，导出：

（1）$\dfrac{\mathrm{d}^2 x}{\mathrm{d}y^2} = -\dfrac{y''}{(y')^3}$；　　　　　（2）$\dfrac{\mathrm{d}^3 x}{\mathrm{d}y^3} = \dfrac{3(y'')^2 - y'y'''}{(y')^5}$.

4. 已知 $f'(x) = 3e^{2x}$，求 $f(x)$ 的反函数的二阶导数.

第四节　几种特殊函数求导法

一、隐函数求导法

设变量 x 和 y 满足方程 $F(x,y) = 0$，如果在一定条件下，当 x 取某区间内的任一值时，相应地，总有满足这个方程的唯一的 y 值存在，那么称方程 $F(x,y) = 0$ 在该区间内确定了一个隐函数，记为 $y = y(x)$.

将一个隐函数转化为显函数，叫作隐函数的显化. 比如将 $x^2 + y^3 - 2 = 0$ 写成 $y = \sqrt[3]{2-x^2}$ 就是指这个过程. 但有些函数显化却很困难，甚至不可能，比如 $e^x + \ln y - \sin(xy) = 0$，那么如何对隐函数求导呢？

设方程 $F(x,y) = 0$ 确定了一个函数 $y = y(x)$，将 $y = y(x)$ "代入" 方程，便得到恒等式 $F(x, y(x)) \equiv 0$，在等式 $F(x, y(x)) \equiv 0$ 两边关于 x 求导，即可解出 $\dfrac{\mathrm{d}y}{\mathrm{d}x}$.

例 1　设函数 $y = y(x)$ 由方程 $y^2 = x\ln y$ 确定，求 y'.

解　方程 $y^2 = x\ln y$ 两边关于自变量 x 求导，将 y 看作是中间变量，得

$$2yy' = \ln y + x \cdot \frac{1}{y} \cdot y',$$

解得

$$y' = \frac{y\ln y}{2y^2 - x}.$$

例 2　设函数 $y = y(x)$ 由方程 $y = 1 + xe^y$ 确定，求 $y'(0)$.

解　方程 $y = 1 + xe^y$ 两边关于自变量 x 求导，将 y 看作是中间变量，得

$$y' = e^y + xe^y y',$$

解得

$$y' = \frac{e^y}{1 - xe^y},$$

将 $x = 0$ 代入方程 $y = 1 + xe^y$，得 $y = 1$，故

$$y'(0) = \frac{e^y}{1 - xe^y}\bigg|_{\substack{x=0 \\ y=1}} = e.$$

例 3　设函数 $y = f(x)$ 由方程 $x^2 + xy + y^2 = 4$ 确定，求曲线 $y = f(x)$ 上点 $(2, -2)$ 处的切线方程.

解　方程 $x^2 + xy + y^2 = 4$ 两边关于自变量 x 求导，将 y 看作是中间变量，得

$$2x + y + xy' + 2y \cdot y' = 0,$$

解得

$$y' = -\frac{2x + y}{x + 2y},$$

故在点 $(2, -2)$ 处的切线斜率为

$$k_{切} = y'\bigg|_{x=2} = -\frac{2x+y}{x+2y}\bigg|_{(2,-2)} = 1,$$

因此，所求的切线方程为 $y - (-2) = 1 \cdot (x - 2)$，即 $y = x - 4$.

例 4　设函数 $y = y(x)$ 由方程 $x - y + \sin y = 1$ 确定，求 y''.

解　方程 $x - y + \sin y = 1$ 两边关于自变量 x 求导，将 y 看作中间变量，得

$$1 - y' + y'\cos y = 0,$$

上式两边再关于自变量 x 求导，将 y, y' 看作中间变量，得

$$-y'' + y''\cos y - (y')^2\sin y = 0,$$

将 $y' = \dfrac{1}{1 - \cos y}$ 代入上式并整理，得

$$y'' = \frac{-\sin y}{(1 - \cos y)^3}.$$

二、对数求导法

对数求导法适用于幂指函数（形如 $f(x)^{g(x)}$ 的函数）以及由多个因子积、商形式构成的函数. 例如，$y = (2 + x^2)^{\cos x}$，$y = \sqrt[5]{\dfrac{(x+1)(2x-1)^2}{(4-3x)^3}}$.

对数求导法的具体方法是：先对等式两边取 e 为底的对数，并利用对数的性质化简，再利用隐函数求导法，等式两边同时关于自变量 x 求导，将 y 看作是中间变量，然后求得 y'.

例5 设 $y=x^x$，求 y'.

解 等式两边取 e 为底的对数，并利用对数的性质化简，得
$$\ln y = x \cdot \ln x,$$
上式两边关于自变量 x 求导，将 y 看作是中间变量，得
$$\frac{1}{y}y' = \ln x + 1,$$
所以
$$y' = x^x(\ln x + 1).$$

例6 设 $y=(3+x^2)^{\cos x}$，求 y'.

解 等式两边取 e 为底的对数，并利用对数的性质化简，得
$$\ln y = \cos x \cdot \ln(3+x^2),$$
上式两边关于自变量 x 求导，将 y 看作是中间变量，得
$$\frac{1}{y}y' = -\sin x \cdot \ln(3+x^2) + \cos x \cdot \frac{2x}{3+x^2},$$
所以
$$y' = (3+x^2)^{\cos x}\left[-\sin x \cdot \ln(3+x^2) + \frac{2x\cos x}{3+x^2}\right].$$

例7 设 $y = \sqrt[3]{\dfrac{(2x+1)(1-7x)^5}{(3x+4)^2}}$，求 y'.

解 等式两边取 e 为底的对数，并利用对数的性质化简，得
$$\ln y = \frac{1}{3}\left[\ln|2x+1| + 5\ln|1-7x| - 2\ln|3x+4|\right],$$
上式两边关于自变量 x 求导，将 y 看作是中间变量，得
$$\frac{1}{y}\cdot y' = \frac{1}{3}\left[\frac{1}{2x+1}\cdot(2x+1)' + 5\cdot\frac{1}{1-7x}\cdot(1-7x)' - 2\cdot\frac{1}{3x+4}\cdot(3x+4)'\right],$$
即
$$\frac{1}{y}\cdot y' = \frac{1}{3}\left(\frac{2}{2x+1} + 5\cdot\frac{-7}{1-7x} - 2\cdot\frac{3}{3x+4}\right),$$
所以
$$y' = \sqrt[3]{\frac{(2x+1)(1-7x)^5}{(3x+4)^2}}\cdot\frac{1}{3}\left(\frac{2}{2x+1} - \frac{35}{1-7x} - \frac{6}{3x+4}\right).$$

三、参数式函数求导法

定义2.5 设 t 为参数，则
$$\begin{cases}x=f(t),\\y=g(t),\end{cases} t\in[\alpha,\beta]$$
表示平面上一条曲线，当 $f(t)$ 满足一定条件时，上式就确定 y 与 x 之间的函数关系，这种函数称为由参数方程确定的函数，即参数式函数.

下面寻求直接由参数方程求 $\dfrac{dy}{dx}$ 的方法.

如果 $x=f(t)$ 的反函数为 $t=f^{-1}(x)$，且它满足反函数的求导条件，则可将 $y=g\left[f^{-1}(x)\right]$ 看作 $y=g(t)$ 与 $t=f^{-1}(x)$ 的复合函数，于是根据复合函数及反函数的求导法则，有

$$\frac{\mathrm{d}y}{\mathrm{d}x}=\frac{\mathrm{d}y}{\mathrm{d}t}\cdot\frac{\mathrm{d}t}{\mathrm{d}x}=\frac{\dfrac{\mathrm{d}y}{\mathrm{d}t}}{\dfrac{\mathrm{d}x}{\mathrm{d}t}}=\frac{g'(t)}{f'(t)},$$

2.3　参数式函数的二阶导数的求法

即

$$\frac{\mathrm{d}y}{\mathrm{d}x}=\frac{g'(t)}{f'(t)}\text{或}\frac{\mathrm{d}y}{\mathrm{d}x}=\frac{\dfrac{\mathrm{d}y}{\mathrm{d}t}}{\dfrac{\mathrm{d}x}{\mathrm{d}t}},$$

这就是参数式函数的导数公式.

例 8　设函数 $y=y(x)$ 由参数方程 $\begin{cases}x=a(t-\sin t),\\ y=a(1-\cos t)\end{cases}$ 确定，求 $\dfrac{\mathrm{d}y}{\mathrm{d}x}$.

解　$\dfrac{\mathrm{d}y}{\mathrm{d}x}=\dfrac{\dfrac{\mathrm{d}y}{\mathrm{d}t}}{\dfrac{\mathrm{d}x}{\mathrm{d}t}}=\dfrac{a\sin t}{a(1-\cos t)}$

$$=\frac{2\sin\dfrac{t}{2}\cos\dfrac{t}{2}}{2\sin^2\dfrac{t}{2}}=\cot\frac{t}{2}.$$

例 9　求由参数方程 $\begin{cases}x=\ln(1+t^2),\\ y=t-\arctan t\end{cases}$ 所确定的函数的二阶导数 $\dfrac{\mathrm{d}^2y}{\mathrm{d}x^2}$.

解　由于 $\dfrac{\mathrm{d}y}{\mathrm{d}x}=\dfrac{\dfrac{\mathrm{d}y}{\mathrm{d}t}}{\dfrac{\mathrm{d}x}{\mathrm{d}t}}=\dfrac{1-\dfrac{1}{1+t^2}}{\dfrac{2t}{1+t^2}}=\dfrac{t}{2}$，故

$$\frac{\mathrm{d}^2y}{\mathrm{d}x^2}=\frac{\mathrm{d}}{\mathrm{d}x}\left(\frac{\mathrm{d}y}{\mathrm{d}x}\right)=\frac{\mathrm{d}}{\mathrm{d}x}\left(\frac{t}{2}\right)=\frac{\mathrm{d}}{\mathrm{d}t}\left(\frac{t}{2}\right)\cdot\frac{\mathrm{d}t}{\mathrm{d}x}=\frac{\dfrac{\mathrm{d}}{\mathrm{d}t}\left(\dfrac{t}{2}\right)}{\dfrac{\mathrm{d}x}{\mathrm{d}t}}=\frac{\dfrac{1}{2}}{\dfrac{2t}{1+t^2}}=\frac{1+t^2}{4t}.$$

四、分段函数求导法

对于分段函数的导数，在开区间内直接求导，在分段点处先考虑其连续性，若不连续则不可导，若连续则用导数的定义考虑其可导性.

例 10　设 $f(x)=\begin{cases}x-1, & x\leqslant 0,\\ 2x, & 0<x\leqslant 1,\text{求} f'(x).\\ x^2+1, & x>1.\end{cases}$

解　当 $x<0$ 时，$f'(x)=(x-1)'=1$，

当 $0<x<1$ 时，$f'(x)=(2x)'=2$，

当 $x>1$ 时，$f'(x)=(x^2+1)'=2x$.

在点 $x=0$ 处，因为

$$f(0)=(x-1)\big|_{x=0}=-1,$$

$$\lim_{x\to 0^-}f(x)=\lim_{x\to 0^-}(x-1)=-1,$$

$$\lim_{x\to 0^+}f(x)=\lim_{x\to 0^+}(2x)=0,$$

所以 $f(x)$ 在点 $x=0$ 处不连续，故 $f(x)$ 在点 $x=0$ 处不可导，即 $f'(0)$ 不存在；

在点 $x=1$ 处 $f(x)$ 连续，由于

$$f'_-(1)=\lim_{x\to 1^-}\frac{f(x)-f(1)}{x-1}=\lim_{x\to 1^-}\frac{2x-2}{x-1}=2,$$

$$f'_+(1)=\lim_{x\to 1^+}\frac{f(x)-f(1)}{x-1}=\lim_{x\to 1^+}\frac{x^2+1-2}{x-1}=2,$$

所以 $f(x)$ 在点 $x=1$ 处可导，且 $f'(1)=2$，故

$$f'(x)=\begin{cases}1, & x<0,\\ 2, & 0<x\leqslant 1,\\ 2x, & x>1.\end{cases}$$

例 11 设 $f(x)=\begin{cases}x\sin\dfrac{1}{x}, & x\neq 0,\\ 0, & x=0.\end{cases}$，求 $f'(x)$.

解 当 $x\neq 0$ 时，$f'(x)=\left(x\sin\dfrac{1}{x}\right)'=\sin\dfrac{1}{x}-\dfrac{1}{x}\cos\dfrac{1}{x}$，

由于

$$f'(0)=\lim_{x\to 0}\frac{f(x)-f(0)}{x-0}=\lim_{x\to 0}\frac{x\sin\dfrac{1}{x}}{x}=\lim_{x\to 0}\sin\frac{1}{x}\text{不存在，}$$

所以 $f(x)$ 在点 $x=0$ 处不可导，故

$$f'(x)=\begin{cases}\sin\dfrac{1}{x}-\dfrac{1}{x}\cos\dfrac{1}{x}, & x\neq 0,\\ \text{不存在，} & x=0.\end{cases}$$

习题 2-4

A 级题目

1. 求下列由方程确定的隐函数 $y=y(x)$ 的导数：

(1) $x^2-xy+y^2=1$；　　　　　　　(2) $xy^3-e^x+e^y=0$；

(3) $y=x+\ln y$；　　　　　　　　　(4) $y=1+xe^y$；

(5) $\sin(xy)=x$；　　　　　　　　　(6) $y=\cos(x+y)$.

2. 利用对数求导法，求下列函数的导数：

(1) $y=(2+\sin x)^{\cos x}$；　　　　　　(2) $y=\sqrt{x\sin x\sqrt{x+e^x}}$；

(3) $y=\dfrac{x^2}{1-x}\sqrt[5]{\dfrac{3-2x}{(7+x)^2}}$；　　　(4) $y=\dfrac{\sqrt{7x+2}\cdot(1-4x)^3}{(2x-3)^5}$.

3. 求下列参数方程所确定的函数 $y=y(x)$ 的导数 $\dfrac{\mathrm{d}y}{\mathrm{d}x}$：

（1）$\begin{cases} x=\cos t, \\ y=\sin t; \end{cases}$ 　　　　　　（2）$\begin{cases} x=a\cos t, \\ y=at\sin t; \end{cases}$

（3）$\begin{cases} x=1-t^3, \\ y=t-t^3; \end{cases}$ 　　　　　（4）$\begin{cases} x=\ln(1+t^2), \\ y=t-\arctan t. \end{cases}$

4. 求下列曲线在所给参数值相应点处的切线方程：

（1）$\begin{cases} x=2\mathrm{e}^t, \\ y=\mathrm{e}^{-t}, \end{cases}$ 在 $t=0$ 处；　　（2）$\begin{cases} x=a\cos^3\theta, \\ y=a\sin^3\theta, \end{cases}$ 在 $\theta=\dfrac{\pi}{4}$ 处.

5. 设函数 $f(x)=\begin{cases} x^2+2x, & x\le 1, \\ 4x^2-1, & x>1, \end{cases}$ 求 $f'(x)$.

B 级题目

1. 若函数 $y=f(x)$ 由参数方程 $\begin{cases} x=1+t^3, \\ y=\mathrm{e}^{t^2}, \end{cases}$ 确定，计算极限 $\lim\limits_{x\to+\infty} x\left[f\left(2+\dfrac{2}{x}\right)-f(2)\right]$.

2. 已知函数 $y(x)$ 是由方程 $x^2+xy+y^3=3$ 所确定的隐函数，求 $\dfrac{\mathrm{d}^2 y}{\mathrm{d}x^2}$.

3. 设 $y=y(x)$ 是由参数方程 $\begin{cases} x=\ln\cos t, \\ y=\sin t-t\cos t \end{cases}$ 所确定的函数，求 $\dfrac{\mathrm{d}^2 y}{\mathrm{d}x^2}\bigg|_{t=\frac{\pi}{3}}$.

第五节　函数的微分

前面我们讨论了函数的导数，导数表示函数在点 x 处的变化率，它描述函数在点 x 处相对于自变量变化的快慢程度. 有时我们需要了解函数在某一点当自变量取得一个微小的改变量时，函数取得的相应改变量的近似值. 一般而言，计算函数改变量是比较困难的，为了能找到计算函数改变量的近似表达式，下面引进微分的概念.

一、微分的定义

我们先看一个例子.

如图 2-2 所示，设有一块正方形金属薄板受温度变化的影响，其边长从 x_0 改变到 $x_0+\Delta x$，问：此薄板的面积改变了多少？

设此薄板的边长为 x，面积为 S，则 $S=x^2$.

金属薄板受温度变化影响时面积的改变量，可以看成是当自变量 x 从 x_0 取得改变量 Δx 时，函数 S 相应的改变量 ΔS，即
$$\Delta S=(x_0+\Delta x)^2-x_0^2=2x_0\Delta x+(\Delta x)^2.$$

从上式可以看出，ΔS 分为两部分，第一部分 $2x_0\Delta x$ 是 Δx 的线性函数，即图中带有斜线的两个矩形面积之和，而第二部分 $(\Delta x)^2$ 是图中带有交叉斜线的小正方形面积，当 $\Delta x\to 0$ 时，第二部分 $(\Delta x)^2$ 是比 Δx 高阶的无穷小，即 $(\Delta x)^2=o(\Delta x)$. 因此，当 $|\Delta x|$ 很小时，面积的改变量 ΔS 可近似地用第一部分来代替.

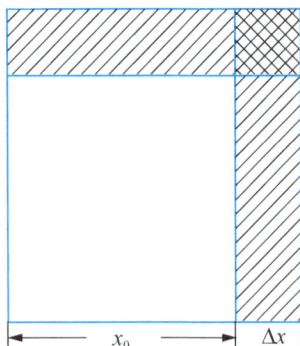

图 2-2

定义 2.6　设函数 $y=f(x)$ 在点 x_0 的某个邻域内有定义，自变量 x 从 x_0 取得改变量 $\Delta x(\Delta x\neq 0，x_0+\Delta x$ 仍在该邻域内），若函数的相应改变量

$$\Delta y=f(x_0+\Delta x)-f(x_0)，$$

可表示为

$$\Delta y=A\Delta x+o(\Delta x)，$$

其中 A 是只与 x_0 有关而与 Δx 无关的常数，$o(\Delta x)$ 是当 $\Delta x\to 0$ 时比 Δx 高阶的无穷小量，则称函数 $y=f(x)$ 在点 x_0 处可微，并称 $A\Delta x$ 为函数 $y=f(x)$ 在点 x_0 处的微分（differential），记作

$$\mathrm{d}y\big|_{x=x_0}，\text{或}\ \mathrm{d}f\big|_{x=x_0}，\text{或}\ \mathrm{d}y(x_0)，\text{或}\ \mathrm{d}f(x_0)，$$

即

$$\mathrm{d}y\big|_{x=x_0}=A\Delta x.$$

当 $A\neq 0$ 时，$A\Delta x$ 也称为 $\Delta y=A\Delta x+o(\Delta x)$ 的线性主要部分."线性"是因为 $A\Delta x$ 是 Δx 的一次函数；"主要"是因为当 $\Delta x\to 0$ 时 $o(\Delta x)$ 是比 Δx 高阶的无穷小量，所以 $A\Delta x$ 在 $\Delta y=A\Delta x+o(\Delta x)$ 中起主要作用.

如果 $y=f(x)$ 在点 x_0 处可微，即 $\mathrm{d}y\big|_{x=x_0}=A\Delta x$，那么常数 A 是什么？下面定理回答了这个问题.

定理 2.7　函数 $y=f(x)$ 在点 x_0 处可微的充分必要条件是函数 $y=f(x)$ 在点 x_0 处可导，此时 $A=f'(x_0)$.

证明　必要性：若函数 $y=f(x)$ 在点 x_0 处可微，则按定义 2.6 有 $\Delta y=A\Delta x+o(\Delta x)$ 成立，即

$$\Delta y=A\Delta x+o(\Delta x)，$$

其中 A 是只与 x_0 有关而与 Δx 无关的常数，$o(\Delta x)$ 是当 $\Delta x\to 0$ 时比 Δx 高阶的无穷小量. 两边同除以 $\Delta x(\Delta x\neq 0)$，得

$$\frac{\Delta y}{\Delta x}=A+\frac{o(\Delta x)}{\Delta x}，$$

于是，当 $\Delta x\to 0$ 时，由上式得到

$$\lim_{\Delta x\to 0}\frac{\Delta y}{\Delta x}=A=f'(x_0)，$$

即若函数 $y=f(x)$ 在点 x_0 处可微，则它在点 x_0 处可导，且 $A=f'(x_0)$.

充分性：若函数 $y=f(x)$ 在点 x_0 处可导，有

$$\lim_{\Delta x\to 0}\frac{\Delta y}{\Delta x}=f'(x_0)，$$

根据极限与无穷小的关系可得

$$\frac{\Delta y}{\Delta x}=f'(x_0)+\alpha，\quad\text{其中}\lim_{\Delta x\to 0}\alpha=0，$$

以 Δx 乘上式两边，得到

$$\Delta y=f'(x_0)\cdot\Delta x+\alpha\cdot\Delta x.$$

当 $\Delta x\to 0$ 时，$\alpha\cdot\Delta x$ 这一项是比 Δx 高阶的无穷小量，且 $f'(x_0)$ 是只与 x_0 有关而与 Δx 无关的常数，所以函数 $y=f(x)$ 在点 x_0 处可微.

由此可见，函数 $y=f(x)$ 在点 x_0 处可微与可导是等价的，且 $A=f'(x_0)$. 于是，函数 $y=f(x)$ 在点 x_0 处的微分为

$$\mathrm{d}y\big|_{x=x_0}=f'(x_0)\cdot\Delta x,$$

而

$$\Delta y=f'(x_0)\cdot\Delta x+\alpha\cdot\Delta x, \quad \lim_{\Delta x\to0}\alpha=0.$$

故

（1）当 $f'(x_0)\neq0$ 时，微分 $\mathrm{d}y\big|_{x=x_0}$ 是 Δx 的线性函数，计算简便；

（2）$\Delta y-\mathrm{d}y=o(\Delta x)$，当 $\Delta x\to0$ 时，它是 Δx 的高阶无穷小量，近似程度较好.

例 1 求函数 $y=x^2$ 当 x 由 1 改变到 1.01 时的微分 $\mathrm{d}y$ 与改变量 Δy.

解 先求函数在任意点 x 处的微分，

$$\mathrm{d}y=y'\Delta x=(x^2)'\Delta x=2x\Delta x,$$

当 $x=1,\Delta x=0.01$ 时，

$$\mathrm{d}y\bigg|_{\substack{x=1\\ \Delta x=0.01}}=2x\Delta x\bigg|_{\substack{x=1\\ \Delta x=0.01}}=0.02,$$

$$\Delta y=1.01^2-1^2=0.020\,1,$$

可见 Δy 与 $\mathrm{d}y$ 相差很小，而当 $\Delta x\to0$ 时，$\Delta y-\mathrm{d}y$ 将更快趋向于零.

若函数 $y=f(x)$ 在区间 (a,b) 内每一点 x 处可微，则称函数 $y=f(x)$ 在区间 (a,b) 内可微，函数 $y=f(x)$ 在点 x 处的微分，记作 $\mathrm{d}y$，即 $\mathrm{d}y=f'(x)\Delta x$.

通常把自变量 x 的改变量 Δx 称为自变量的微分，记作 $\mathrm{d}x$，即 $\mathrm{d}x=\Delta x$. 于是函数 $y=f(x)$ 的微分 $\mathrm{d}y$ 又可记作

$$\mathrm{d}y=f'(x)\mathrm{d}x,$$

即

$$\frac{\mathrm{d}y}{\mathrm{d}x}=f'(x).$$

记号 $\dfrac{\mathrm{d}y}{\mathrm{d}x}$ 作为一个整体用来表示导数，此记号现可以理解为函数的微分与自变量的微分之商，所以导数也称为微商.

可见，对于一元函数，函数可导与函数可微是等价的.

2.4 微分的几何意义

二、微分的几何意义

设曲线 $y=f(x)$ 在点 $M(x,y)$ 处的切线为 MT，点 $N(x+\Delta x,y+\Delta y)$ 为曲线上点 M 的邻近点（见图 2-3）.

易知，切线 MT 的斜率 $k=\tan\alpha=f'(x)$，

$$PQ=MQ\cdot\tan\alpha=\Delta x\cdot f'(x)=\mathrm{d}y.$$

因此，函数 $y=f(x)$ 的微分 $\mathrm{d}y$ 在几何上表示了当自变量 x 改变了 Δx 时，切线上相应点的纵坐标的改变量. 图中 $NQ=\Delta y$，它是当自变量 x 改变了 Δx 时，曲线上相应点的纵坐标的改变量.

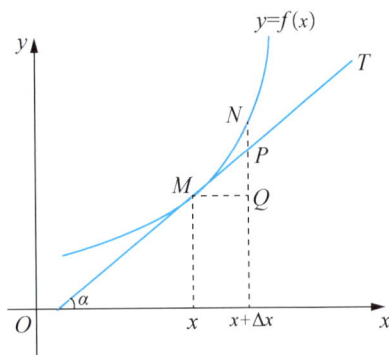

图 2-3

三、微分的运算

由微分的定义 $dy=f'(x)dx$ 可知，一个函数的微分就是它的导数与自变量的微分（即自变量的改变量）的乘积，所以只要导数公式熟记，基本初等函数的微分公式与运算法则立即可得，现列出如下.

1. 基本初等函数的微分公式

(1) $dC=0$（C 为常数）.

(2) $d(x^\mu)=\mu x^{\mu-1}dx$（μ 为实数）.

(3) $d(a^x)=a^x\ln a dx$（$a>0$ 且 $a\neq1$）, $d(e^x)=e^x dx$.

(4) $d(\log_a x)=\dfrac{1}{x\ln a}dx$（$a>0$ 且 $a\neq1$）, $d(\ln x)=\dfrac{1}{x}dx$.

(5) $d(\sin x)=\cos x dx$.

(6) $d(\cos x)=-\sin x dx$.

(7) $d(\tan x)=\sec^2 x dx=\dfrac{1}{\cos^2 x}dx$.

(8) $d(\cot x)=-\csc^2 x dx=-\dfrac{1}{\sin^2 x}dx$.

(9) $d(\sec x)=\sec x\cdot\tan x dx$.

(10) $d(\csc x)=-\csc x\cdot\cot x dx$.

(11) $d(\arcsin x)=\dfrac{1}{\sqrt{1-x^2}}dx$.

(12) $d(\arccos x)=-\dfrac{1}{\sqrt{1-x^2}}dx$.

(13) $d(\arctan x)=\dfrac{1}{1+x^2}dx$.

(14) $d(\text{arccot}x)=-\dfrac{1}{1+x^2}dx$.

2. 函数和、差、积、商的微分法则

(1) $d(u\pm v)=du\pm dv$.

(2) $d(u\cdot v)=vdu+udv$,

　　$d(Cu)=Cdu$（C 为常数）.

(3) $d\left(\dfrac{u}{v}\right)=\dfrac{vdu-udv}{v^2}$（$v\neq0$）.

3. 复合函数的微分法则

与复合函数的求导法则相对应的复合函数的微分法则推导如下：

设函数 $y=f(u)$ 与 $u=g(x)$ 构成复合函数 $y=f[g(x)]$，若 $u=g(x)$ 在点 x 处可导，$y=f(u)$ 在对应点 u 处可导，则复合函数 $y=f[g(x)]$ 的微分为

$$dy=\{f[g(x)]\}'dx=f'(u)g'(x)dx,$$

由于 $g'(x)dx=du$，所以复合函数 $y=f[g(x)]$ 的微分公式也可以写成

$$dy=f'(u)du.$$

由此可见，无论 u 是自变量还是中间变量，微分形式 $\mathrm{d}y=f'(u)\mathrm{d}u$ 保持不变，这一性质称为微分形式不变性.

例 2 求函数 $y=\ln\sin x$ 在点 $x=\dfrac{\pi}{4}$ 处的微分.

解 由于 $\mathrm{d}y=y'\mathrm{d}x=(\ln\sin x)'\mathrm{d}x=\cot x\mathrm{d}x$，所以

$$\mathrm{d}y\Big|_{x=\frac{\pi}{4}}=\cot x\Big|_{\frac{\pi}{4}}\mathrm{d}x=\mathrm{d}x.$$

例 3 求下列函数的微分：

(1) $y=\mathrm{e}^{ax+bx^2}$；　　　　　　　　(2) $y=x^2\ln(1-3x)$；

(3) $y=\dfrac{\mathrm{e}^x}{1-x}$；　　　　　　　　(4) $y=\ln\sqrt{3+x^2}$.

解 (1) $\mathrm{d}y=y'\mathrm{d}x=(\mathrm{e}^{ax+bx^2})'\mathrm{d}x=\mathrm{e}^{ax+bx^2}(ax+bx^2)'\mathrm{d}x=\mathrm{e}^{ax+bx^2}(a+2bx)\mathrm{d}x.$

(2) **解法一** $\mathrm{d}y=y'\mathrm{d}x=\left[x^2\ln(1-3x)\right]'\mathrm{d}x=\left[2x\ln(1-3x)-\dfrac{3x^2}{1-3x}\right]\mathrm{d}x.$

解法二 由积的微分法则

$$\mathrm{d}y=\mathrm{d}\left[x^2\ln(1-3x)\right]=\ln(1-3x)\mathrm{d}(x^2)+x^2\mathrm{d}\ln(1-3x)$$

$$=2x\ln(1-3x)\mathrm{d}x+x^2\cdot\dfrac{-3}{1-3x}\mathrm{d}x=2x\ln(1-3x)\mathrm{d}x-\dfrac{3x^2}{1-3x}\mathrm{d}x.$$

(3) **解法一** $\mathrm{d}y=y'\mathrm{d}x=\left(\dfrac{\mathrm{e}^x}{1-x}\right)'\mathrm{d}x=\dfrac{(\mathrm{e}^x)'(1-x)-\mathrm{e}^x(1-x)'}{(1-x)^2}\mathrm{d}x=\dfrac{(2-x)\mathrm{e}^x}{(1-x)^2}\mathrm{d}x.$

解法二 由商的微分法则

$$\mathrm{d}y=\mathrm{d}\left(\dfrac{\mathrm{e}^x}{1-x}\right)=\dfrac{(1-x)\mathrm{d}(\mathrm{e}^x)-\mathrm{e}^x\mathrm{d}(1-x)}{(1-x)^2}=\dfrac{(1-x)\mathrm{e}^x\mathrm{d}x-\mathrm{e}^x(-1)\mathrm{d}x}{(1-x)^2}=\dfrac{(2-x)\mathrm{e}^x}{(1-x)^2}\mathrm{d}x.$$

(4) $y=\ln\sqrt{3+x^2}=\dfrac{1}{2}\ln(3+x^2)$，$\mathrm{d}y=y'\mathrm{d}x=\left[\dfrac{1}{2}\ln(3+x^2)\right]'\mathrm{d}x=\dfrac{x}{3+x^2}\mathrm{d}x.$

例 4 求下列隐函数的微分：

(1) $x^2+y^2=3$；　　　　(2) $x+y=\ln(xy)$.

解 (1) **解法一** 两边对 x 求导，得 $2x+2yy'=0$，

解得
$$y'=-\dfrac{x}{y},$$

故
$$\mathrm{d}y=y'\mathrm{d}x=-\dfrac{x}{y}\mathrm{d}x.$$

解法二 两边微分，得 $2x\mathrm{d}x+2y\mathrm{d}y=0$，

故
$$\mathrm{d}y=-\dfrac{x}{y}\mathrm{d}x.$$

(2) $x+y=\ln(xy)$ 化简为 $x+y=\ln x+\ln y$.

解法一 $x+y=\ln x+\ln y$ 两边对 x 求导，得 $1+y'=\dfrac{1}{x}+\dfrac{1}{y}y'$，

解得
$$y'=\dfrac{y(1-x)}{x(y-1)},$$

故
$$\mathrm{d}y = y'\mathrm{d}x = \frac{y(1-x)}{x(y-1)}\mathrm{d}x.$$

解法二 $x+y=\ln x+\ln y$ 两边微分，得 $\mathrm{d}x+\mathrm{d}y=\dfrac{1}{x}\mathrm{d}x+\dfrac{1}{y}\mathrm{d}y$，

故
$$\mathrm{d}y = \frac{y(1-x)}{x(y-1)}\mathrm{d}x.$$

习题 2-5

A 级题目

1. 求函数 $y=x^2-3x+5$ 在 $x=1$ 处，当 $\Delta x=0.01$ 时的 Δy 与 $\mathrm{d}y$.

2. 求下列函数的微分：

(1) $y=x^5-4x^3+2x+7$； (2) $y=(2x+3)^5$；

(3) $y=\sqrt{1-x^2}$； (4) $y=\dfrac{x}{1-x^2}$；

(5) $y=\mathrm{e}^{-x}\cos x$； (6) $y=\arcsin\sqrt{x}$；

(7) $y=f(\cos\sqrt{x})$； (8) $\dfrac{x^2}{a^2}+\dfrac{y^2}{b^2}=1$.

B 级题目

1. 若函数 $y=y(x)$ 是由方程 $\sqrt{x}=y^y$ 确定的函数，求 $\mathrm{d}y$.

第六节 导数的经济应用

一、边际

在经济问题中，常常会使用变化率的概念，而变化率又分为平均变化率和瞬时变化率. 平均变化率就是函数增量与自变量增量之比，函数 $y=f(x)$ 在以点 x_0 和 $x_0+\Delta x$ 为端点的区间上的平均变化率为 $\dfrac{\Delta y}{\Delta x}$；而瞬时变化率就是函数对自变量的导数，即如果函数 $y=f(x)$ 在点 x_0 处可导，其在 $x=x_0$ 处的瞬时变化率为

$$\lim_{\Delta x\to 0}\frac{f(x_0+\Delta x)-f(x_0)}{\Delta x}=f'(x_0),$$

经济学中称它为 $f(x)$ 在 $x=x_0$ 处的边际函数值.

设在点 $x=x_0$ 处，自变量 x 从 x_0 改变一个单位时，函数 $y=f(x)$ 的改变量 Δy 的精确值为 $\Delta y\Big|_{\substack{x=x_0\\ \Delta x=1}}=f(x_0+1)-f(x_0)$，由于实际的经济问题中，$x$ 一般是一个比较大的量，而 $\Delta x=1$ 就可以看作是一个相对较小的量，由微分近似公式可知，Δy 的近似值为

$$\Delta y\Big|_{\substack{x=x_0\\ \Delta x=1}}=f(x_0+1)-f(x_0)\approx\mathrm{d}y=f'(x_0)\Delta x\Big|_{\substack{x=x_0\\ \Delta x=1}}=f'(x_0).$$

这说明 $f(x)$ 在点 x_0 处，当 x 变化一个单位时，y 近似改变 $f'(x_0)$ 个单位. 在应用问题中解释边际函数值的具体意义时常常略去"近似"二字.

1. 边际成本（Marginal Cost）

设 $C(Q)$ 表示生产 Q 个单位某种产品的总成本，则 $C'(Q)$ 表示产量为 Q 时的边际成本.

边际成本 $C'(Q)$ 表示产量从 Q 个单位时再生产一个单位产品所需的成本，即表示生产第 $Q+1$ 个单位产品的成本.

由于生产 Q 个单位时的边际成本近似等于再多生产一个单位产品所需的成本，所以，将边际成本 $C'(Q)$ 与平均成本 $\dfrac{C(Q)}{Q}$ 相比较，若边际成本 $C'(Q)$ 小于平均成本 $\dfrac{C(Q)}{Q}$，则应考虑增加产量以降低单件产品的成本，若边际成本 $C'(Q)$ 大于平均成本 $\dfrac{C(Q)}{Q}$，则应考虑减少产量以降低单件产品的成本.

2. 边际收益（Marginal Revenue）

设 $R(Q)$ 表示销售 Q 个单位某种商品的总收益，则 $R'(Q)$ 表示销量为 Q 时的边际收益.

边际收益 $R'(Q)$ 表示销量从 Q 个单位时再销售一个单位商品所得的收益，即表示销售第 $Q+1$ 个单位商品的收益.

设 P 为价格，且价格 P 是销售量 Q 的函数，即 $P=P(Q)$，因此，收益 $R(Q)=P(Q)Q$，则边际收益 $R'(Q)=P(Q)+QP'(Q)$.

3. 边际利润（Marginal Profit）

设产销平衡，则 $L(Q)=R(Q)-C(Q)$ 表示生产或销售 Q 个单位某种商品的总利润，则 $L'(Q)$ 表示产量或销量为 Q 时的边际利润.

边际利润 $L'(Q)$ 表示产量或销量从 Q 个单位时再生产或销售一个单位商品所得的利润，即表示生产或销售第 $Q+1$ 个单位商品的利润.

由于 $L'(Q)=R'(Q)-C'(Q)$，即边际利润等于边际收益与边际成本相减.

当 $R'(Q)>C'(Q)$，即 $L'(Q)>0$ 时，若产量从 Q 个单位再多生产一个单位产品，所增加的收益大于所增加的成本，从而使总利润增加.

当 $R'(Q)<C'(Q)$，即 $L'(Q)<0$ 时，若产量从 Q 个单位再多生产一个单位产品，所增加的收益小于所增加的成本，从而使总利润减少.

当 $R'(Q)=C'(Q)$，即 $L'(Q)=0$ 时，总利润达到最大.（学习第三章后对此会有更深的理解）.

例 1 设生产 Q 个单位某产品的总成本为 $C(Q)=54+\dfrac{1}{100}Q^2$.

(1) 求生产 10 个单位产品时的总成本及平均成本；

(2) 求生产 10 个单位产品时的边际成本，并说明其经济意义.

解 (1) 生产 10 个单位产品时的总成本

$$C(10)=54+\frac{1}{100}\cdot 10^2=55,$$

生产 10 个单位产品时的平均成本

$$\overline{C}(10)=\frac{C(10)}{10}=\frac{55}{10}=5.5.$$

（2）生产 10 个单位产品时的边际成本

$$C'(10)=C'(Q)\bigg|_{Q=10}=\frac{Q}{50}\bigg|_{Q=10}=0.2,$$

它表示当产量为 10 个单位时，再增加（或减少）一个单位，需增加（或减少）成本 0.2 个单位.

本题中边际成本小于平均成本，故可以通过增加产量以降低单位产品的成本.

例 2　设生产某产品的固定成本为 20 000 元，每生产一个单位产品，成本增加 100元，总收益函数 $R(Q)=400Q-\dfrac{1}{2}Q^2$（$Q$ 表示销售量），设产销平衡，试求边际成本、边际收益及边际利润.

解　总成本函数 $C(Q)=20\ 000+100Q$（元），边际成本 $C'(Q)=100$，

总收益函数 $R(Q)=400Q-\dfrac{1}{2}Q^2$（元），边际收益 $R'(Q)=400-Q$，

总利润函数 $L(Q)=R(Q)-C(Q)=-\dfrac{1}{2}Q^2+300Q-20\ 000$（元），

边际利润 $L'(Q)=R'(Q)-C'(Q)=-Q+300$.

二、弹性

我们在边际分析中，讨论的函数变化率与函数改变量均属于绝对量范围的讨论. 在经济问题中，仅仅用绝对量的概念是不足以深入分析问题的. 例如：甲商品每单位价格10 元，涨价 1 元；乙商品每单位价格 100 元，也涨价 1 元，两种商品的绝对改变量都是 1 元，哪个商品的涨价幅度更大呢？我们只要用他们与其原价相比就能获得问题的解答. 甲商品涨价百分比为 10%；乙商品涨价百分比为 1%，显然甲商品的涨价幅度比乙商品的涨价幅度更大. 为此，我们有必要研究函数的相对改变量及相对变化率.

1. 函数弹性的定义

定义 2.7　设函数 $f(x)$ 在点 x_0 处可导，函数的相对改变量 $\dfrac{\Delta y}{y_0}=\dfrac{f(x_0+\Delta x)-f(x_0)}{y_0}$ 与自变量的相对改变量 $\dfrac{\Delta x}{x_0}$（它们分别表示函数与自变量变化的百分数）之比 $\dfrac{\Delta y/y_0}{\Delta x/x_0}$ 称为函数 $f(x)$ 在 x_0 与 $x_0+\Delta x$ 两点间的相对变化率，或称两点间的弹性. 当 $\Delta x\to 0$ 时，$\dfrac{\Delta y/y_0}{\Delta x/x_0}$ 的极限值为函数 $f(x)$ 在点 x_0 处的相对变化率，或称点 x_0 处的弹性（elasticity）. 记作

$$\frac{Ey}{Ex}\bigg|_{x=x_0}\ 或\ \frac{E}{Ex}f(x)\bigg|_{x=x_0},$$

即

$$\frac{Ey}{Ex}\bigg|_{x=x_0}=\lim_{\Delta x\to 0}\frac{\Delta y/y_0}{\Delta x/x_0}=\frac{x_0}{y_0}\lim_{\Delta x\to 0}\frac{\Delta y}{\Delta x}=\frac{x_0}{f(x_0)}f'(x_0).$$

如果函数 $f(x)$ 在区间 (a,b) 内的每一点 x 处都存在弹性，则称函数 $f(x)$ 在区间 (a,b) 内有弹性，它是 x 的函数，一般记为

$$\frac{Ey}{Ex} = \frac{x}{f(x)} f'(x),$$

则

$$\left.\frac{Ey}{Ex}\right|_{x=x_0} = \frac{x_0}{f(x_0)} f'(x_0).$$

从弹性定义可知：函数的弹性概念与导数概念密切相关，同时，函数的弹性是函数相对改变量与自变量的相对改变量之间的数量关系，它反映 $f(x)$ 随 x 变化的幅度大小，也即 $f(x)$ 对 x 变化反应的强烈程度或灵敏度. 在研究经济变量间变化关系时，弹性概念比导数概念更有用，更方便.

由 $\left.\dfrac{Ey}{Ex}\right|_{x=x_0} = \lim\limits_{\Delta x \to 0} \dfrac{\Delta y/y_0}{\Delta x/x_0}$，有

$$\frac{\Delta y/y_0}{\Delta x/x_0} = \left.\frac{Ey}{Ex}\right|_{x=x_0} + \alpha, \quad \lim_{\Delta x \to 0}\alpha = 0,$$

即

$$\frac{\Delta y}{y_0} = \left.\frac{Ey}{Ex}\right|_{x=x_0} \cdot \frac{\Delta x}{x_0} + \alpha \cdot \frac{\Delta x}{x_0},$$

所以，当 $|\Delta x|$ 很小时，有

$$\frac{\Delta y}{y_0} \approx \left.\frac{Ey}{Ex}\right|_{x=x_0} \cdot \frac{\Delta x}{x_0}.$$

上式表示当 x 从 x_0 改变 1% 时，$f(x)$ 从 $f(x_0)$ 近似地改变 $\left.\dfrac{Ey}{Ex}\right|_{x=x_0} \%$. 在实际问题中解释弹性意义时，略去"近似".

例 3 求函数 $y = 2\mathrm{e}^{-3x}$ 的弹性函数 $\dfrac{Ey}{Ex}$ 及 $\left.\dfrac{Ey}{Ex}\right|_{x=2}$.

解 $\dfrac{Ey}{Ex} = \dfrac{x}{y} y' = \dfrac{x}{2\mathrm{e}^{-3x}} (2\mathrm{e}^{-3x})' = \dfrac{x}{2\mathrm{e}^{-3x}} (-6\mathrm{e}^{-3x}) = -3x,$

$\left.\dfrac{Ey}{Ex}\right|_{x=2} = -3x|_{x=2} = -6.$

例 4 求幂函数 $y = x^{\alpha}$（α 为常数）的弹性函数.

解 $\dfrac{Ey}{Ex} = \dfrac{x}{y} y' = \dfrac{x}{x^{\alpha}} (x^{\alpha})' = \dfrac{x}{x^{\alpha}} (\alpha x^{\alpha-1}) = \alpha.$

由此可见，幂函数的弹性函数为常数，所以也称幂函数为不变弹性函数.

2. 需求弹性

定义 2.8 已知某商品的需求函数 $Q = f(P)$，P 表示价格，Q 表示需求量，且 $f(P)$ 在点 P_0 处可导，$\dfrac{\Delta Q/Q_0}{\Delta P/P_0}$ 称为该商品在 P_0 与 $P_0 + \Delta P$ 两点间的需求弹性，$\lim\limits_{\Delta P \to 0} \dfrac{\Delta Q/Q_0}{\Delta P/P_0} = \dfrac{P_0}{f(P_0)} f'(P_0)$ 称为该商品在点 P_0 处的需求弹性（elasticity of demand），记作

$$\eta(P)\mid_{P=P_0}=\eta(P_0)=\frac{P_0}{f(P_0)}f'(P_0).$$

一般而言，需求量 Q 是价格 P 的减少函数，因此 $\eta(P_0)$ 一般为负值，由

$$\frac{\Delta Q}{Q_0}\approx\eta(P_0)\cdot\frac{\Delta P}{P_0},$$

可知需求弹性 $\eta(P_0)$ 的经济意义：当价格 P 从 P_0 上涨（或下跌）1% 时，需求量 Q 从 $Q(P_0)$ 减少（或增加）$\mid\eta(P_0)\mid$%.

例 5　设某商品的需求函数 $Q=\mathrm{e}^{-\frac{P}{5}}$，求 $P=3,P=5,P=6$ 时的需求弹性，并说明其经济意义.

解　$\eta(P)=\dfrac{EQ}{EP}=\dfrac{P}{f(P)}f'(P)=\dfrac{P}{\mathrm{e}^{-\frac{P}{5}}}\left(\mathrm{e}^{-\frac{P}{5}}\right)'=\dfrac{P}{\mathrm{e}^{-\frac{P}{5}}}\left(-\dfrac{1}{5}\mathrm{e}^{-\frac{P}{5}}\right)=-\dfrac{P}{5},$

$$\eta(3)=-\frac{3}{5},\quad\eta(5)=-1,\quad\eta(6)=-\frac{6}{5},$$

说明当 $P=3$ 时，价格 P 从 3 上涨（或下跌）1% 时，需求量 Q 相应减少（或增加）$\dfrac{3}{5}$%；

当 $P=5$ 时，价格 P 从 5 上涨（或下跌）1% 时，需求量 Q 相应减少（或增加）1%；

当 $P=6$ 时，价格 P 从 6 上涨（或下跌）1% 时，需求量 Q 相应减少（或增加）$\dfrac{6}{5}$%.

一般有如下结论：

若 $\mid\eta(P_0)\mid<1$，表示需求变动幅度小于价格变动幅度，此时称低弹性；

若 $\mid\eta(P_0)\mid=1$，表示需求变动幅度与价格变动幅度相同，此时称单位弹性；

若 $\mid\eta(P_0)\mid>1$，表示需求变动幅度大于价格变动幅度，此时称高弹性.

3. 用需求弹性分析总收益的变化

总收益 R 是商品价格 P 与销售量 Q 的乘积，即 $R(P)=PQ(P)$，故

$$R'(P)=Q(P)+PQ'(P)=Q(P)\left[1+\frac{P}{Q(P)}Q'(P)\right]=Q(P)(1+\eta).$$

（1）若 $\mid\eta\mid<1$，即低弹性，此时 $R'(P)>0$，即 $R(P)$ 单调增加. 价格上涨，总收益增加；价格下跌，总收益减少.

（2）若 $\mid\eta\mid>1$，即高弹性，此时 $R'(P)<0$，即 $R(P)$ 单调减少. 价格上涨，总收益减少；价格下跌，总收益增加.

（3）若 $\mid\eta\mid=1$，即单位弹性，此时 $R'(P)=0$. 价格的改变对总收益的影响微乎其微，且此时总收益达到最大.

综上所述，总收益的变化受需求弹性的制约，随商品需求弹性的变化而变化，其变化关系如图 2-4 所示.

例 6　设某商品的需求函数 $Q=100-2P$，讨论其弹性的变化对总收益的影响.

解　在 $Q=100-2P$ 中，当 $Q=0$ 时，$P=50$，50 是需求函数 $Q=100-2P$ 的最高价格.

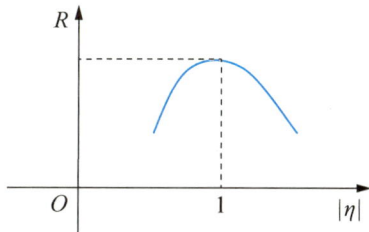

图 2-4

$$\eta = \frac{EQ}{EP} = \frac{P}{Q(P)}Q'(P) = \frac{P}{100-2P}(100-2P)' = \frac{-P}{50-P},$$

$$|\eta| = \left|\frac{EQ}{EP}\right| = \left|-\frac{P}{50-P}\right| = \frac{P}{50-P}.$$

当 $P=25$ 时，$|\eta|=1$，此时为单位弹性，总收益达到最大.

当 $25<P<50$ 时，$|\eta|>1$，此时为高弹性，在此范围内采取提价措施的话，因为需求下降的百分比大于价格增加的百分比，故企业总收入反而会减少.

当 $0<P<25$ 时，$|\eta|<1$，此时为低弹性，在此范围内采取压价措施的话，因为需求增加的百分比小于价格减少的百分比，故企业总收入也会减少.

4. 供给弹性

定义2.9 已知某商品的供给函数 $Q=g(P)$，P 表示价格，Q 表示供应量，且 $g(P)$ 在点 P_0 处可导，$\dfrac{\Delta Q/Q_0}{\Delta P/P_0}$ 称为该商品在 P_0 与 $P_0+\Delta P$ 两点间的供给弹性，$\lim\limits_{\Delta P\to 0}\dfrac{\Delta Q/Q_0}{\Delta P/P_0} = \dfrac{P_0}{g(P_0)}g'(P_0)$ 称为该商品在点 P_0 处的供给弹性（elasticity of supply），记作 $\varepsilon(P)\big|_{P=P_0} = \varepsilon(P_0) = \dfrac{P_0}{g(P_0)}g'(P_0)$.

一般而言，供给量 Q 是价格 P 的增加函数，因此 $\varepsilon(P_0)$ 一般为正值.

例7 设某商品的供给函数 $Q=3e^{2P}$，求供给弹性函数及 $P=1$ 时的供给弹性.

解 $\varepsilon(P) = \dfrac{P}{g(P)}g'(P) = \dfrac{P}{3e^{2P}}(3e^{2P})' = \dfrac{P}{3e^{2P}}6e^{2P} = 2P,$

$$\varepsilon(1) = 2P\big|_{P=1} = 2,$$

说明当价格 P 从 1 上涨（或下跌）1%时，供给量相应地增加（或减少）2%.

习题 2-6

A 级题目

1. 设某商品生产 x 个单位的总成本函数为 $C(x)=1100+\dfrac{x^2}{1200}$.

（1）求生产 900 个单位产品时的总成本和平均单位成本；

（2）求生产 900 个单位产品到 1000 个单位产品时成本的平均变化率；

（3）求生产 900 个单位产品时的边际成本，并解释其经济意义.

2. 设某产品生产 x 个单位的总收益 R 为 x 的函数，$R(x)=200x-0.01x^2$，试求生产 50 个单位产品时的总收益及平均单位收益和边际收益.

3. 求下列函数的弹性（其中 a,b,c 为常数）：

（1）$y=ax^2+bx+c$； 　　　　　　（2）$y=xe^x$；

（3）$y=a^{bx}$； 　　　　　　　　　（4）$y=\ln x$.

4. 设某商品需求量 y 是价格 x 的函数 $y=1000-100x$，求价格 x 为 8 时的需求弹性，并解释其经济意义.

本章小结

2.5　本章小结

导数	理解 导数的概念及其几何意义和经济意义(边际、弹性) 了解 函数的可导性与连续性之间的关系 掌握 基本初等函数的求导公式，导数的四则运算法则，复合函数的求导法则 会求 隐函数的导数，由参数方程所确定的函数的导数 了解 反函数的求导法则 了解 高阶导数的概念、高阶导数的运算法则及求解方法 掌握 初等函数的一阶、二阶导数的求法
微分	理解 微分的概念 了解 微分的四则运算法则和一阶微分形式的不变性

数学通识：边际成本与平均成本的关系

边际是导数在经济学中的一个应用. 给定总成本函数 $C=C(Q)$，其中 Q 为产量，那么 $C'(Q)$ 表示边际成本，$\bar{C}(Q)=\dfrac{C(Q)}{Q}$ 表示平均成本. 边际成本 $C'(Q)$ 表示产量为 Q 个单位时再生产一个单位产品所需的成本，即生产第 $Q+1$ 个单位产品的成本. 平均成本表示平均每单位产品所分摊的成本. 下面我们通过考察产量变化时平均成本的变化率来分析边际成本与平均成本的关系.

我们通过对平均成本函数 $\bar{C}(Q)$ 求导，可求出 $\bar{C}(Q)$ 对 Q 的变化率：

$$\frac{\mathrm{d}}{\mathrm{d}Q}\left[\frac{C(Q)}{Q}\right]=\frac{[C'(Q)\cdot Q-C(Q)\cdot 1]}{Q^2}=\frac{1}{Q}\left[C'(Q)-\frac{C(Q)}{Q}\right], \tag{2-1}$$

因为 $Q>0$，故我们有

$$\frac{\mathrm{d}}{\mathrm{d}Q}\left[\frac{C(Q)}{Q}\right]\geqslant 0(\leqslant 0)\ \text{当且仅当}\ C'(Q)\geqslant\frac{C(Q)}{Q}\ (\leqslant 0).$$

由此得到：当且仅当边际成本曲线 $C'(Q)$ 位于平均成本曲线 $\bar{C}(Q)$ 上方，或者与之相交，或者位于下方时，$\bar{C}(Q)$ 曲线的斜率分别为正、零、负. 我们以成本函数

$$C=Q^3-12Q^2+60Q$$

为例，绘制函数 $C'(Q)$ 和 $\bar{C}(Q)$ 的曲线（见图 2-5），来对边际成本函数和平均成本函数的经济意义进行说明.

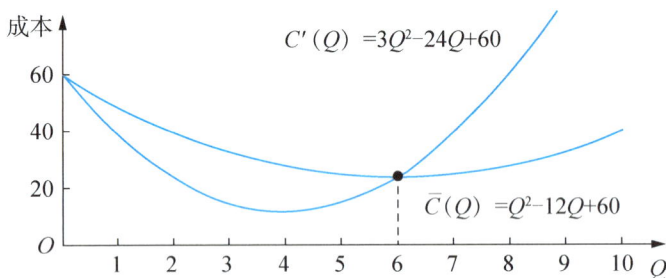

图 2-5

在 $Q=6$ 的左侧，$\bar{C}(Q)$ 是递减的，$C'(Q)$ 位于 $\bar{C}(Q)$ 的下方. 在该点右侧，情况恰好相反. 而在 $Q=6$ 处，$\bar{C}(Q)$ 的斜率为零，$C'(Q)$ 和 $\bar{C}(Q)$ 的值相等. 因此我们得到，平均成本与边际成本相等时，平均成本最低. 这一重要性质表现为边际成本曲线同平均成本曲线相交于平均成本曲线的最低点. 在管理会计中，这一性质是进行成本方案优化的重要方法.

另外，式（2-1）中的定性结论是完全按成本函数来表述的. 但若我们将 $C(Q)$ 看作其他任何可微函数，把 $C'(Q)$ 和 $\dfrac{C(Q)}{Q}$ 看作相应的边际函数和平均函数，上述结论依然是有效的. 所以，这个结果揭示了一般的边际-平均关系.

总复习题二

1. 设 $f(x)$ 在 $x=0$ 处可导，且 $\lim\limits_{x\to 0}\dfrac{f(x)-f(kx)}{x}=L$（其中 k,L 为常数，且 $k\neq 1$），试求 $f'(0)$.

2. 在抛物线 $y=x^2$ 上依次取横坐标为 $x_1=1,x_2=3$ 的两点，过这两点作割线，问：抛物线上哪一点的切线平行于这条割线？

3. 求下列函数的导数（其中 a 为常数）：

（1）$y=\mathrm{e}^{-x}\sin 2x$；

（2）$y=\dfrac{\arccos x}{\sqrt{1-x^2}}$；

（3）$y=\dfrac{x+\sqrt{1+x^2}}{x}$；

（4）$y=\mathrm{e}^{-x^2\cos\frac{1}{x}}$；

（5）$y=x\sqrt{1-x^2}+\arcsin x$；

（6）$y=x\ln(x+\sqrt{x^2+a^2})-\sqrt{x^2+a^2}$；

（7）$y=\arctan\dfrac{a}{x}+\ln\sqrt{\dfrac{x-a}{x+a}}$；

（8）$y=\ln(x+\sqrt{x^2+a^2})-\dfrac{\sqrt{x^2+a^2}}{x}$.

4. 设 f 为可导函数，求下列函数的导数 $\dfrac{\mathrm{d}y}{\mathrm{d}x}$：

（1）$y=f\left(\arcsin\dfrac{1}{x}\right)$；

（2）$y=\mathrm{e}^{-x}\ln f(-x)$.

5. 设 $f(x)$ 是可导的偶函数，且 $f'(0)$ 存在，证明：$f'(0)=0$.

6. 设 f 为可导函数，且 $F(x)=f(x^2-1)+f(1-x^2)$，证明：$F'(1)=F'(-1)$.

7. 求下列由方程确定的隐函数 $y=y(x)$ 的导数：

（1）$xy=\mathrm{e}^{x+y}$；

（2）$y=f(x+y)$.

8. 求过点 $(2,0)$ 的一条直线，使它与曲线 $y=\dfrac{1}{x}$ 相切.

9. 求曲线 $y=(x+1)\sqrt[3]{3-x}$ 在 $A(-1,0),B(2,3),C(3,0)$ 各点处的切线方程.

10. 求椭圆 $3x^2+4y^2=12$ 上点 $A\left(1,\dfrac{3}{2}\right)$ 处的切线方程与法线方程.

11. 设函数 $f(x)=\begin{cases} x^2\sin\dfrac{1}{x}, & x\neq 0 \\ 0, & x=0, \end{cases}$ 判断 $f'(x)$ 在 $x=0$ 处的连续性.

12. 求下列函数的二阶导数（其中 f 二阶可导）：

（1）$y=f(x^2+1)$；

（2）$y=\ln f(x)$.

13. 求下列隐函数 $y=y(x)$ 的二阶导数 $\dfrac{\mathrm{d}^2 y}{\mathrm{d}x^2}$：

（1）$x^2+y^2=1$；

（2）$y=\tan(x+y)$.

14. 设 $\mathrm{e}^y+xy=\mathrm{e}$，求 $y''(0)$.

15. 求下列参数方程所确定的函数 $y=y(x)$ 的二阶导数 $\dfrac{\mathrm{d}^2 y}{\mathrm{d}x^2}$（其中 a,b 为常数）：

$(1)\begin{cases} x = a\cos t, \\ y = b\sin t; \end{cases}$ $\qquad$ $(2)\begin{cases} x = at^2, \\ y = bt^3; \end{cases}$

$(3)\begin{cases} x = 1 - t^3, \\ y = t - t^3; \end{cases}$ $\qquad$ $(4)\begin{cases} x = \mathrm{e}^t\cos t, \\ y = \mathrm{e}^t\sin t. \end{cases}$

16. 若某商品的价格函数为 $P = \dfrac{b}{a+Q} + c$（其中 $Q \geqslant 0$，a, b, c 为常数），P 表示价格，Q 表示需求量，求：

(1) 总收益函数；

(2) 边际收益函数.

17. 设某商品的需求函数为 $Q = \mathrm{e}^{-\frac{P}{4}}$，求需求弹性函数和收益弹性函数，并求 $P = 3$，$P = 4, P = 5$ 时的需求弹性和收益弹性，并解释其经济意义.

18. 设某商品的供给函数为 $Q = 2 + 3P$，求供给弹性函数及 $P = 3$ 时的供给弹性，并解释其经济意义.

第三章
中值定理与导数的应用

本章是高等数学的重要部分, 主要利用导数和微分来研究函数以及曲线的某些性质, 并以此进一步解决经济数学模型等方面的一些实际应用问题. 为此, 我们首先介绍微分学的几个基本定理, 然后利用导数来研究函数以及曲线的某些性态, 它们反映了导数更深刻的性质, 也是导数应用的理论基础.

第一节　微分中值定理

本节主要介绍微分学的几个中值定理, 它们将可导函数在两点的函数值与这两点之间某一点的导数值联系在一起, 揭示了函数的整体性质与局部性质之间的联系.

一、罗尔定理

定理 3.1(罗尔(Rolle)定理)　若函数 $f(x)$ 满足下列条件:

(1) 在闭区间 $[a,b]$ 上连续;

(2) 在开区间 (a,b) 内可导;

(3) $f(a)=f(b)$;

则在 (a,b) 内至少存在一点 ξ, 使得

$$f'(\xi)=0,\ \xi\in(a,b).$$

证明　因为函数 $f(x)$ 在闭区间 $[a,b]$ 上连续, 根据闭区间上连续函数的最值定理, 则 $f(x)$ 在 $[a,b]$ 上必取得最大值 M 和最小值 m.

(1) 当 $M=m$ 时, $f(x)$ 在 $[a,b]$ 上是常数函数, 即 $f(x)=M$, 从而在 (a,b) 内恒有 $f'(x)=0$, 所以 (a,b) 内每一点都可取作点 ξ, 使得 $f'(\xi)=0$.

(2) 当 $M>m$ 时, 因为 $f(a)=f(b)$, 所以 M 与 m 中至少有一个不等于端点的函数值. 不妨设 $M\neq f(a)$(如果设 $m\neq f(a)$, 证法完全类似), 则在 (a,b) 内至少存在一点 ξ, 使得 $f(\xi)=M$, 下面证明 $f'(\xi)=0$.

由于 $f(\xi)=M$ 是 $f(x)$ 在 $[a,b]$ 上的最大值, 因此不论 Δx 为正或负, 只要 $\xi+\Delta x\in[a,b]$, 恒有

$$f(\xi+\Delta x)-f(\xi)\leqslant 0.$$

当 $\Delta x>0$ 时，有

$$\frac{f(\xi+\Delta x)-f(\xi)}{\Delta x}\leqslant 0,$$

从而，根据函数极限的保号性推论，有

$$f'_+(\xi)=\lim_{\Delta x\to 0^+}\frac{f(\xi+\Delta x)-f(\xi)}{\Delta x}\leqslant 0.$$

同理，当 $\Delta x<0$ 时，有

$$\frac{f(\xi+\Delta x)-f(\xi)}{\Delta x}\geqslant 0,$$

从而，根据函数极限的保号性推论，有

$$f'_-(\xi)=\lim_{\Delta x\to 0^-}\frac{f(\xi+\Delta x)-f(\xi)}{\Delta x}\geqslant 0.$$

由于 ξ 是开区间 (a,b) 内的点，根据假设可知 $f'(\xi)$ 存在，即 $f'_+(\xi)=f'_-(\xi)=f'(\xi)$，因此必定有

$$f'(\xi)=0.$$

罗尔定理的几何意义：如果 $\overset{\frown}{AB}$ 是一条连续的光滑曲线弧，且两个端点的纵坐标相等，那么在曲线弧 $\overset{\frown}{AB}$ 上至少存在一点 $C(\xi,f(\xi))$，在该点处曲线的切线平行于 x 轴，如图 3-1 所示.

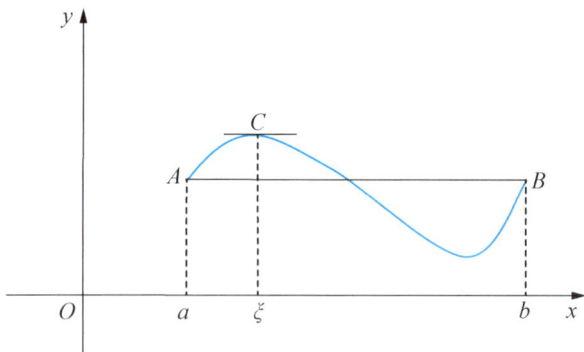

图 3-1

> 注 定理的三个条件是结论的充分条件，即如果缺少某一条件，结论就可能不成立. 例如：
>
> （1）$f(x)=|x|$，$x\in[-2,2]$，在 $[-2,2]$ 上除 $f'(0)$ 不存在外，满足罗尔定理的其他条件，但在 $(-2,2)$ 内找不到一点能使 $f'(x)=0$.
>
> （2）$f(x)=1-x$，$x\in(0,1]$，$f(0)=0$ 在 $[0,1]$ 上除 $x=0$ 处不连续外，满足罗尔定理的其他条件，但在 $(0,1)$ 内 $f'(x)=-1$，因此在 $(0,1)$ 内找不到一点能使 $f'(x)=0$.
>
> （3）$f(x)=x$，$x\in[0,1]$，在 $[0,1]$ 上除 $f(0)\neq f(1)$ 外，满足罗尔定理的其他条件，但在 $(0,1)$ 内 $f'(x)=1$，因此在 $(0,1)$ 内找不到一点能使 $f'(x)=0$.

罗尔定理常被用来判别函数 $f'(x)$ 的零点.

例 1 验证函数 $f(x)=2x^2-x-3$ 在 $[-1,1.5]$ 上满足罗尔定理，并求定理中 ξ 的值.

解　$f(x)=2x^2-x-3=(2x-3)(x+1)$ 是多项式函数，在其定义域内连续，因此 $f(x)$ 在 $[-1,1.5]$ 上连续.

$f'(x)=4x-1$，在 $(-1,1.5)$ 内有意义，即 $f(x)$ 在 $(-1,1.5)$ 内可导，又 $f(-1)=f(1.5)=0$，故 $f(x)$ 满足罗尔定理的条件：$f(x)=2x^2-x-3$ 在 $[-1,1.5]$ 上连续，$f'(x)=4x-1$ 在 $(-1,1.5)$ 内有意义，即 $f(x)$ 在 $(-1,1.5)$ 内可导，且 $f(-1)=f(1.5)=0$.

由 $f'(x)=0$ 解得 $x=0.25$，即存在 $\xi=0.25\in(-1,1.5)$，使得 $f'(\xi)=0$.

例 2　不求导数，判别函数 $f(x)=x(2x-1)(x-2)$ 的导数方程（即 $f'(x)=0$）有几个实根，以及实根所在的范围.

解　由于 $f(x)$ 为多项式函数，故 $f(x)$ 分别在 $\left[0,\dfrac{1}{2}\right]$，$\left[\dfrac{1}{2},2\right]$ 上连续，在 $\left(0,\dfrac{1}{2}\right)$，$\left(\dfrac{1}{2},2\right)$ 内可导，且 $f(0)=f\left(\dfrac{1}{2}\right)=f(2)=0$，即 $f(x)$ 分别在 $\left[0,\dfrac{1}{2}\right]$，$\left[\dfrac{1}{2},2\right]$ 上满足罗尔定理的条件.

由罗尔定理，在 $\left(0,\dfrac{1}{2}\right)$ 内至少存在一点 ξ_1，使得 $f'(\xi_1)=0$，即 ξ_1 为 $f'(x)=0$ 的一个实根，$\xi_1\in\left(0,\dfrac{1}{2}\right)$.

在 $\left(\dfrac{1}{2},2\right)$ 内至少存在一点 ξ_2，使得 $f'(\xi_2)=0$，即 ξ_2 为 $f'(x)=0$ 的一个实根，$\xi_2\in\left(\dfrac{1}{2},2\right)$.

又 $f'(x)=0$ 为二次方程，至多有两个实根，故 $f'(x)=0$ 有两个实根，它们分别在 $\left(0,\dfrac{1}{2}\right)$ 及 $\left(\dfrac{1}{2},2\right)$ 内.

二、拉格朗日中值定理

罗尔定理中的第三个条件 $f(a)=f(b)$ 是非常特殊的，它使罗尔定理的应用受到限制. 如图 3-2 所示，$f(a)\neq f(b)$，曲线 $y=f(x)$ 上没有一点的切线平行于 x 轴. 但是，不难看出，曲线上至少有一点（如点 C 或 D）处的切线平行于弦 AB. 由于弦 AB 的斜率是 $\dfrac{f(b)-f(a)}{b-a}$，该曲线在点 C 或 D 处的斜率为 $f'(\xi)$，故有

$$f'(\xi)=\frac{f(b)-f(a)}{b-a},\quad \xi\in(a,b).$$

3.1　拉格朗日中值定理的几何解释

由此，我们有下面的重要定理.

定理 3.2（拉格朗日（Lagrange）中值定理）　若函数 $f(x)$ 满足下列条件：

(1) 在闭区间 $[a,b]$ 上连续；

(2) 在开区间 (a,b) 内可导，

则在 (a,b) 内至少存在一点 ξ，使得

$$f'(\xi)=\frac{f(b)-f(a)}{b-a},\ \xi\in(a,b),$$

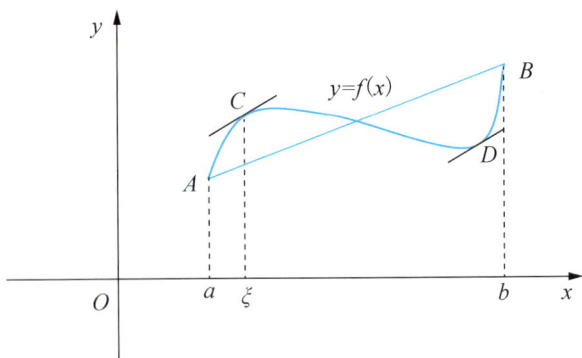

图 3-2

或

$$f(b)-f(a)=f'(\xi)(b-a) , \quad \xi \in (a,b).$$

分析 利用罗尔定理证明. 将该定理结论中的等式凑成某个函数的导数在点 ξ 的值. 易见

$$f'(\xi)-\frac{f(b)-f(a)}{b-a}=\left[f(x)-\frac{f(b)-f(a)}{b-a}x\right]'\bigg|_{x=\xi}.$$

证明 引进辅助函数

$$F(x)=f(x)-\left[f(a)+\frac{f(b)-f(a)}{b-a}(x-a)\right],$$

容易验证 $F(x)$ 在 $[a,b]$ 上满足罗尔定理的条件，且 $F'(x)=f'(x)-\dfrac{f(b)-f(a)}{b-a}$.

由罗尔定理，可知 (a,b) 内至少存在一点 ξ，使 $F'(\xi)=0$，即

$$f'(\xi)=\frac{f(b)-f(a)}{b-a}, \quad \xi \in (a,b),$$

或

$$f(b)-f(a)=f'(\xi)(b-a), \quad \xi \in (a,b).$$

显然上述定理结论对于 $b<a$ 也成立. 上式也叫<u>拉格朗日中值公式</u>.

关于拉格朗日中值定理的几点说明.

（1）显然，若 $f(a)=f(b)$，则有 $f'(\xi)=0$. 因此，罗尔定理是拉格朗日中值定理的特例.

（2）拉格朗日中值定理的几何意义：在曲线 $y=f(x)$ 的某个点上有平行于弦 AB 的切线（见图 3-2）.

（3）拉格朗日中值定理的运动学意义：设 f 是质点的运动规律，质点在时间区间 $[a,b]$ 上走过的路程是 $f(b)-f(a)$，那么 $\dfrac{f(b)-f(a)}{b-a}$ 代表质点在 (a,b) 上的平均速度. 定理 3.2 表明，在 (a,b) 中存在这样的时刻 ξ，质点在 ξ 处的瞬时速度 $f'(\xi)$ 恰好就是它在 $[a,b]$ 上的平均速度.

（4）拉格朗日中值定理的等式称为拉格朗日中值公式，它还有几种常用的等价形式：

$$f(b)-f(a)=f'(\xi)(b-a), \quad \xi \in (a,b);$$

$$f(b)-f(a)=f'(\xi)\left[a+\theta(b-a)\right](b-a), \quad \theta\in(0,1);$$
$$f(a+h)-f(a)=f'(a+\theta h)h, \quad \theta\in(0,1).$$

（5）此定理的证明提供了一个用构造函数法证明数学命题的精彩典范，同时通过巧妙的数学变换，将一般化为特殊，将复杂问题化为简单问题的论证思想，也是高等数学的重要而常用的数学思维的体现.

由拉格朗日中值定理可以得到在微分学中非常有用的两个推论.

推论 3.1 如果函数 $f(x)$ 在区间 (a,b) 内任意一点的导数 $f'(x)$ 都等于零，那么函数 $f(x)$ 在 (a,b) 内是一个常数.

证明 设 x_1,x_2 是区间 (a,b) 内的任意两点，且 $x_1<x_2$，则函数 $f(x)$ 在 $[x_1,x_2]$ 上满足拉格朗日中值定理条件，有

$$f(x_2)-f(x_1)=f'(\xi)(x_2-x_1), \quad \xi\in(x_1,x_2),$$

由假设知 $f'(\xi)=0$，所以 $f(x_1)=f(x_2)$.

由于 x_1,x_2 是 (a,b) 内的任意两点，所以上面等式表明：函数 $f(x)$ 在 (a,b) 内的函数值总是相等的，即函数 $f(x)$ 在 (a,b) 内是一个常数.

由此可知，函数 $f(x)$ 在 (a,b) 内是一个常数的充要条件是在 (a,b) 内 $f'(x)=0$.

推论 3.2 如果函数 $f(x)$ 与 $g(x)$ 在区间 (a,b) 内每一点的导数 $f'(x)$ 与 $g'(x)$ 都相等，则这两个函数在区间 (a,b) 内至多相差一个常数. 即

$$f(x)=g(x)+C, \quad x\in(a,b),$$

这里 C 是一个确定的常数.

读者可根据推论 3.1 证明之.

例 3 验证函数 $f(x)=x^3$ 在 $[-1,0]$ 上满足拉格朗日中值定理的条件，并求定理中 ξ 的值.

解 显然 $f(x)$ 在 $[-1,0]$ 上连续，$f'(x)=3x^2$ 在 $(-1,0)$ 内有意义，即 $f(x)$ 在 $(-1,0)$ 内可导，故 $f(x)$ 在 $[-1,0]$ 上满足拉格朗日中值定理的条件，根据定理，得

$$f(0)-f(-1)=f'(\xi)\left[0-(-1)\right]=3\xi^2,$$

所以 $\xi^2=\dfrac{1}{3}$，即 $\xi=-\dfrac{\sqrt{3}}{3}\in(-1,0)$.

例 4 设 $a>b>0$，$n>1$，证明：$nb^{n-1}(a-b)<a^n-b^n<na^{n-1}(a-b)$.

证明 设 $f(x)=x^n$，显然 $f(x)$ 在区间 $[b,a]$ 上连续，在 (b,a) 内可导，$f(x)$ 在区间 $[b,a]$ 上满足拉格朗日中值定理的条件，根据定理，得

$$f(a)-f(b)=f'(\xi)(a-b), \quad \xi\in(b,a).$$

由于 $f'(x)=nx^{n-1}$，因此上式即为

$$a^n-b^n=n\xi^{n-1}(a-b),$$

又由 $b<\xi<a$，有

$$nb^{n-1}(a-b)<a^n-b^n<na^{n-1}(a-b).$$

三、柯西中值定理

作为拉格朗日中值定理的推广，有如下的定理.

定理 3.3（柯西（Cauchy）中值定理） 若函数 $f(x),g(x)$ 满足下列条件：

（1）在闭区间 $[a,b]$ 上连续；

（2）在开区间 (a,b) 内可导，且 $g'(x)\neq 0$，

则在 (a,b) 内至少存在一点 ξ，使得

$$\frac{f(b)-f(a)}{g(b)-g(a)}=\frac{f'(\xi)}{g'(\xi)},\ \xi\in(a,b).$$

分析 与拉格朗日中值定理的证明方法类似，即将该定理结论中的等式凑成某个函数的导数在点 ξ 处的值.

证明 首先由题设可得 $g(b)-g(a)\neq 0$.

事实上，由于 $g(x)$ 在 $[a,b]$ 上满足拉格朗日中值定理的条件，且 $g'(x)\neq 0$，所以

$$g(b)-g(a)=g'(\xi)(b-a)\neq 0,\ \xi\in(a,b).$$

其次考虑辅助函数

$$F(x)=\frac{f(b)-f(a)}{g(b)-g(a)}g(x)-f(x),$$

容易验证 $F(x)$ 在 $[a,b]$ 上满足罗尔定理的条件：$F(x)$ 在 $[a,b]$ 上连续，$F(x)$ 在 (a,b) 内可导，且 $F(a)=F(b)$，又

$$F'(x)=\frac{f(b)-f(a)}{g(b)-g(a)}g'(x)-f'(x).$$

根据罗尔定理，(a,b) 内至少存在一点 ξ，使 $F'(\xi)=0$，即

$$F'(\xi)=\frac{f(b)-f(a)}{g(b)-g(a)}g'(\xi)-f'(\xi)=0,$$

由此得

$$\frac{f(b)-f(a)}{g(b)-g(a)}=\frac{f'(\xi)}{g'(\xi)},\ \xi\in(a,b).$$

说明：若取 $g(x)=x$，则 $g(b)-g(a)=b-a$，$g'(\xi)=1$，柯西中值定理就变成了拉格朗日中值定理，可见拉格朗日中值定理是柯西中值定理的特例.

本节中的罗尔定理、拉格朗日中值定理、柯西中值定理，前一个都是后一个的特例，它们统称为"微分学的中值定理". 它们有一些共同的特征：对函数的要求是，在闭区间 $[a,b]$ 上连续，在开区间 (a,b) 上可导；在结论中都断言在开区间 (a,b) 上某一点 ξ 存在. 这种 ξ 至少有一个，但是可能不止一个. 定理只是说明这种点的"存在性"，除了对一些比较简单的函数，无法指明这种点的确切位置.

习题 3-1

A 级题目

1. 下列函数在给定区间上是否满足罗尔定理的条件？如果满足，求出定理中的 ξ 值：

（1）$y=x^2-x-5$，$x\in[-2,3]$；   （2）$y=\dfrac{1}{1+x^2}$，$x\in[-2,2]$；

（3）$y=x\sqrt{3-x}$，$x\in[0,3]$.

2. 不求导数，判断函数 $f(x)=(x-1)(x-2)(x-3)$ 的导数方程 $f'(x)=0$ 有几个实根，并指出实根所在的区间.

3. 设方程 $a_0x^n+a_1x^{n-1}+\cdots+a_{n-1}x=0$ 有一个正根 x_0. 证明方程
$$na_0x^{n-1}+(n-1)a_1x^{n-2}+\cdots+a_{n-1}=0$$
有一个小于 x_0 的正根.

4. 下列函数在给定区间上是否满足拉格朗日中值定理的条件？如果满足，求出定理中的 ξ 值：

(1) $y=x^3$, $x\in[0,2]$；

(2) $y=\ln x$, $x\in[1,e]$；

(3) $y=\sqrt{x}$, $x\in[1,4]$；

(4) $y=x^3-5x^2+x-2$, $x\in[-1,0]$.

5. 证明不等式：

(1) $|\sin x-\sin y|\leqslant|x-y|$；

(2) $\dfrac{b-a}{b}<\ln\dfrac{b}{a}<\dfrac{b-a}{a}$, $0<a<b$；

(3) $\dfrac{b-a}{1+b^2}<\arctan b-\arctan a<\dfrac{b-a}{1+a^2}$, $0<a<b$.

6. 证明：若函数 $f(x)$ 的导数为常数，则 $f(x)$ 为 x 的线性函数.

7. 设 $f(x)$ 在 $[a,b]$ 上连续，在 (a,b) 内可导. 证明：在 (a,b) 内至少存在一点 ξ，使
$$f(\xi)+\xi f'(\xi)=\dfrac{bf(b)-af(a)}{b-a}.$$

8. 证明下列等式：

(1) $\arcsin x+\arcsin\sqrt{1-x^2}=\dfrac{\pi}{2}$, $x\in[0,1]$；

(2) $\arctan x+\text{arccot}x=\dfrac{\pi}{2}$, $x\in(-\infty,+\infty)$.

9. 函数 $f(x)=x^3$ 与 $g(x)=x^2+1$ 在区间 $[1,2]$ 上是否满足柯西中值定理的条件？若满足，求出定理中的 ξ 值.

B 级题目

1. 设 $f(x)$ 在 $[0,1]$ 上可导，且 $f(0)=f(1)=0$, $f\left(\dfrac{1}{2}\right)=2$, 证明：至少存在一点 $\xi\in(0,1)$, 使得 $f'(\xi)=1$.

2. 设函数 $f(x)$ 在 $[0,3]$ 上具有二阶导数，且 $f(3)=-3$, 且 $\lim\limits_{x\to0^+}\dfrac{f(x)}{x}=2$,

证明：(1) 方程 $f(x)=0$ 在区间 $(0,3)$ 内至少存在一个实根；

(2) 方程 $f(x)f''(x)+[f'(x)]^2=0$ 在区间 $(0,3)$ 内至少存在两个不同的实根.

3. 设函数 $f(x)$ 在 $[a,b]$ 上连续，在 (a,b) 上可导，且 $f(a)=0,f(b)=1$, 证明：存在不同的 ξ, $\eta\in(a,b)$, 使得 $\dfrac{1}{f'(\xi)}+\dfrac{1}{f'(\eta)}=2(b-a)$.

4. 计算极限 $\lim\limits_{n\to\infty}n^2[\arctan(n+1)-\arctan n]$.

第二节 洛必达法则

我们曾经在无穷小量的比较中讨论过两个无穷小量的商的极限问题，它们有的存

在，有的不存在，如极限 $\lim\limits_{x\to0}\dfrac{x}{\sin x}$ 存在且等于 1，而极限 $\lim\limits_{x\to0}\dfrac{\sin x}{x^2}$ 不存在，我们把这类极限称为 "$\dfrac{0}{0}$" 型未定式极限. 类似地，两个无穷大的商的极限也是有的存在，有的不存在，我们把这类极限称为 "$\dfrac{\infty}{\infty}$" 型未定式极限. 这类未定式极限不能用函数商的极限运算法则来计算. 这一节我们将根据柯西中值定理来推出求这类未定式极限的一种简便且重要的方法——洛必达（L'Hospital）法则.

一、基本未定式

$\dfrac{0}{0}$ 型或 $\dfrac{\infty}{\infty}$ 型称为基本未定式，针对这两种基本未定式，我们分别给出如下两个洛必达法则.

定理 3.4 设函数 $f(x),g(x)$ 满足下列条件：

（1）$\lim\limits_{x\to x_0}f(x)=\lim\limits_{x\to x_0}g(x)=0$；

（2）在点 x_0 的某个邻域内（点 x_0 可除外），$f'(x)$ 与 $g'(x)$ 都存在，且 $g'(x)\neq0$；

（3）$\lim\limits_{x\to x_0}\dfrac{f'(x)}{g'(x)}=A$（或 ∞），

则有 $\lim\limits_{x\to x_0}\dfrac{f(x)}{g(x)}=\lim\limits_{x\to x_0}\dfrac{f'(x)}{g'(x)}=A$（或 ∞）.

证明 由于我们要讨论的是函数 $\dfrac{f(x)}{g(x)}$ 在点 x_0 的极限，与 $f(x_0),g(x_0)$ 无关，所以假设 $f(x_0)=g(x_0)=0$，由定理条件（1）（2）知，$f(x),g(x)$ 在点 x_0 的某一邻域内就连续了. 设点 x 是这个邻域内的一点，则在以 x_0,x 为端点的区间上，满足柯西中值定理的条件，由柯西中值定理有

$$\frac{f(x)}{g(x)}=\frac{f(x)-f(x_0)}{g(x)-g(x_0)}=\frac{f'(\xi)}{g'(\xi)},\ \xi\ \text{在}\ x_0,x\ \text{之间}，$$

由于当 $x\to x_0$ 时，$\xi\to x_0$，所以对上式两边求 $x\to x_0$ 的极限，便得定理的结论.

将分子、分母分别求导再求极限的方法称为洛必达法则.

若 $\lim\limits_{x\to x_0}\dfrac{f'(x)}{g'(x)}$ 仍为 $\dfrac{0}{0}$ 型未定式，且函数 $f'(x),g'(x)$ 仍满足定理中 $f(x),g(x)$ 的条件，则可以继续使用洛必达法则，即有

$$\lim_{x\to x_0}\frac{f(x)}{g(x)}=\lim_{x\to x_0}\frac{f'(x)}{g'(x)}=\lim_{x\to x_0}\frac{f''(x)}{g''(x)},$$

依次类推，直到得出确定式（即不是未定式）则求出极限.

若无法判定 $\dfrac{f'(x)}{g'(x)}$ 的极限状态，或能判定它振荡而无极限，则洛必达法则失效. 此时，需用别的方法来求 $\lim\limits_{x\to x_0}\dfrac{f(x)}{g(x)}$.

例1 求下列极限：

$(1) \lim\limits_{x \to 1} \dfrac{x^m - 1}{x^n - 1}$；

$(2) \lim\limits_{x \to 0} \dfrac{2^x - 3^x}{x}$；

$(3) \lim\limits_{x \to 1} \dfrac{x^3 - 5x + 4}{2x^3 - x^2 - 3x + 2}$；

$(4) \lim\limits_{x \to 2} \dfrac{\sqrt{5 + 2x} - 3}{\sqrt{2 + x} - 2}$；

$(5) \lim\limits_{x \to 0} \dfrac{e^x - e^{-x}}{\sin x}$；

$(6) \lim\limits_{x \to 0} \dfrac{\ln(1 + x)}{x^2}$；

$(7) \lim\limits_{x \to 0} \dfrac{x - \sin x}{x^3}$；

$(8) \lim\limits_{x \to 0} \dfrac{e^x - e^{-x} - 2x}{x - \sin x}$.

解 $(1) \lim\limits_{x \to 1} \dfrac{x^m - 1}{x^n - 1} \stackrel{\text{“}\frac{0}{0}\text{”}}{=\!=\!=} \lim\limits_{x \to 1} \dfrac{mx^{m-1}}{nx^{n-1}} = \dfrac{m \lim\limits_{x \to 1} x^{m-1}}{n \lim\limits_{x \to 1} x^{n-1}} = \dfrac{m}{n}$.

$(2) \lim\limits_{x \to 0} \dfrac{2^x - 3^x}{x} \stackrel{\text{“}\frac{0}{0}\text{”}}{=\!=\!=} \lim\limits_{x \to 0} \dfrac{2^x \ln 2 - 3^x \ln 3}{1} = \ln 2 - \ln 3$.

$(3) \lim\limits_{x \to 1} \dfrac{x^3 - 5x + 4}{2x^3 - x^2 - 3x + 2} \stackrel{\text{“}\frac{0}{0}\text{”}}{=\!=\!=} \lim\limits_{x \to 1} \dfrac{3x^2 - 5}{6x^2 - 2x - 3} = -2$.

$(4) \lim\limits_{x \to 2} \dfrac{\sqrt{5 + 2x} - 3}{\sqrt{2 + x} - 2} \stackrel{\text{“}\frac{0}{0}\text{”}}{=\!=\!=} \lim\limits_{x \to 2} \dfrac{\dfrac{2}{2\sqrt{5 + 2x}}}{\dfrac{1}{2\sqrt{2 + x}}} = \dfrac{4}{3}$.

$(5) \lim\limits_{x \to 0} \dfrac{e^x - e^{-x}}{\sin x} \stackrel{\text{“}\frac{0}{0}\text{”}}{=\!=\!=} \lim\limits_{x \to 0} \dfrac{e^x + e^{-x}}{\cos x} = 2$.

$(6) \lim\limits_{x \to 0} \dfrac{\ln(1 + x)}{x^2} \stackrel{\text{“}\frac{0}{0}\text{”}}{=\!=\!=} \lim\limits_{x \to 0} \dfrac{\dfrac{1}{1 + x}}{2x} = \infty$.

$(7) \lim\limits_{x \to 0} \dfrac{x - \sin x}{x^3} \stackrel{\text{“}\frac{0}{0}\text{”}}{=\!=\!=} \lim\limits_{x \to 0} \dfrac{1 - \cos x}{3x^2} \stackrel{\text{“}\frac{0}{0}\text{”}}{=\!=\!=} \lim\limits_{x \to 0} \dfrac{\sin x}{6x} = \dfrac{1}{6}$.

$(8) \lim\limits_{x \to 0} \dfrac{e^x - e^{-x} - 2x}{x - \sin x} \stackrel{\text{“}\frac{0}{0}\text{”}}{=\!=\!=} \lim\limits_{x \to 0} \dfrac{e^x + e^{-x} - 2}{1 - \cos x} \stackrel{\text{“}\frac{0}{0}\text{”}}{=\!=\!=} \lim\limits_{x \to 0} \dfrac{e^x - e^{-x}}{\sin x} \stackrel{\text{“}\frac{0}{0}\text{”}}{=\!=\!=} \lim\limits_{x \to 0} \dfrac{e^x + e^{-x}}{\cos x} = 2$.

对于 $\dfrac{\infty}{\infty}$ 型未定式的极限有如下定理：

定理3.5 设函数 $f(x), g(x)$ 满足下列条件：

$(1) \lim\limits_{x \to x_0} f(x) = \lim\limits_{x \to x_0} g(x) = \infty$；

(2) 在点 x_0 的某个邻域内（点 x_0 可除外），$f'(x)$ 与 $g'(x)$ 都存在，且 $g'(x) \neq 0$；

$(3) \lim\limits_{x \to x_0} \dfrac{f'(x)}{g'(x)} = A$（或 ∞），

则有 $\lim\limits_{x \to x_0} \dfrac{f(x)}{g(x)} = \lim\limits_{x \to x_0} \dfrac{f'(x)}{g'(x)} = A$（或 ∞）.

例 2 求下列极限：

(1) $\lim\limits_{x\to 0^+}\dfrac{\ln x}{\cot x}$;

(2) $\lim\limits_{x\to\frac{\pi}{2}}\dfrac{\tan x-6}{\sec x+5}$;

(3) $\lim\limits_{x\to 0^+}\dfrac{\ln\tan 5x}{\ln\tan 3x}$;

(4) $\lim\limits_{x\to +\infty}\dfrac{xe^x}{x+e^x}$.

解 (1) $\lim\limits_{x\to 0^+}\dfrac{\ln x}{\cot x}\overset{\text{“}\frac{\infty}{\infty}\text{”}}{=\!=\!=}\lim\limits_{x\to 0^+}\dfrac{\dfrac{1}{x}}{-\csc^2 x}=-\lim\limits_{x\to 0^+}\dfrac{\sin^2 x}{x}=0$;

(2) $\lim\limits_{x\to\frac{\pi}{2}}\dfrac{\tan x-6}{\sec x+5}\overset{\text{“}\frac{\infty}{\infty}\text{”}}{=\!=\!=}\lim\limits_{x\to\frac{\pi}{2}}\dfrac{\sec^2 x}{\sec x\tan x}=\lim\limits_{x\to\frac{\pi}{2}}\dfrac{1}{\sin x}=1$;

(3) $\lim\limits_{x\to 0^+}\dfrac{\ln\tan 5x}{\ln\tan 3x}\overset{\text{“}\frac{\infty}{\infty}\text{”}}{=\!=\!=}\lim\limits_{x\to 0^+}\dfrac{\dfrac{5\sec^2 5x}{\tan 5x}}{\dfrac{3\sec^2 3x}{\tan 3x}}=\dfrac{5}{3}\lim\limits_{x\to 0^+}\dfrac{\tan 3x}{\tan 5x}\cdot\lim\limits_{x\to 0^+}\dfrac{\cos^2 3x}{\cos^2 5x}=1$;

(4) $\lim\limits_{x\to +\infty}\dfrac{xe^x}{x+e^x}\overset{\text{“}\frac{\infty}{\infty}\text{”}}{=\!=\!=}\lim\limits_{x\to +\infty}\dfrac{e^x+xe^x}{1+e^x}\overset{\text{“}\frac{\infty}{\infty}\text{”}}{=\!=\!=}\lim\limits_{x\to +\infty}\dfrac{e^x+e^x+xe^x}{e^x}=\lim\limits_{x\to +\infty}(2+x)=\infty$.

定理 3.4 与定理 3.5 中 $x\to x_0$ 改为 $x\to\infty$ 时，洛必达法则同样有效，即有

$$\lim_{x\to\infty}\frac{f(x)}{g(x)}=\lim_{x\to\infty}\frac{f'(x)}{g'(x)}.$$

例 3 求下列极限：

(1) $\lim\limits_{x\to +\infty}\dfrac{\ln x}{x^n}$ $(n\in\mathbf{N}_+)$;

(2) $\lim\limits_{x\to +\infty}\dfrac{x^n}{e^{\lambda x}}$ $(n\in\mathbf{N}_+,\ \lambda>0)$.

解 (1) $\lim\limits_{x\to +\infty}\dfrac{\ln x}{x^n}\overset{\text{“}\frac{\infty}{\infty}\text{”}}{=\!=\!=}\lim\limits_{x\to +\infty}\dfrac{\dfrac{1}{x}}{nx^{n-1}}=\lim\limits_{x\to +\infty}\dfrac{1}{nx^n}=0$;

(2) $\lim\limits_{x\to +\infty}\dfrac{x^n}{e^{\lambda x}}\overset{\text{“}\frac{\infty}{\infty}\text{”}}{=\!=\!=}\lim\limits_{x\to +\infty}\dfrac{nx^{n-1}}{\lambda e^{\lambda x}}\overset{\text{“}\frac{\infty}{\infty}\text{”}}{=\!=\!=}\lim\limits_{x\to +\infty}\dfrac{n(n-1)x^{n-2}}{\lambda^2 e^{\lambda x}}\overset{\text{“}\frac{\infty}{\infty}\text{”}}{=\!=\!=}\cdots\overset{\text{“}\frac{\infty}{\infty}\text{”}}{=\!=\!=}\lim\limits_{x\to +\infty}\dfrac{n!}{\lambda^n e^{\lambda x}}=0$.

例 3 中 n 不是正整数而是任意正数时，极限仍然为零.

例 3 说明：当 $x\to +\infty$ 时，幂函数比对数函数增大得快，而指数函数比幂函数又增大得快.

通过上面例子我们看到，洛必达法则是求 $\dfrac{0}{0}$ 型或 $\dfrac{\infty}{\infty}$ 型未定式极限的一种重要且简便有效的方法，使用洛必达法则时应该注意：

(1) 检验定理中的条件，还需及时地整理化简，如仍属未定式，则可以继续使用.

(2) 使用时应结合运用其他求极限的方法，如等价无穷小量替换，作恒等变形或适当的变量代换等，结合使用能使运算简捷.

(3) 洛必达法则的条件是充分的，并非必要. 如果所求极限不满足其条件，则应考虑用其他方法求极限.

例4　求 $\lim\limits_{x\to 0}\dfrac{\sin x-x}{x\tan x^2}$.

解　$\lim\limits_{x\to 0}\dfrac{\sin x-x}{x\tan x^2}=\lim\limits_{x\to 0}\dfrac{\sin x-x}{x^3}\xlongequal{\text{“}\frac{0}{0}\text{”}}\lim\limits_{x\to 0}\dfrac{\cos x-1}{3x^2}\xlongequal{\text{“}\frac{0}{0}\text{”}}\lim\limits_{x\to 0}\dfrac{-\sin x}{6x}=-\dfrac{1}{6}$.

例5　$\lim\limits_{x\to 0}\dfrac{x^2\sin\dfrac{1}{x}}{\sin x}$.

解　这个问题属于"$\dfrac{0}{0}$"型未定式,但分子、分母分别求导数后的极限为振荡型的,即

$$\dfrac{\left(x^2\sin\dfrac{1}{x}\right)'}{(\sin x)'}=\dfrac{2x\sin\dfrac{1}{x}-\cos\dfrac{1}{x}}{\cos x},$$

其极限为振荡不存在,故洛必达法则失效,需用其他方法求此极限. 事实上,有

$$\lim\limits_{x\to 0}\dfrac{x^2\sin\dfrac{1}{x}}{\sin x}=\lim\limits_{x\to 0}\left(\dfrac{x}{\sin x}\cdot x\sin\dfrac{1}{x}\right)=1\times 0=0.$$

二、其他未定式

未定式还有 $0\cdot\infty$, $\infty-\infty$, 1^{∞}, 0^0, ∞^0 型等,它们经过适当的变形,可变为基本未定式 $\dfrac{0}{0}$ 型或 $\dfrac{\infty}{\infty}$ 型,然后用洛必达法则来计算.

对于 1^{∞}, 0^0, ∞^0 型,由于它们都是 $\lim\limits_{x\to x_0}f(x)^{g(x)}$,又 $f(x)^{g(x)}=\mathrm{e}^{g(x)\ln f(x)}$,故

$$\lim\limits_{x\to x_0}f(x)^{g(x)}=\mathrm{e}^{\lim\limits_{x\to x_0}[g(x)\ln f(x)]},$$

而 $\lim\limits_{x\to x_0}[g(x)\ln f(x)]$ 属于 $0\cdot\infty$ 型.

例6　求下列极限:

(1) $\lim\limits_{x\to+\infty}x\left(\dfrac{\pi}{2}-\arctan x\right)$;　　　　(2) $\lim\limits_{x\to 1}\left(\dfrac{x}{x-1}-\dfrac{1}{\ln x}\right)$;

(3) $\lim\limits_{x\to 0}(\cos x)^{\frac{1}{x^2}}$;　　　　(4) $\lim\limits_{x\to 0^+}(\sin x)^x$;

(5) $\lim\limits_{x\to+\infty}(1+x)^{\frac{1}{x}}$.

解　(1) $\lim\limits_{x\to+\infty}x\left(\dfrac{\pi}{2}-\arctan x\right)\xlongequal{\text{“}0\cdot\infty\text{”}}\lim\limits_{x\to+\infty}\dfrac{\dfrac{\pi}{2}-\arctan x}{\dfrac{1}{x}}$

$$\xlongequal{\text{“}\frac{0}{0}\text{”}}\lim\limits_{x\to+\infty}\dfrac{-\dfrac{1}{1+x^2}}{-\dfrac{1}{x^2}}=\lim\limits_{x\to+\infty}\dfrac{x^2}{1+x^2}=1.$$

$(2) \lim\limits_{x \to 1}\left(\dfrac{x}{x-1}-\dfrac{1}{\ln x}\right) \xlongequal{\text{``}\infty-\infty\text{''}} \lim\limits_{x \to 1}\dfrac{x\ln x-x+1}{(x-1)\ln x} \xlongequal{\text{``}\frac{0}{0}\text{''}} \lim\limits_{x \to 1}\dfrac{\ln x+1-1}{\ln x+\dfrac{x-1}{x}}$

$= \lim\limits_{x \to 1}\dfrac{\ln x}{\ln x+1-\dfrac{1}{x}} \xlongequal{\text{``}\frac{0}{0}\text{''}} \lim\limits_{x \to 1}\dfrac{\dfrac{1}{x}}{\dfrac{1}{x}+\dfrac{1}{x^2}} = \dfrac{1}{2}.$

$(3) \lim\limits_{x \to 0}\left(\cos x\right)^{\left|\frac{1}{x^2}\right|} \xlongequal{\text{``}1^{\infty}\text{''}} e^{\lim\limits_{x \to 0}\frac{\ln\cos x}{x^2}} \xlongequal{\text{``}\frac{0}{0}\text{''}} e^{\lim\limits_{x \to 0}\frac{-\tan x}{2x}} = e^{-\frac{1}{2}}.$

$(4) \lim\limits_{x \to 0^+}\left(\sin x\right)^{x} \xlongequal{\text{``}0^0\text{''}} e^{\lim\limits_{x \to 0^+}\frac{\ln\sin x}{\frac{1}{x}}} \xlongequal{\text{``}\frac{\infty}{\infty}\text{''}} e^{\lim\limits_{x \to 0^+}\frac{\cot x}{-\frac{1}{x^2}}}$

$= e^{-\lim\limits_{x \to 0^+}\frac{x^2\cos x}{\sin x}} = e^{-\lim\limits_{x \to 0^+}\left(\frac{x}{\sin x}\cdot x\cos x\right)} = e^0 = 1.$

$(5) \lim\limits_{x \to +\infty}\left(1+x\right)^{\frac{1}{x}} \xlongequal{\text{``}\infty^0\text{''}} e^{\lim\limits_{x \to +\infty}\frac{\ln(1+x)}{x}} \xlongequal{\text{``}\frac{\infty}{\infty}\text{''}} e^{\lim\limits_{x \to +\infty}\frac{\frac{1}{1+x}}{1}} = e^0 = 1.$

习题 3-2

A 级题目

1. 用洛必达法则求下列极限：

$(1) \lim\limits_{x \to 1}\dfrac{\ln x}{x-1}$；

$(2) \lim\limits_{x \to 0}\dfrac{e^x-e^{-x}}{\sin x}$；

$(3) \lim\limits_{x \to 0}\dfrac{1-\cos x}{x^2}$；

$(4) \lim\limits_{x \to 0}\dfrac{e^x-1-x}{x^2}$；

$(5) \lim\limits_{x \to 0}\dfrac{\tan x-x}{x-\sin x}$；

$(6) \lim\limits_{x \to \frac{\pi}{2}^+}\dfrac{\ln\left(x-\dfrac{\pi}{2}\right)}{\tan x}$；

$(7) \lim\limits_{x \to 0}x\cot 2x$；

$(8) \lim\limits_{x \to 0^+}x^a\ln x\ (a>0)$；

$(9) \lim\limits_{x \to 0}x^2 e^{\frac{1}{x^2}}$；

$(10) \lim\limits_{x \to 1}(1-x)\tan\dfrac{\pi}{2}x$；

$(11) \lim\limits_{x \to 0}\left(\dfrac{1}{x}-\dfrac{1}{e^x-1}\right)$；

$(12) \lim\limits_{x \to 0}\left(\cot x-\dfrac{1}{x}\right)$；

$(13) \lim\limits_{x \to 1}x^{\frac{1}{1-x}}$；

$(14) \lim\limits_{x \to 0}\left(\dfrac{3^x+4^x}{2}\right)^{\frac{1}{x}}$；

$(15) \lim\limits_{x \to 0^+}x^{\frac{1}{\ln(e^x-1)}}$；

$(16) \lim\limits_{x \to 0^+}x^{\sin x}$；

$(17) \lim\limits_{x \to +\infty}\left(e^x+x\right)^{\frac{1}{x}}$；

$(18) \lim\limits_{x \to \infty}\left(1+x^2\right)^{\frac{1}{x}}$.

2. 求下列极限：

$(1) \lim\limits_{x \to \infty}\dfrac{x-\sin x}{x+\sin x}$；

$(2) \lim\limits_{x \to 0}\dfrac{x^2\sin\dfrac{1}{x}}{\sin x}$；

(3) $\lim\limits_{x \to -\infty} \dfrac{\sqrt{1+x^2}}{x}$;　　　　　　　　(4) $\lim\limits_{x \to +\infty} \dfrac{e^x - e^{-x}}{e^x + e^{-x}}$.

B 级题目

1. 计算极限 $\lim\limits_{n \to \infty} n^2 \left(2 - n \sin \dfrac{1}{n} - \cos \dfrac{1}{n} \right)$.

2. 求极限 $\lim\limits_{x \to 0} \dfrac{x(e^x+1) - 2(e^x-1)}{\left[\tan(\sin x) - \sin(\sin x) \right] \cdot \cos(x + e^x)}$.

3. 计算极限 $\lim\limits_{x \to +\infty} \left(x^{\frac{1}{x}} - 1 \right)^{\frac{1}{\ln x}}$.

4. 试确定 a, b 的值, 使得下列极限成立:

(1) $\lim\limits_{x \to 0} (e^x - ax^2 + bx)^{\frac{1}{x^3}} = 1$;　　　　　　(2) $\lim\limits_{x \to +\infty} \left[(ax+b) e^{\frac{1}{x}} - x \right] = 2$.

5. 设 $f(x) = \begin{cases} \dfrac{\tan x}{x}, & 0 < |x| < \dfrac{\pi}{2}, \\ 1, & x = 0. \end{cases}$　求 $f''(0)$.

6. 设 $f(x) = \begin{cases} \dfrac{1}{\ln(1+x)} - \dfrac{1}{x}, & x > -1 \text{ 且 } x \ne 0, \\ A, & x = 0. \end{cases}$

(1) 求常数 A 的值, 使得 $f(x)$ 在 $x = 0$ 处连续;

(2) 求 $f'(x)$, 并研究 $f'(x)$ 在 $x = 0$ 处的连续性.

第三节　泰勒公式

一、泰勒(Taylor)公式

在分析和研究复杂函数的性质时, 我们往往希望用比较简单的函数来近似该函数. 而多项式是各类函数中较简单的一种, 泰勒公式的主要应用就是通过已知函数在某一点的各阶导数值, 构建一个多项式来近似表达这个函数在这一点的邻域中的值. 这个多项式值和实际的函数值之间的偏差也由泰勒公式给出.

由第二章的微分部分可知, 若 $f(x)$ 在 x_0 处可微, 则当 $|\Delta x| = |x - x_0|$ 很小时, 可用一次函数近似表示 $f(x)$, 即

$$f(x) \approx f(x_0) + f'(x_0)(x - x_0).$$

上面近似公式的精度不高且误差无法估计.

我们设想用关于 $(x - x_0)$ 的 n 次多项式

$$P_n(x) = a_0 + a_1(x - x_0) + a_2(x - x_0)^2 + \cdots + a_n(x - x_0)^n \tag{3-1}$$

逼近函数 $f(x)$ 来提高精度, 使误差为 $(x - x_0)^n$ 的高阶无穷小量, 并给出误差估计公式.

设函数 $f(x)$ 在含 x_0 的某个邻域内有 n 阶导数, 假设

$$P_n(x_0) = f(x_0), P_n'(x_0) = f'(x_0), P_n''(x_0) = f''(x_0), \cdots, P_n^{(n)}(x_0) = f^{(n)}(x_0),$$

由式(3-1), 得

$$P_n(x_0) = a_0, \ P_n'(x_0) = a_1, \ P_n''(x_0) = 2! a_2, \cdots, P_n^{(n)}(x_0) = n! a_n,$$

于是

$$a_0 = f(x_0), \ a_1 = f'(x_0), \ a_2 = \frac{f''(x_0)}{2!}, \cdots, a_n = \frac{f^{(n)}(x_0)}{n!},$$

代入式(3-1)，有

$$P_n(x)=f(x_0)+f'(x_0)(x-x_0)+\frac{f''(x_0)}{2!}(x-x_0)^2+\cdots+\frac{f^{(n)}(x_0)}{n!}(x-x_0)^n.$$

设误差项为 $R_n(x)$，则 $R_n(x)=f(x)-P_n(x)$．

下面定理给出了误差项的表达式．

定理 3.6（泰勒中值定理）　如果函数 $f(x)$ 在含 x_0 的某区间 (a,b) 内有直到 $n+1$ 阶导数，则对任意的 $x\in(a,b)$，有

$$f(x)=f(x_0)+f'(x_0)(x-x_0)+\frac{f''(x_0)}{2!}(x-x_0)^2+\cdots+\frac{f^{(n)}(x_0)}{n!}(x-x_0)^n+R_n(x)，\quad (3-2)$$

其中

$$R_n(x)=\frac{f^{(n+1)}(\xi)}{(n+1)!}(x-x_0)^{n+1}，\ \xi\text{ 介于 }x_0\text{ 与 }x\text{ 之间．}$$

证明　若令 $P_n(x)=f(x_0)+f'(x_0)(x-x_0)+\cdots+\frac{f^{(n)}(x_0)}{n!}(x-x_0)^n$，则只需证明

$$R_n(x)=f(x)-P_n(x)=\frac{f^{(n+1)}(\xi)}{(n+1)!}(x-x_0)^{n+1}，$$

其中 ξ 介于 x 与 x_0 之间．显然我们有 $P_n(x_0)=f(x_0)，P_n'(x_0)=f'(x_0)，\cdots，P_n^{(n)}(x_0)=f^{(n)}(x_0)$．
下面对函数 $f(x)-P_n(x)$ 及 $(x-x_0)^{n+1}$ 在以 x_0 及 x 为端点的区间上应用柯西中值定理，得

$$\frac{R_n(x)}{(x-x_0)^{n+1}}=\frac{f(x)-P_n(x)}{(x-x_0)^{n+1}}=\frac{(f(x)-P_n(x))-(f(x_0)-P_n(x_0))}{(x-x_0)^{n+1}-(x_0-x_0)^{n+1}}=\frac{f'(\xi_1)-P_n'(\xi_1)}{(n+1)(\xi_1-x_0)^n}，$$

其中 ξ_1 介于 x 与 x_0 之间．再对函数 $(f(x)-P_n(x))'$ 及 $(n+1)(x-x_0)^n$ 在以 x_0 及 ξ_1 为端点的区间上应用柯西中值定理，得

$$\frac{f'(\xi_1)-P_n'(\xi_1)}{(n+1)(\xi_1-x_0)^n}=\frac{(f'(\xi_1)-P_n'(\xi_1))-(f'(x_0)-P_n'(x_1))}{(n+1)(\xi_1-x_0)^n-(n+1)(x_0-x_0)^n}=\frac{f''(\xi_2)-P_n''(\xi_2)}{n(n+1)(\xi_2-x_0)^n}，$$

其中 ξ_2 介于 x_0 与 ξ_1 之间．依此方法继续下去，经过 $(n+1)$ 次后，因为 $P_n^{(n+1)}(x)=0$，
所以 $R_n(x)=\frac{f^{(n+1)}(\xi)}{(n+1)!}\Delta x^{n+1}$，$\xi$ 介于 x 与 x_0 之间，从而定理得证．

式(3-2)称为函数 $f(x)$ 在 x_0 处带拉格朗日余项的 n **阶泰勒公式**，$R_n(x)$ 称为**拉格朗日余项**，当 $n=0$ 时，泰勒公式就变成了拉格朗日中值公式

$$f(x)=f(x_0)+f'(\xi)(x-x_0)，$$

其中 ξ 介于 x_0 与 x 之间．因此，泰勒中值定理是拉格朗日中值定理的推广．

当 $x_0=0$ 时，式(3-2)成为

$$f(x)=f(0)+f'(0)x+\frac{f''(0)}{2!}x^2+\cdots+\frac{f^{(n)}(0)}{n!}x^n+R_n(x)，\quad (3-3)$$

其中

$$R_n(x)=\frac{f^{(n+1)}(\xi)}{(n+1)!}x^{n+1}，\ \xi\text{ 在 }0\text{ 与 }x\text{ 之间，}$$

令 $\xi=\theta x，0<\theta<1$，则

$$R_n(x)=\frac{f^{(n+1)}(\theta x)}{(n+1)!}x^{n+1}.$$

式(3-3)称为函数 $f(x)$ 带拉格朗日余项的 n **阶麦克劳林(Maclaurin)公式**.

上面我们给出的式(3-2)与式(3-3)是带拉格朗日余项的,下面我们给出带佩亚诺(Peano)余项的泰勒公式.

定理3.7　如果函数 $y=f(x)$ 在 x_0 处有 n 阶导数,则存在 x_0 的一个邻域,对于该邻域中任意 x 有

$$f(x)=f(x_0)+f'(x_0)(x-x_0)+\cdots+\frac{f^{(n)}(x_0)}{n!}(x-x_0)^n+R_n(x),\qquad(3-4)$$

其中 $R_n(x)=o((x-x_0)^n)$.

证明　(略).

定理中的式 (3-4)称为带佩亚诺余项的泰勒公式. $R_n(x)=o((x-x_0)^n)$ 称为泰勒公式的佩亚诺余项.

例1　求函数 e^x 的带拉格朗日余项的 n 阶麦克劳林公式.

解　由于对任意的 $n\in\mathbf{N}$,有 $(e^x)^{(n)}=e^x$,代入麦克劳林公式得

$$e^x=1+\frac{x}{1}+\frac{x^2}{2!}+\frac{x^3}{3!}+\cdots+\frac{x^n}{n!}+R_n(x),\qquad\text{其中}\ R_n(x)=\frac{e^{\theta x}}{(n+1)!}x^{n+1},\ \theta\in(0,1).$$

若以 n 次多项式作为它的近似,则有 $e^x\approx1+\dfrac{x}{1}+\dfrac{x^2}{2!}+\dfrac{x^3}{3!}+\cdots+\dfrac{x^n}{n!}$.

例2　求函数 $\sin x$ 的带拉格朗日余项的 n 阶麦克劳林公式.

解　由于对任意的 $n\in\mathbf{N}$,有 $\sin^{(n)}(x)=\sin\left(x+\dfrac{n\pi}{2}\right)$,所以

$$\sin^{(n)}(0)=\begin{cases}0,&n=2k\\1,&n=4k+1(k=0,1,2,\cdots),\\-1,&n=4k+3\end{cases}$$

所以 $\sin x$ 在 $x=0$ 处的麦克劳林公式为($n=2m$)

$$\sin x=x-\frac{x^3}{3!}+\frac{x^5}{5!}+\cdots+(-1)^n\frac{x^{2m-1}}{(2m-1)!}+R_{2m}(x),$$

其中 $R_{2m}(x)=\dfrac{x^{2m+1}}{(2m+1)!}\sin\left(\theta x+\dfrac{2m+1}{2}\pi\right),\ \theta\in(0,1)$.

例3　求函数 $\dfrac{1}{1-x}$ 的带拉格朗日余项的 n 阶麦克劳林公式.

解　由于对任意的 $n\in\mathbf{N}$,有 $\left(\dfrac{1}{1-x}\right)^{(n)}=\dfrac{n!}{(1-x)^{n+1}}$,所以有

$$\left(\frac{1}{1-x}\right)^{(n)}\bigg|_{x=0}=n!\ (n=0,1,2,\cdots),$$

所以 $\dfrac{1}{1-x}$ 的带拉格朗日余项的 n 阶麦克劳林公式为

$$\frac{1}{1-x}=1+x+x^2+x^3+\cdots+x^n+R_n(x),$$

其中 $R_n(x)=\dfrac{(n+1)!}{(1-\theta x)^{n+2}}x^{n+1},\ \theta\in(0,1)$.

例 4　求函数 $\ln(1-x)$ 的带拉格朗日余项的 n 阶麦克劳林公式.

解　由于对任意的 $n \in \mathbf{N}$，有 $(\ln(1-x))^{(n)} = -\dfrac{(n-1)!}{(1-x)^n}$，代入麦克劳林公式得

$$\ln(1-x) = -x - \frac{1}{2}x^2 - \frac{1}{3}x^3 - \cdots - \frac{1}{n}x^n + R_n(x),$$

其中 $R_n(x) = -\dfrac{1}{(n+1)(1-\theta x)^{n+1}}x^{n+1}$，$\theta \in (0,1)$.

类似地，我们可以得到一些常用的带有佩亚诺余项的麦克劳林公式：

$$e^x = 1 + \frac{x}{1} + \frac{x^2}{2!} + \frac{x^3}{3!} + \cdots + \frac{x^n}{n!} + o(x^n);$$

$$\sin x = x - \frac{x^3}{3!} + \frac{x^5}{5!} + \cdots + (-1)^n \frac{x^{2n+1}}{(2n+1)!} + o(x^{2n+1});$$

$$\cos x = 1 - \frac{x^2}{2!} + \frac{x^4}{4!} + \cdots + (-1)^n \frac{x^{2n}}{(2n)!} + o(x^{2n});$$

$$\ln(1-x) = -x - \frac{1}{2}x^2 - \frac{1}{3}x^3 - \cdots - \frac{1}{n}x^n + o(x^n);$$

$$(1+x)^\alpha = 1 + \alpha x + \frac{\alpha(\alpha-1)}{2!}x^2 + \cdots + \frac{\alpha(\alpha-1)\cdots(\alpha-n+1)}{n!}x^n + o(x^n).$$

二、泰勒公式的应用

泰勒公式有很多应用，可以应用于求极限、近似计算等，下面仅列举在求极限以及近似计算中的应用例子.

例 5　求极限 $\lim\limits_{x \to 0} \dfrac{\sin x - x}{x(e^{x^2} - 1)}$.

解　因为 $\sin x = x - \dfrac{x^3}{3!} + o(x^3)$，$e^{x^2} = 1 + x^2 + o(x^2)$，所以

$$\lim_{x \to 0} \frac{\sin x - x}{x(e^{x^2} - 1)} = \lim_{x \to 0} \frac{-\dfrac{x^3}{3!} + o(x^3)}{x^3 + o(x^3)} = \lim_{x \to 0} \frac{-\dfrac{1}{6} + \dfrac{o(x^3)}{x^3}}{1 + \dfrac{o(x^3)}{x^3}} = -\frac{1}{6}.$$

例 6　计算 e 的值，使其误差不超过 10^{-6}.

解　我们知道 $e^x = 1 + \dfrac{x}{1} + \dfrac{x^2}{2!} + \dfrac{x^3}{3!} + \cdots + \dfrac{x^n}{n!} + R_n(x)$，其中 $R_n(x) = \dfrac{e^{\theta x}}{(n+1)!}x^{n+1}$，$\theta \in (0,1)$.

令 $x = 1$，可得 $e = 1 + \dfrac{1}{1} + \dfrac{1^2}{2!} + \dfrac{1^3}{3!} + \cdots + \dfrac{1^n}{n!} + \dfrac{e^\theta}{(n+1)!}$.

由 $R_n(1) = \dfrac{e^\theta}{(n+1)!} < \dfrac{3}{(n+1)!} < 10^{-6}$，得 $n = 9$. 于是 e 的近似值为

$$e \approx 1 + \frac{1}{1} + \frac{1^2}{2!} + \cdots + \frac{1^9}{9!} \approx 2.718\ 285.$$

泰勒公式在经济学中的应用是非常广泛的. 例如，在某个经济活动中有两个变量 x, y，它们有着非常密切的关系，设 $y = f(x)$，但是，具体的关系表达式难以获得. 用

$$P_n(x)=f(0)+f'(0)x+\cdots+\frac{f^{(n)}(0)}{n!}x^n$$

来近似表达 $f(x)$. 因 $f(x)$ 未知，故其系数未知，可以令 $f(x)=a_0+a_1x+\cdots+a_nx^n+\varepsilon$，再通过已知的信息，用统计的手段来估计未知系数 $a_0,a_1,a_2,\cdots,a_n$，其中 ε 是一个随机变量.

习题 3-3

A 级题目

1. 按 $(x-1)$ 的幂展开多项式 $f(x)=x^4+3x^2+4$.

2. 求函数 $f(x)=\dfrac{1}{x}$ 在点 $x_0=1$ 处的带拉格朗日余项的 n 阶泰勒公式.

3. 求函数 $f(x)=xe^x$ 的带佩亚诺余项的 n 阶麦克劳林公式.

4. 求函数 $f(x)=\sin(\sin x)$ 到 x^3 项的带佩亚诺余项的麦克劳林公式.

B 级题目

1. 利用二阶泰勒公式求 $\sqrt[3]{30}$ 的近似值并估计误差.

2. 求下列极限：

$$(1)\lim_{x\to0}\frac{\cos x-e^{-\frac{x^2}{2}}}{x^4};\qquad (2)\lim_{x\to\infty}\left[\left(x^3-x^2+\frac{x}{2}\right)^{e^{\frac{1}{x}}}-\sqrt{x^6+1}\right].$$

3. 证明：设函数 $f(x)$ 在区间 $[-a,a]$ $(a>0)$ 上二阶可导，$f(a)=a^3,f(-a)=-a^3$，$f'(0)=\dfrac{a^2}{2}$，则至少存在一点 $\xi\in(-a,a)$，使得 $f'''(\xi)\geqslant3$.

第四节　函数性态与图形

一、函数单调性的判别法

一个函数在某个区间内单调增减的变化规律是研究函数图形时首要考虑的问题. 在第一章中我们已经给出了函数在某个区间单调增减的定义，下面将讨论单调函数与其导函数之间的关系，从而提供一种判别函数单调性的方法.

先从几何直观图形来观察.

若在区间 (a,b) 内，曲线 $y=f(x)$ 是上升的，即函数 $f(x)$ 是单调增加的，则曲线 $y=f(x)$ 上每一点的切线斜率都非负，也即 $f'(x)\geqslant0$（见图 3-3(a)）.

若在区间 (a,b) 内，曲线 $y=f(x)$ 是下降的，即函数 $f(x)$ 是单调减少的，则曲线 $y=f(x)$ 上每一点的切线斜率都非正，也即 $f'(x)\leqslant0$（见图 3-3(b)）.

3.2　函数单调性的判别

反过来，能否用导数的符号来判别函数的单调性呢？

定理 3.8（单调性判定定理）　设函数 $f(x)$ 在 $[a,b]$ 上连续，在 (a,b) 内可导.

(1) 如果 $\forall x\in(a,b)$，恒有 $f'(x)\geqslant0$，则 $f(x)$ 在 (a,b) 内单调增加；

(2) 如果 $\forall x\in(a,b)$，恒有 $f'(x)\leqslant0$，则 $f(x)$ 在 (a,b) 内单调减少.

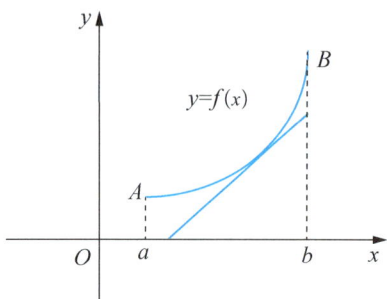

（a）函数图形上升时切线斜率都非负 　　　（b）函数图形下降时切线斜率都非正

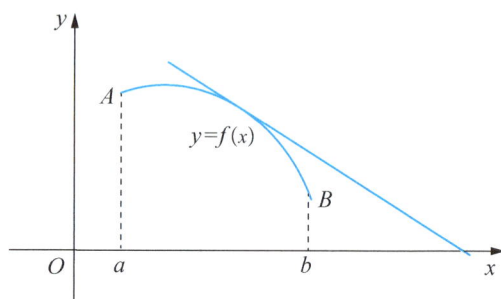

图 3-3

证明 在区间 (a,b) 内任取两点 x_1,x_2，设 $x_1<x_2$，则函数 $f(x)$ 在 $[x_1,x_2]$ 上连续，在 (x_1,x_2) 内可导，由拉格朗日中值定理，得

$$f(x_2)-f(x_1)=f'(\xi)(x_2-x_1)，\quad \xi\in(x_1,x_2).$$

（1）如果 $\forall x\in(a,b)$，恒有 $f'(x)\geqslant 0$，则 $f'(\xi)\geqslant 0$，于是 $f(x_2)\geqslant f(x_1)$，即函数 $f(x)$ 在 (a,b) 内单调增加.

（2）如果 $\forall x\in(a,b)$，恒有 $f'(x)\leqslant 0$，则 $f'(\xi)\leqslant 0$，于是 $f(x_2)\leqslant f(x_1)$，即函数 $f(x)$ 在 (a,b) 内单调减少.

注 （1）如果定理中的 $[a,b]$ 换成其他各种区间（包括无穷区间），结论仍然成立；

（2）若 $\forall x\in(a,b)$ 有 $f'(x)>0$（或 $f'(x)<0$），则 $f(x)$ 在 (a,b) 内严格单调增加（减少）.

判断函数 $f(x)$ 单调性的步骤：

① 确定函数 $f(x)$ 的定义域；

② 求 $f'(x)$，找出定义域内 $f'(x)=0$ 或 $f'(x)$ 不存在的点，这些点将定义域分成若干区间；

③ 列表，在各区间判别 $f'(x)$ 的符号，从而确定函数 $f(x)$ 的单调性.

例 1 判断函数 $y=x^3$ 的单调性.

解 函数 $y=x^3$ 的定义域为 $(-\infty,+\infty)$，又 $y'=3x^2\geqslant 0$，且只有当 $x=0$ 时，$y'=0$，所以 $y=x^3$ 在 $(-\infty,+\infty)$ 内单调增加（见图 3-4）.

例 2 确定下列函数的单调区间：

（1）$f(x)=x^3-3x$；

（2）$f(x)=\sqrt[3]{x^2}$.

解 （1）函数 $f(x)=x^3-3x$ 的定义域为 $(-\infty,+\infty)$，又

图 3-4

$$f'(x)=3x^2-3=3(x+1)(x-1)，$$

令 $f'(x)=0$，得 $x_1=-1$，$x_2=1$.

列表判断如下：

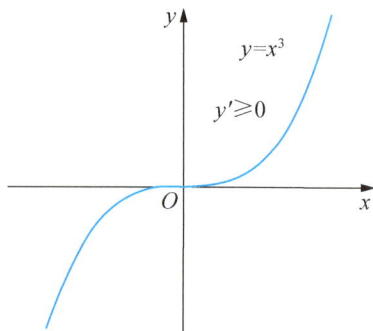

x	$(-\infty,-1)$	-1	$(-1,1)$	1	$(1,+\infty)$
$f'(x)$	+	0	−	0	+
$f(x)$	↗	2	↘	−2	↗

注：表中符号"↗"表示单调增加，"↘"表示单调减少.

所以，$f(x)$ 在 $(-\infty,-1)$，$(1,+\infty)$ 内单调增加，在 $(-1,1)$ 内单调减少（见图 3-5）.

(2) 函数 $f(x)=\sqrt[3]{x^2}$ 的定义域为 $(-\infty,+\infty)$，又

$$f'(x)=\frac{2}{3\sqrt[3]{x}},$$

当 $x=0$ 时，$f'(x)$ 不存在.

列表判断如下：

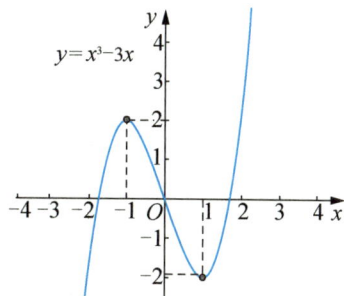

图 3-5

x	$(-\infty,0)$	0	$(0,+\infty)$
$f'(x)$	−	不存在	+
$f(x)$	↘	0	↗

所以，$f(x)$ 在 $(-\infty,0)$ 内单调减少，在 $(0,+\infty)$ 内单调增加（见图 3-6）.

例3 证明：当 $x>0$ 时，$x>\ln(1+x)$.

证明 令 $f(x)=x-\ln(1+x)$，则

$$f'(x)=1-\frac{1}{1+x}=\frac{x}{1+x},$$

当 $x>0$ 时，$f'(x)>0$，所以 $f(x)$ 在 $(0,+\infty)$ 内单调增加，即 $f(x)>f(0)=0$，故 $f(x)=x-\ln(1+x)>0$，也即 $x>\ln(1+x)$.

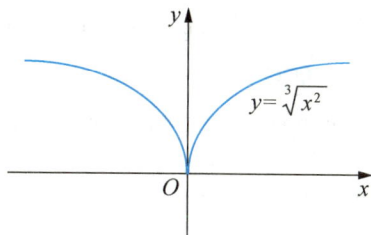

图 3-6

二、函数的极值及其求法

在例 2 的 (1) 中我们看到点 $x=1$，$x=-1$ 是函数 $f(x)=x^3-3x$ 的单调区间的分界点.

当 x 从 $x=-1$ 左侧附近变到右侧附近时，函数值由单调增加变为单调减少，即 $x=-1$ 是函数由增加变为减少的转折点. 因此在点 $x=-1$ 的某个去心邻域恒有 $f(x)<f(-1)$，我们称 $f(-1)$ 为 $f(x)$ 的一个极大值.

类似地，$x=1$ 是函数由减少变为增加的转折点. 在点 $x=1$ 的某个去心邻域恒有 $f(x)>f(1)$，我们称 $f(1)$ 为 $f(x)$ 的一个极小值.

定义 3.1 设函数 $f(x)$ 在点 x_0 的某个邻域内有定义，对于邻域内异于 x_0 的任意一点 x 均有 $f(x)\leqslant f(x_0)$，则称 $f(x_0)$ 是函数 $f(x)$ 的极大值，称 x_0 是函数 $f(x)$ 的极大值点；对于邻域内异于 x_0 的任意一点 x 均有 $f(x)\geqslant f(x_0)$，则称 $f(x_0)$ 是函数 $f(x)$ 的极小值，称 x_0 是函数 $f(x)$ 的极小值点.

函数的极大值和极小值统称**极值**（extremum）；函数的极大值点和极小值点统称**极值点**（extreme point）.

显然，函数的极值是一个局部性的概念，它只是与极值点 x_0 附近局部范围的所有点的函数值相比较而言的.

为了研究函数极值的求法，先观察如图 3-7 所示函数 $f(x)$ 的图形.

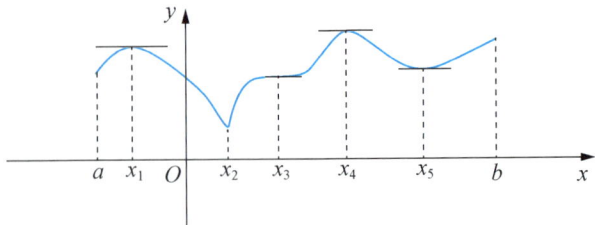

图 3-7

函数 $f(x)$ 在点 x_1, x_4 处有极大值 $f(x_1), f(x_4)$，在点 x_2, x_5 处有极小值 $f(x_2), f(x_5)$. 在函数取得极值处，如果曲线的切线存在，那么该切线平行于 x 轴，即该切线的斜率为零，但曲线上有水平切线的地方，函数不一定取得极值. 图 3-7 中 x_3 处曲线上有水平切线，但 $f(x_3)$ 不是极值.

定理 3.9（极值存在的必要条件） 设函数 $f(x)$ 在点 x_0 处可导，且在点 x_0 处取得极值，则函数 $f(x)$ 在点 x_0 处的导数为零，即 $f'(x_0) = 0$.

证明 不妨设 $f(x_0)$ 为极大值（极小值情形可类似证明），由极大值的定义，在点 x_0 的某个去心邻域内，对于任何点 $x = x_0 + \Delta x$，总有 $f(x_0) \geq f(x_0 + \Delta x)$ 成立，于是

当 $\Delta x < 0$ 时，$\dfrac{f(x_0 + \Delta x) - f(x_0)}{\Delta x} \geq 0$；

当 $\Delta x > 0$ 时，$\dfrac{f(x_0 + \Delta x) - f(x_0)}{\Delta x} \leq 0$.

由函数极限的保号性推论，可知

$$f'_-(x_0) = \lim_{\Delta x \to 0^-} \frac{f(x_0 + \Delta x) - f(x_0)}{\Delta x} \geq 0;$$

$$f'_+(x_0) = \lim_{\Delta x \to 0^+} \frac{f(x_0 + \Delta x) - f(x_0)}{\Delta x} \leq 0,$$

又由假设 $f(x)$ 在 x_0 处可导，所以

$$f'_-(x_0) = f'_+(x_0) = f'(x_0),$$

即有 $f'(x_0) = 0$.

使导数为零即 $f'(x) = 0$ 的点称为函数 $f(x)$ 的**驻点**（stationary point）.

定理 3.9 说明，可导函数的极值点一定是它的驻点，但驻点不一定是极值点. 例如，$x = 0$ 是函数 $y = x^3$ 的驻点，可它并不是极值点. 另外，对于导数不存在的点，函数也可能取得极值. 例如，函数 $y = |x|$，它在点 $x = 0$ 处导数不存在，但在该点却取得极小值 0. 所以，函数 $f(x)$ 的可能的极值点在 $f'(x) = 0$，或 $f'(x)$ 不存在的点中. 下面给出函数极值的判别法.

定理 3. 10（判别极值的第一充分条件）　设函数 $f(x)$ 在点 x_0 的某一邻域 $(x_0-\delta,$ $x_0+\delta)$ 内连续，在去心邻域 $(x_0-\delta,x_0)\cup(x_0,x_0+\delta)$ 内可导.

（1）若当 $x\in(x_0-\delta,x_0)$ 时，$f'(x)>0$，当 $x\in(x_0,x_0+\delta)$ 时，$f'(x)<0$，则 x_0 是函数 $f(x)$ 的极大值点；

（2）若当 $x\in(x_0-\delta,x_0)$ 时，$f'(x)<0$，当 $x\in(x_0,x_0+\delta)$ 时，$f'(x)>0$，则 x_0 是函数 $f(x)$ 的极小值点；

（3）若当 $x\in(x_0-\delta,x_0)\cup(x_0,x_0+\delta)$ 时，$f'(x)$ 保号，则 x_0 不是函数 $f(x)$ 的极值点.

证明　根据函数单调性判别法，由（1）中假设可知，函数 $f(x)$ 在点 x_0 的左邻域单调增加，在点 x_0 的右邻域单调减少，且 $f(x)$ 在点 x_0 处连续，所以在点 x_0 的某一邻域内恒有 $f(x_0)\geqslant f(x)$，即 $f(x_0)$ 是极大值，x_0 是函数 $f(x)$ 的极大值点.

同理可证（2）.

（3）因为在 $x\in(x_0-\delta,x_0)\cup(x_0,x_0+\delta)$ 内，$f'(x)$ 保号，因此 $f(x)$ 在 x_0 左右两边均单调增加或单调减少，所以 x_0 不可能是函数 $f(x)$ 的极值点.

判别函数极值的一般步骤如下：

①确定函数 $f(x)$ 的定义域；

②求 $f'(x)$，找出定义域内 $f'(x)=0$ 或 $f'(x)$ 不存在的点，这些点将定义域分成若干区间；

③列表，由 $f'(x)$ 在上述点两侧的符号，确定是否是极值点，是极大值点还是极小值点；

④求出极值.

例 4　求函数 $f(x)=(x^2-1)^3+1$ 的极值.

解　函数 $f(x)=(x^2-1)^3+1$ 的定义域为 $(-\infty,+\infty)$，又
$$f'(x)=6x(x^2-1)^2,$$
令 $f'(x)=0$，得驻点 $x_1=-1$，$x_2=0$，$x_3=1$.

列表判断如下：

x	$(-\infty,-1)$	-1	$(-1,0)$	0	$(0,1)$	1	$(1,+\infty)$
$f'(x)$	$-$	0	$-$	0	$+$	0	$+$
$f(x)$	↘	非极值	↘	极小值	↗	非极值	↗

所以，函数 $f(x)$ 在 $x=0$ 处取得极小值 $f(0)=0$.

例 5　求函数 $f(x)=x-\dfrac{3}{2}x^{\frac{2}{3}}$ 的单调区间和极值.

解　函数 $f(x)=x-\dfrac{3}{2}x^{\frac{2}{3}}$ 的定义域是 $(-\infty,+\infty)$，又

$$f'(x)=1-x^{-\frac{1}{3}}=\frac{\sqrt[3]{x}-1}{\sqrt[3]{x}},$$

令 $f'(x)=0$，得驻点 $x_1=1$，$f'(x)$ 不存在的点 $x_2=0$.

列表判断如下：

x	$(-\infty,0)$	0	$(0,1)$	1	$(1,+\infty)$
$f'(x)$	+	不存在	-	0	+
$f(x)$	↗	极大值	↘	极小值	↗

所以，函数 $f(x)$ 在 $(-\infty,0)$，$(1,+\infty)$ 内单调增加，在 $(0,1)$ 内单调减少；在点 $x=0$ 处取得极大值 $f(0)=0$，在点 $x=1$ 处取得极小值 $f(1)=-\dfrac{1}{2}$.

当函数 $f(x)$ 在驻点处有不等于零的二阶导数时，我们往往利用二阶导数的符号来判断函数 $f(x)$ 的驻点是否为极值点，即有下面判定定理.

定理 3.11（判别极值的第二充分条件） 设函数 $f(x)$ 在点 x_0 处有二阶导数，且 $f'(x_0)=0$，$f''(x_0)\neq 0$.

(1) 若 $f''(x_0)<0$，则函数 $f(x)$ 在点 x_0 处取得极大值；

(2) 若 $f''(x_0)>0$，则函数 $f(x)$ 在点 x_0 处取得极小值.

证明 (1) 由二阶导数的定义，及 $f'(x_0)=0$，$f''(x_0)<0$，得

$$f''(x_0)=\lim_{x\to x_0}\frac{f'(x)-f'(x_0)}{x-x_0}=\lim_{x\to x_0}\frac{f'(x)}{x-x_0}<0,$$

由函数极限的保号性，可知

$$\frac{f'(x)}{x-x_0}<0\quad(x\neq x_0),$$

所以当 $x<x_0$ 时，$f'(x)>0$，当 $x>x_0$ 时，$f'(x)<0$，由定理 3.8 可知，函数 $f(x)$ 在 x_0 处取得极大值.

同理可证 (2).

判别可导函数极值的一般步骤如下：

① 确定函数 $f(x)$ 的定义域；

② 求定义域内的驻点，即定义域内使 $f'(x)=0$ 的点；

③ 由 $f''(x)$ 在定义域内的驻点处的符号，判断是极大值点还是极小值点；

④ 求出极值.

例 6 求函数 $f(x)=x^3-3x$ 的极值.

解 函数 $f(x)=x^3-3x$ 的定义域是 $(-\infty,+\infty)$，又

$$f'(x)=3x^2-3=3(x+1)(x-1),$$
$$f''(x)=6x,$$

令 $f'(x)=0$，得驻点 $x_1=-1$，$x_2=1$.

因为 $f''(-1)=-6<0$，所以函数 $f(x)$ 在 $x=-1$ 处取得极大值 $f(-1)=2$.

因为 $f''(1)=6>0$，所以函数 $f(x)$ 在 $x=1$ 处取得极小值 $f(1)=-2$.

注 当 $f'(x_0)=f''(x_0)=0$ 时，定理 3.11 失效，此时需用定理 3.10 或极值定义判别.

例 7 求函数 $f(x)=(x^2-1)^3+1$ 的极值.

解 函数 $f(x)=(x^2-1)^3+1$ 的定义域是 $(-\infty,+\infty)$，又

$$f'(x)=6x(x^2-1)^2,$$

$$f''(x) = 6(x^2-1)(5x^2-1),$$

令 $f'(x) = 0$，得驻点 $x_1 = -1$，$x_2 = 0$，$x_3 = 1$.

因为 $f''(0) = 6 > 0$，所以函数 $f(x)$ 在 $x = 0$ 处取得极小值 $f(0) = 0$.

而 $f''(-1) = f''(1) = 0$，无法用定理 3.11 判别，需用定理 3.10 判别，过程见例 4.

三、曲线的凹向与拐点

前面我们研究了函数的单调性与极值，这对描绘函数的图形有很大的作用，但是，仅仅知道这些，还不能比较准确地描绘函数的图形. 同样是上升（或下降）的曲线弧却有不同的弯曲状况（见图 3-8），弧 $\overset{\frown}{ACB}$ 向上弯曲，弧 $\overset{\frown}{ADB}$ 向下弯曲，因此研究函数图形时，还要研究曲线的弯曲状况，即曲线的凹向.

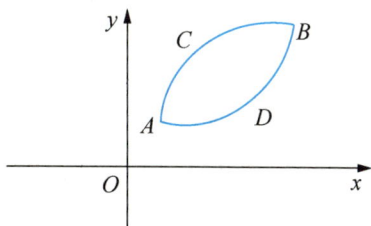

图 3-8

从几何上看，在有的曲线弧上，如果任取两点，则连接这两点的弦总位于这两点间的弧段上方（见图 3-9（a）），而有的曲线弧，则正好相反（见图 3-9（b）），曲线的这种性质就是曲线的凹向.

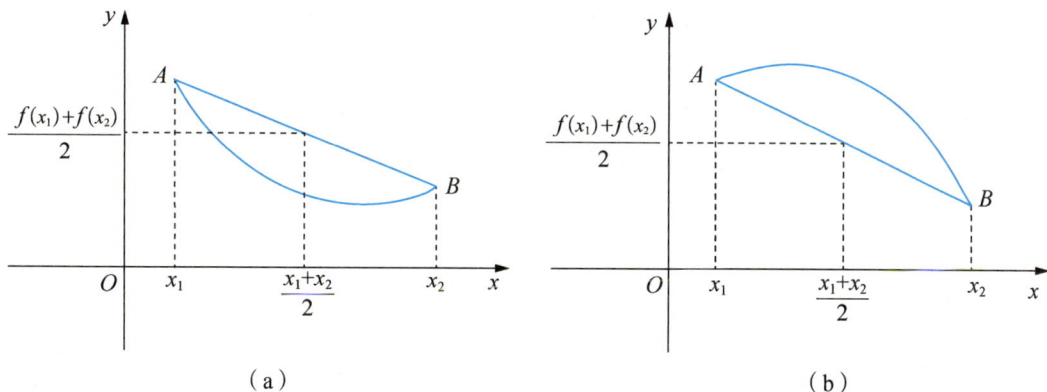

（a）　　　　　　　　　　　（b）

图 3-9

定义 3.2 设 $f(x)$ 在区间 (a,b) 内连续，$\forall x_1 < x_2 \in (a,b)$，恒有

$$f\left(\frac{x_1+x_2}{2}\right) \leqslant \frac{f(x_1)+f(x_2)}{2},$$

则称 $f(x)$ 在区间 (a,b) 内**上凹**；如果恒有

$$f\left(\frac{x_1+x_2}{2}\right) \geqslant \frac{f(x_1)+f(x_2)}{2},$$

则称 $f(x)$ 在区间 (a,b) 内**下凹**.

如果 $f(x)$ 在区间 (a,b) 内具有一阶导数，则有下面性质：

性质 3.1 设函数 $f(x)$ 在区间 (a,b) 内具有一阶导数，若曲线 $y = f(x)$ 位于其每一点处切线的上方，则称函数 $f(x)$ 在区间 (a,b) 内上凹；若曲线 $y = f(x)$ 位于其每一点处切线的下方，则称函数 $f(x)$ 在区间 (a,b) 内下凹.

如果 $f(x)$ 在区间 (a,b) 内具有二阶导数，那么可以利用二阶导数的符号来判定曲线的凹向.

定理 3.12　设函数 $f(x)$ 在区间 (a,b) 内具有二阶导数，那么

（1）若当 $x \in (a,b)$ 时，$f''(x) \geq 0$，则曲线 $y=f(x)$ 在 (a,b) 内上凹；

（2）若当 $x \in (a,b)$ 时，$f''(x) \leq 0$，则曲线 $y=f(x)$ 在 (a,b) 内下凹.

定理的证明略去.

定义 3.3　设 $M(x_0, f(x_0))$ 为曲线 $y=f(x)$ 上一连续点，若曲线在点 M 的两侧有不同的凹向，则点 M 称为曲线 $y=f(x)$ 的拐点（inflection point）.

定理 3.13（拐点的必要条件）　若 $f(x)$ 在点 x_0 的某个邻域 $U(x_0)$ 内二阶可导，且 $(x_0, f(x_0))$ 为曲线 $y=f(x)$ 的拐点，则 $f''(x_0) = 0$.

$f''(x_0) = 0$ 仅仅是 $(x_0, f(x_0))$ 为拐点的必要条件. 例如，对于函数 $y=x^4$，由于 $y'' = 12x^2 \geq 0$，因此曲线 $y=x^4$ 在 $(-\infty, +\infty)$ 内上凹，这时虽然有 $y''(0) = 0$，但 $(0,0)$ 并不是该曲线的拐点.

下面给出判别拐点的两个充分条件:

定理 3.14　设 $f(x)$ 在 x_0 的某个邻域内二阶可导，且 $f''(x_0) = 0$，若 $f''(x)$ 在点 x_0 的左、右两侧异号，则 $(x_0, f(x_0))$ 是曲线 $y=f(x)$ 的拐点，若 $f''(x)$ 在点 x_0 的左、右两侧同号，则 $(x_0, f(x_0))$ 不是曲线 $y=f(x)$ 的拐点.

定理 3.15　设 $f(x)$ 在 x_0 的某个邻域内三阶可导，且 $f''(x_0) = 0$，$f'''(x_0) \neq 0$，则 $(x_0, f(x_0))$ 是曲线 $y=f(x)$ 的拐点.

此外，对于 $f''(x)$ 不存在的点 x_0，$(x_0, f(x_0))$ 也可能是曲线 $y=f(x)$ 的拐点.

注　极值点、驻点是指 x 轴上的点，而拐点是指曲线上的点.

判别曲线的凹向与拐点的一般步骤如下:

①确定函数的定义域；

②求 $f''(x)$，并找出定义域内 $f''(x) = 0$ 或 $f''(x)$ 不存在的点，这些点将定义域分成若干区间；

③列表，由 $f''(x)$ 在上述点两侧的符号确定曲线的凹向与拐点.

例 8　求曲线 $y = x^4 - 2x^3 + 1$ 的凹向区间与拐点.

解　曲线对应函数的定义域是 $(-\infty, +\infty)$，又

$$y' = 4x^3 - 6x^2,$$
$$y'' = 12x^2 - 12x = 12x(x-1),$$

令 $y'' = 0$，得 $x_1 = 0$，$x_2 = 1$.

列表判别如下:

x	$(-\infty, 0)$	0	$(0,1)$	1	$(1, +\infty)$
y''	$+$	0	$-$	0	$+$
y	$\cup$	拐点	$\cap$	拐点	$\cup$

注：表中符号"$\cup$"表示上凹，"$\cap$"表示下凹.

所以，曲线 $y = x^4 - 2x^3 + 1$ 在 $(-\infty, 0)$，$(1, +\infty)$ 内上凹，在 $(0,1)$ 内下凹，曲线的拐点为 $(0,1)$ 和 $(1,0)$.

例 9 求曲线 $y = x^{\frac{1}{3}}$ 的凹向区间与拐点.

解 曲线对应函数的定义域是 $(-\infty, +\infty)$，又

$$y' = \frac{1}{3} x^{-\frac{2}{3}},$$

$$y'' = -\frac{2}{9} x^{-\frac{5}{3}} = -\frac{2}{9} \frac{1}{\sqrt[3]{x^5}},$$

y'' 不存在的点为 $x = 0$.

列表判别如下:

x	$(-\infty, 0)$	0	$(0, +\infty)$
y''	$+$	不存在	$-$
y	$\cup$	拐点	$\cap$

所以，曲线 $y = x^{\frac{1}{3}}$ 在 $(-\infty, 0)$ 内上凹，在 $(0, +\infty)$ 内下凹，曲线的拐点为 $(0, 0)$.

例 10 求曲线 $y = \frac{3}{5} x^{\frac{5}{3}} - \frac{3}{2} x^{\frac{2}{3}} + 1$ 的凹向区间与拐点.

解 曲线对应函数的定义域是 $(-\infty, +\infty)$，又

$$y' = x^{\frac{2}{3}} - x^{-\frac{1}{3}},$$

$$y'' = \frac{2}{3} x^{-\frac{1}{3}} + \frac{1}{3} x^{-\frac{4}{3}} = \frac{1}{3 \sqrt[3]{x^4}} (2x + 1),$$

令 $y'' = 0$，得 $x_1 = -\frac{1}{2}$，y'' 不存在的点为 $x_2 = 0$.

列表判别如下:

x	$\left(-\infty, -\frac{1}{2}\right)$	$-\frac{1}{2}$	$\left(-\frac{1}{2}, 0\right)$	0	$(0, +\infty)$
y''	$-$	0	$+$	不存在	$+$
y	$\cap$	拐点	$\cup$	非拐点	$\cup$

所以，曲线 $y = \frac{3}{5} x^{\frac{5}{3}} - \frac{3}{2} x^{\frac{2}{3}} + 1$ 在 $\left(-\frac{1}{2}, +\infty\right)$ 内上凹，在 $\left(-\infty, -\frac{1}{2}\right)$ 内下凹，曲线的拐点为 $\left(-\frac{1}{2}, 1 - \frac{9}{10} \sqrt[3]{2}\right)$.

四、曲线的渐近线

利用函数的一阶导数和二阶导数可以判定函数的单调性和曲线的凹向，从而对函数所表示的曲线的升降和弯曲情况有定性的认识，但当函数的定义域为无穷区间或有无穷间断点时，如何刻画曲线向无穷远处延伸的趋势变化？为此，需要引入曲线渐近线的概念.

定义 3.4 当曲线 $y = f(x)$ 上的一动点 P 沿着曲线趋于无穷远时，如果该点 P 与某定直线 l 的距离趋于零，那么直线 l 称为曲线 $y = f(x)$ 的渐近线 (asymptote).

给定曲线 $y = f(x)$，如何确定该曲线是否有渐近线呢？如果有渐近线又怎样求渐近

线呢？下面分三种情形讨论：

1. 水平渐近线

设曲线 $y=f(x)$，如果 $\lim\limits_{x\to+\infty}f(x)=b$ 或 $\lim\limits_{x\to-\infty}f(x)=b$ 或 $\lim\limits_{x\to\infty}f(x)=b$，那么直线 $y=b$ 称为曲线 $y=f(x)$ 的水平渐近线.

例 11 求曲线 $y=\dfrac{x^2}{1+x+x^2}$ 的水平渐近线.

解 因为 $\lim\limits_{x\to\infty}\dfrac{x^2}{1+x+x^2}=1$，所以直线 $y=1$ 为曲线 $y=\dfrac{x^2}{1+x+x^2}$ 的水平渐近线.

例 12 求曲线 $y=\arctan x$ 的水平渐近线.

解 因为 $\lim\limits_{x\to+\infty}\arctan x=\dfrac{\pi}{2}$，所以直线 $y=\dfrac{\pi}{2}$ 为曲线 $y=\arctan x$ 的水平渐近线.

又因为 $\lim\limits_{x\to-\infty}\arctan x=-\dfrac{\pi}{2}$，所以直线 $y=-\dfrac{\pi}{2}$ 为曲线 $y=\arctan x$ 的水平渐近线.

例 13 求曲线 $y=xe^{-x}$ 的水平渐近线.

解 因为 $\lim\limits_{x\to+\infty}xe^{-x}=\lim\limits_{x\to+\infty}\dfrac{x}{e^x}=0$，所以直线 $y=0$ 为曲线 $y=xe^{-x}$ 的水平渐近线.

2. 铅直渐近线

设有曲线 $y=f(x)$，如果存在常数 c，使得 $\lim\limits_{x\to c^+}f(x)=\infty$ 或 $\lim\limits_{x\to c^-}f(x)=\infty$ 或 $\lim\limits_{x\to c}f(x)=\infty$，那么直线 $x=c$ 称为曲线 $y=f(x)$ 的铅直渐近线.

铅直渐近线又叫垂直渐近线.

例 14 求曲线 $y=\dfrac{1}{x-1}$ 的铅直渐近线.

解 因为 $\lim\limits_{x\to1}\dfrac{1}{x-1}=\infty$，所以直线 $x=1$ 为曲线 $y=\dfrac{1}{x-1}$ 的铅直渐近线.

例 15 求曲线 $y=\ln x$ 的铅直渐近线.

解 因为 $\lim\limits_{x\to0^+}\ln x=\infty$，所以直线 $x=0$ 为曲线 $y=\ln x$ 的铅直渐近线.

例 16 求曲线 $y=\dfrac{x}{x-2}+3$ 的水平渐近线和铅直渐近线.

解 因为 $\lim\limits_{x\to\infty}\left(\dfrac{x}{x-2}+3\right)=4$，$\lim\limits_{x\to2}\left(\dfrac{x}{x-2}+3\right)=\infty$，所以直线 $y=4$ 为曲线 $y=\dfrac{x}{x-2}+3$ 的水平渐近线，直线 $x=2$ 为曲线 $y=\dfrac{x}{x-2}+3$ 的铅直渐近线.

3. 斜渐近线

设有曲线 $y=f(x)$ 和直线 $y=ax+b$，如果 $\lim\limits_{x\to+\infty}[f(x)-(ax+b)]=0$ 或 $\lim\limits_{x\to-\infty}[f(x)-(ax+b)]=0$ 或 $\lim\limits_{x\to\infty}[f(x)-(ax+b)]=0$，那么直线 $y=ax+b$ 称为曲线 $y=f(x)$ 的斜渐近线，特别地，当 $a=0$ 时为水平渐近线.

下面给出求 a,b 的公式：

由 $\lim\limits_{x\to+\infty}[f(x)-(ax+b)]=0$，有 $\lim\limits_{x\to+\infty}\left[\dfrac{f(x)}{x}-a-\dfrac{b}{x}\right]=0$，所以 $a=\lim\limits_{x\to+\infty}\dfrac{f(x)}{x}$，$b=\lim\limits_{x\to+\infty}[f(x)-ax]$.

由 $\lim\limits_{x\to-\infty}[f(x)-(ax+b)]=0$，有 $\lim\limits_{x\to-\infty}\left[\dfrac{f(x)}{x}-a-\dfrac{b}{x}\right]=0$，所以 $a=\lim\limits_{x\to-\infty}\dfrac{f(x)}{x}$，$b=\lim\limits_{x\to-\infty}[f(x)-ax]$.

由 $\lim\limits_{x\to\infty}[f(x)-(ax+b)]=0$，有 $\lim\limits_{x\to\infty}\left[\dfrac{f(x)}{x}-a-\dfrac{b}{x}\right]=0$，所以 $a=\lim\limits_{x\to\infty}\dfrac{f(x)}{x}$，$b=\lim\limits_{x\to\infty}[f(x)-ax]$.

例 17 求曲线 $y=\dfrac{2x^3}{1+x^2}$ 的斜渐近线.

解 因为 $\lim\limits_{x\to\infty}\dfrac{f(x)}{x}=\lim\limits_{x\to\infty}\dfrac{2x^2}{1+x^2}=2=a$，且 $\lim\limits_{x\to\infty}[f(x)-ax]=\lim\limits_{x\to\infty}\left(\dfrac{2x^3}{1+x^2}-2x\right)=\lim\limits_{x\to\infty}\dfrac{-2x}{1+x^2}=0=b$，所以直线 $y=2x$ 为曲线 $y=\dfrac{2x^3}{1+x^2}$ 的斜渐近线.

例 18 求曲线 $y=\dfrac{x^2}{x+1}$ 的渐近线.

解 因为 $\lim\limits_{x\to-1}\dfrac{x^2}{x+1}=\infty$，所以直线 $x=-1$ 为曲线 $y=\dfrac{x^2}{x+1}$ 的铅直渐近线；

又因为 $\lim\limits_{x\to\infty}\dfrac{f(x)}{x}=\lim\limits_{x\to\infty}\dfrac{x}{x+1}=1=a$，且 $\lim\limits_{x\to\infty}[f(x)-ax]=\lim\limits_{x\to\infty}\left(\dfrac{x^2}{x+1}-x\right)=\lim\limits_{x\to\infty}\dfrac{-x}{x+1}=-1=b$，

所以直线 $y=x-1$ 为曲线 $y=\dfrac{x^2}{x+1}$ 的斜渐近线.

五、函数图形的描绘

前面我们讨论了函数的单调性与极值，曲线的凹向与拐点，以及曲线的渐近线，现在就可以将函数的图形比较准确地画出来.

描绘函数图形的步骤如下：

①确定函数的定义域；

②确定曲线的渐近线；

③求 $f'(x)$，$f''(x)$，找出定义域内 $f'(x)=0$ 或 $f'(x)$ 不存在的点及 $f''(x)=0$ 或 $f''(x)$ 不存在的点；

④列表确定函数的单调性与极值，曲线的凹向与拐点，并求出极值点与拐点坐标；

⑤求出曲线 $y=f(x)$ 与坐标轴的交点，并作图.

例 19 作函数 $y=\dfrac{x^2}{1+2x}$ 的图形.

解 (1) 函数 $y=\dfrac{x^2}{1+2x}$ 的定义域是 $\left(-\infty,-\dfrac{1}{2}\right)\cup\left(-\dfrac{1}{2},+\infty\right)$；

(2) 因为 $\lim\limits_{x\to-\frac{1}{2}}\dfrac{x^2}{1+2x}=\infty$，所以直线 $x=-\dfrac{1}{2}$ 为曲线 $y=\dfrac{x^2}{1+2x}$ 的铅直渐近线，又因为

$$\lim_{x \to \infty} \frac{f(x)}{x} = \lim_{x \to \infty} \frac{x}{1+2x} = \frac{1}{2} = a,$$

且

$$\lim_{x \to \infty} \left[f(x) - ax \right] = \lim_{x \to \infty} \left(\frac{x^2}{1+2x} - \frac{1}{2}x \right) = \lim_{x \to \infty} \frac{-x}{2(1+2x)} = -\frac{1}{4} = b,$$

所以直线 $y = \frac{1}{2}x - \frac{1}{4}$ 为曲线 $y = \frac{x^2}{1+2x}$ 的斜渐近线；

（3）又 $y' = \frac{2x(x+1)}{(1+2x)^2}$，$y'' = \frac{2}{(1+2x)^3}$，令 $y' = 0$，得 $x_1 = -1$，$x_2 = 0$；

（4）列表判别如下：

x	$(-\infty, -1)$	-1	$\left(-1, -\frac{1}{2} \right)$	$\left(-\frac{1}{2}, 0 \right)$	0	$(0, +\infty)$
y'	$+$	0	$-$	$-$	0	$+$
y''	$-$	-2	$-$	$+$	2	$+$
y	↗	极大值 $f(-1)=-1$	↘	↘	极小值 $f(0)=0$	↗

（5）作图，结果如图 3-10 所示.

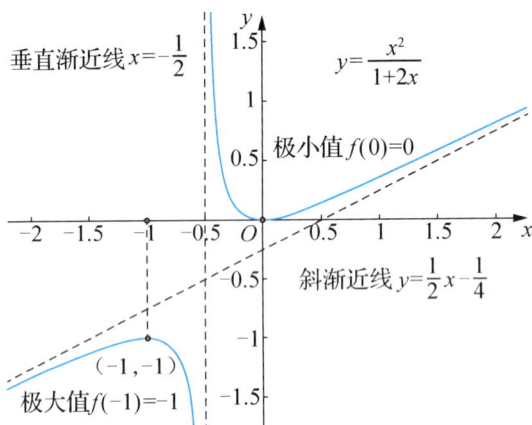

图 3-10

例 20 作函数 $y = \frac{1}{\sqrt{2\pi}} e^{-\frac{x^2}{2}}$ 的图形.

解 （1）函数 $y = \frac{1}{\sqrt{2\pi}} e^{-\frac{x^2}{2}}$ 的定义域是 $(-\infty, +\infty)$；

（2）因为 $\lim_{x \to \infty} \frac{1}{\sqrt{2\pi}} e^{-\frac{x^2}{2}} = 0$，所以直线 $y = 0$ 为曲线 $y = \frac{1}{\sqrt{2\pi}} e^{-\frac{x^2}{2}}$ 的水平渐近线；

（3）又 $y' = \frac{-x}{\sqrt{2\pi}} e^{-\frac{x^2}{2}}$，$y'' = \frac{(x+1)(x-1)}{\sqrt{2\pi}} e^{-\frac{x^2}{2}}$，令 $y' = 0$，得 $x_1 = 0$，令 $y'' = 0$，得 $x_2 = -1$，$x_3 = 1$；

（4）列表判别如下：

x	$(-\infty,-1)$	-1	$(-1,0)$	0	$(0,1)$	1	$(1,+\infty)$
y'	$+$		$+$	0	$-$		$-$
y''	$+$	0	$-$		$-$	0	$+$
y	↗	拐点 $\left(-1,\dfrac{1}{\sqrt{2\pi\mathrm{e}}}\right)$	↗	极大值 $f(0)=\dfrac{1}{\sqrt{2\pi}}$	↘	拐点 $\left(1,\dfrac{1}{\sqrt{2\pi\mathrm{e}}}\right)$	↘

（5）作图，结果如图 3-11 所示.

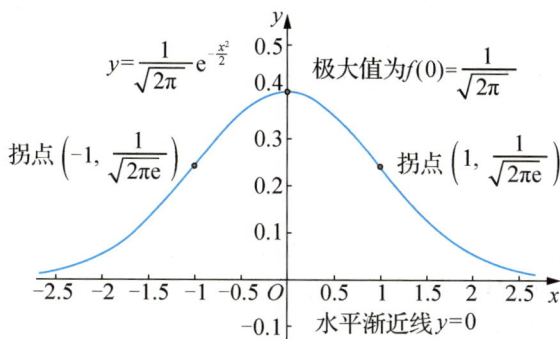

图 3-11

此函数图形是概率论与数理统计中非常重要的标准正态分布曲线.

习题 3-4

A 级题目

1. 求下列函数的单调区间：

（1）$y=x^3+x$；

（2）$y=2x^3-6x+5$；

（3）$y=x-\mathrm{e}^x$；

（4）$y=2x^2-\ln x$；

（5）$y=\dfrac{x+1}{x-1}$；

（6）$y=x-\sqrt{x}$；

（7）$y=\dfrac{\ln x}{x}$；

（8）$y=\dfrac{x^2}{1+x}$.

2. 证明下列不等式：

（1）当 $x<0$ 时，$\mathrm{e}^x>x$；

（2）当 $x>1$ 时，$3-\dfrac{1}{x}<2\sqrt{x}$.

3. 证明：函数 $y=x-\ln(1+x^2)$ 单调增加.

4. 证明：函数 $y=\sin x-x$ 单调减少.

5. 设在 $(-\infty,+\infty)$ 内 $f''(x)>0$，且 $f(0)<0$. 证明：函数 $F(x)=\dfrac{f(x)}{x}$ 在 $(-\infty,0)$ 和 $(0,+\infty)$ 内单调增加.

6. 求下列函数的极值：

(1) $y = x^3 - 9x^2 - 27$；

(2) $y = x - \ln(1+x)$；

(3) $y = x + \sqrt{1-x}$；

(4) $y = \dfrac{2x}{1+x^2}$；

(5) $y = x^2 e^{-x}$；

(6) $y = 3 - 2(x+1)^{\frac{1}{3}}$；

(7) $y = \sqrt{2+x-x^2}$；

(8) $y = (x+1)^{\frac{2}{3}}(x-5)^2$.

7. 试问：a 为何值时，函数 $f(x) = a\sin x + \dfrac{1}{3}\sin 3x$ 在 $x = \dfrac{\pi}{3}$ 处取得极值？它是极大值还是极小值？并求此极值.

8. 试问：a,b,c,d 为何值时，函数 $y = ax^3 + bx^2 + cx + d$ 在 $x=0$ 处有极大值 1，在 $x=2$ 处有极小值 0？

9. 确定下列曲线的凹向区间，并求拐点：

(1) $y = x^2 - x^3$；

(2) $y = x + \dfrac{1}{x}$；

(3) $y = xe^{-x}$；

(4) $y = \ln(x^2+1)$；

(5) $y = 3x^{-\frac{1}{3}} + 2x$；

(6) $y = x^2 - e^x$.

10. 试问 a,b 为何值时，点 $(1,3)$ 为曲线 $y = ax^3 + bx^2$ 的拐点.

11. 求下列曲线的渐近线：

(1) $y = e^x$；

(2) $y = e^{-x^2}$；

(3) $y = \ln x$；

(4) $y = e^{-\frac{1}{x}}$；

(5) $y = \dfrac{e^{-x}}{1+x}$；

(6) $y = \dfrac{2(x-2)(x+3)}{x-1}$；

(7) $y = \dfrac{x^3}{2(x+1)^3}$；

(8) $y = x + e^{-x}$；

(9) $y = \dfrac{x^2}{x-1}$；

(10) $y = \dfrac{x^3}{(x-1)^2}$.

12. 作下列函数的图形：

(1) $y = 3x - x^3$；

(2) $y = x^3 + 6x^2 - 15x - 20$；

(3) $y = \dfrac{1}{1+x^2}$；

(4) $y = \ln(1+x^2)$；

(5) $y = xe^{-x}$；

(6) $y = \dfrac{x^2}{1+2x}$.

B 级题目

1. 若函数 $f(x) = \begin{cases} x^{2x}, & x > 0, \\ xe^x + 1, & x \leqslant 0 \end{cases}$，求 $f'(x)$，并求函数 $f(x)$ 的单调区间与极值.

2. 已知函数 $y(x)$ 是由方程 $x^3 + y^3 - 12x + 12y - 16 = 0$ 所确定的隐函数，求 $y(x)$ 的极值.

3. 已知函数 $f(x) = \dfrac{x|x|}{1+x}$，求 $f(x)$ 的凹凸性及渐近线.

4. 求函数 $y = \dfrac{x^{1+x}}{(1+x)^x}(x>0)$ 的斜渐近线.

5. 已知关于 x 的方程 $\dfrac{1}{\ln(1+x)} - \dfrac{1}{x} = k$ 在区间 $(0,1)$ 内有实根，求 k 的取值范围.

第五节 函数的最值及其在经济分析中的应用

在经济问题中，我们常常会遇到这样的问题，怎样才能使"产品最多""用料最省""成本最低""利润最大"，等等. 这样的问题在数学中有时可归纳为求某一函数的最大值或最小值问题.

一、函数的最值

定义 3.5 设函数 $f(x)$ 在区间 I 上有定义，对于区间 I 上的任意点 x 及某点 x_0 均有 $f(x) \leqslant f(x_0)$，则称 $f(x_0)$ 是函数 $f(x)$ 在区间 I 上的最大值（maximum），称 x_0 是函数 $f(x)$ 在区间 I 上的最大值点；对于区间 I 上的任意点 x 及某点 x_0 均有 $f(x) \geqslant f(x_0)$，则称 $f(x_0)$ 是函数 $f(x)$ 在区间 I 上的最小值（minimum），称 x_0 是函数 $f(x)$ 在区间 I 上的最小值点.

函数的最大值和最小值统称为函数的最值，函数的最大值点和最小值点统称为函数的最值点. 若函数 $f(x)$ 在闭区间 $[a,b]$ 上连续，则根据闭区间上连续函数的性质，它一定能取得最大值和最小值至少各一次.

显然，函数的最值是指某区间上的最大值和最小值，是整体性概念；函数的极大值和极小值是某点邻域内的最大值和最小值，是局部性概念.

对于可导函数而言，其在区间 $[a,b]$ 上的最值要么在区间端点处取得，要么在区间 (a,b) 内取得，这时有 $f'(x_0) = 0$.

求连续函数 $f(x)$ 在闭区间 $[a,b]$ 上的最值的步骤如下：

① 求出在 (a,b) 内使 $f'(x) = 0$ 或 $f'(x)$ 不存在的点，记为 $x_1, x_2, \cdots, x_n$；

② 计算函数值 $f(a), f(x_1), f(x_2), \cdots, f(x_n), f(b)$；

③ 最大值 $M = \max\{f(a), f(x_1), f(x_2), \cdots, f(x_n), f(b)\}$，

最小值 $m = \min\{f(a), f(x_1), f(x_2), \cdots, f(x_n), f(b)\}$.

例 1 求函数 $y = 2x^3 + 3x^2$ 在 $[-2,1]$ 上的最值.

解 $y' = 6x^2 + 6x = 6x(x+1)$，令 $y' = 0$，得 $x_1 = 0$，$x_2 = -1$.

列表如下：

x	-2	-1	0	1
$f(x)$	-4	1	0	5

所以函数的最大值 $y_{\max} = f(1) = 5$，最小值 $y_{\min} = f(-2) = -4$.

例 2 求 $y = 3\sqrt[3]{x^2} - 2x$ 在 $\left[-1, \dfrac{1}{2}\right]$ 上的最值.

解 $y' = 2x^{-\frac{1}{3}} - 2 = \dfrac{2(1 - \sqrt[3]{x})}{\sqrt[3]{x}}$，令 $y' = 0$，得 $x_1 = 1 \notin \left[-1, \dfrac{1}{2}\right]$，又 y' 不存在的点为 $x_2 = 0$，

列表如下：

x	-1	0	$\dfrac{1}{2}$
$f(x)$	5	0	$\dfrac{3}{\sqrt[3]{4}}-1$

所以函数的最大值 $y_{\max}=f(-1)=5$，最小值 $y_{\min}=f(0)=0$。

当函数 $f(x)$ 在 $[a,b]$ 上连续，且在 (a,b) 内存在唯一极值点时，此极值点即为函数 $f(x)$ 在 $[a,b]$ 上的最值点。

在求实际问题中的最大值和最小值时，应建立目标函数（即求其最值的那个函数），并确定其定义区间，将问题转化为函数的最值问题。特别地，如果所考虑的实际问题存在最大值或最小值，并且所建立的目标函数 $f(x)$ 有唯一的驻点 x_0，则 $f(x_0)$ 即为所求的最大值或最小值。

例 3 设有一块边长为 a 的正方形薄铁皮，从其四角截去同样的小正方形，做成一个无盖的方盒。问：截去的小正方形边长为多少时，做成的盒子的容积最大？

解 设截去的小正方形边长为 x，则所做成方盒的容积为

$$V=(a-2x)^2 \cdot x, \quad 0<x<\frac{a}{2}.$$

求导得 $V'=(a-2x)(a-6x)$，令 $V'=0$，得 $\left(0,\dfrac{a}{2}\right)$ 内的唯一驻点 $x=\dfrac{a}{6}$。

由 $V''=24x-8a$，知 $V''\left(\dfrac{a}{6}\right)=-4a<0$，所以当 $x=\dfrac{a}{6}$ 时，容积 V 取得最大值。

例 4 从半径为 R 的圆形铁片上截下中心角为 θ 的扇形，做成一个圆锥形的漏斗。问：θ 取多大时，漏斗的容积最大？

解 设所做漏斗的底面半径为 r，高为 h，则

$$2\pi r=R\theta, \quad r=\sqrt{R^2-h^2},$$

漏斗的容积

$$V=\frac{1}{3}\pi r^2 h=\frac{1}{3}\pi h(R^2-h^2), \quad 0<h<R.$$

求导得 $V'=\dfrac{1}{3}\pi R^2-\pi h^2$，令 $V'=0$，得唯一驻点 $h=\dfrac{R}{\sqrt{3}}$。

由 $V''=-2\pi h$，知 $V''\left(\dfrac{R}{\sqrt{3}}\right)<0$，即当 $h=\dfrac{R}{\sqrt{3}}$ 时，$V(h)$ 取得最大值，此时

$$\theta=\frac{2\pi\sqrt{R^2-h^2}}{R}\bigg|_{h=\frac{R}{\sqrt{3}}}=\frac{2}{3}\sqrt{6}\,\pi,$$

因此，当 $\theta=\dfrac{2}{3}\sqrt{6}\,\pi$ 时，漏斗的容积最大。

二、经济应用问题举例

1. 最大利润问题

例 5　设某企业每周生产 x 件某产品的总成本(单位：万元)为

$$C(x)=\frac{1}{9}x^2+3x+96,$$

需求函数为 $x=81-3P$，其中 P 是产品的单价(单位：万元). 问：每周生产多少件该产品时，该企业获利最大？最大利润为多少？

解　设每周的产量为 x 件时的总收益函数为 $R(x)$，总利润函数为 $L(x)$，则

$$R(x)=Px=\frac{81-x}{3}\cdot x=-\frac{1}{3}x^2+27x,$$

$$L(x)=R(x)-C(x)=-\frac{4}{9}x^2+24x-96.$$

求导得 $L'(x)=-\frac{8}{9}x+24$，令 $L'(x)=0$，得唯一驻点 $x=27$.

因为 $L''(27)=-\frac{8}{9}<0$，所以，当 $x=27$ 时，$L(x)$ 取得最大值，最大利润为 $L(27)=228$(万元).

例 6　设某厂生产某种产品 Q 件的总成本函数为 $C(Q)=1200+2Q$，价格函数为 $P=\frac{100}{\sqrt{Q}}$，其中 P 为产品的价格(单位：万元)，若需求量等于产量.

(1)求需求对价格的弹性.

(2)问：当产量 Q 为多少时总利润最大？并求最大总利润.

解　(1)需求对价格的弹性

$$\frac{EQ}{EP}=\frac{P}{Q(P)}Q'(P)=\frac{P}{\dfrac{10\,000}{P^2}}\left(\frac{10\,000}{P^2}\right)'=\frac{P}{\dfrac{10\,000}{P^2}}\cdot\frac{-2\cdot10\,000}{P^3}=-2.$$

(2)总利润

$$L(Q)=R(Q)-C(Q)=PQ-C(Q)=\frac{100}{\sqrt{Q}}Q-1200-2Q=100\sqrt{Q}-1200-2Q,$$

$$L'(Q)=\frac{100}{2\sqrt{Q}}-2,$$

令 $L'(Q)=0$，得唯一驻点

$$Q=625,$$

又因为 $L''(625)<0$，所以，当产量为 625 件时，总利润最大，最大总利润为 $L(625)=50$(万元).

2. 最大收益问题

例 7　设某商品的需求量 Q 是价格 P 的函数 $Q=75-P^2$. 问：P 为何值时，总收益最大？

解 总收益函数 $R(Q) = PQ = 75P - P^3$，则 $R'(Q) = 75 - 3P^2$，令 $R'(Q) = 0$，得唯一驻点 $P = 5$.

又因为 $R''(5) = -30 < 0$，所以，当 $P = 5$ 时，总收益 $R(Q)$ 取得最大值，最大总收益为 $R(5) = 250$.

3. 经济批量问题

例8 设某商场每月平均销售某种商品 2500 件，每件的成本价为 150 元，年保管费率为 16%，而每次的订货费为 100 元. 问：每批进货多少件时，库存费与订货费之和最低？

解 设每批进货量为 x 件，则

每月的库存费为 $\dfrac{x}{2} \cdot \dfrac{150 \times 16\%}{12} = x$，每月的订货费为 $100 \cdot \dfrac{2500}{x}$，所以每月的库存费与订货费之和为

$$y = x + \frac{250\,000}{x}, \quad 0 < x < 2500.$$

求导得 $y' = 1 - \dfrac{250\,000}{x^2}$，令 $y' = 0$，得唯一驻点 $x = 500$.

又因为 $y''(500) > 0$，所以，当 $x = 500$ 时，y 取得极小值即最小值，最小值为 $y(500) = 1000$（元）.

4. 最大税收问题

例9 某种商品数量为 x 单位时的平均成本 $\bar{C}(x) = 2$，价格函数为 $P = 20 - 4x$，国家向企业每件商品征税为 t.

(1) 生产多少商品时，企业利润最大？

(2) 在企业取得最大利润的情况下，t 为何值时能使总税收最大？

解 (1) 总成本函数 $C(x) = x\bar{C}(x) = 2x$，总收益函数 $R(x) = xP(x) = 20x - 4x^2$，总税收 $T(x) = tx$，总利润函数 $L(x) = R(x) - C(x) - T(x) = (18 - t)x - 4x^2$.

求导得 $L'(x) = 18 - t - 8x$，令 $L'(x) = 0$，得唯一驻点 $x = \dfrac{18 - t}{8}$.

又因为 $L''\left(\dfrac{18 - t}{8}\right) = -8 < 0$，所以，当 $x = \dfrac{18 - t}{8}$ 时，企业利润最大.

(2) 企业取得最大利润时的税收为

$$T(x) = tx = \frac{18t - t^2}{8} \quad (x > 0).$$

求导得 $T'(x) = \dfrac{9 - t}{4}$，令 $T'(x) = 0$，得唯一驻点 $t = 9$.

又因为 $T''(9) = -\dfrac{1}{4} < 0$，所以，当 $t = 9$ 时，总税收取得最大值 $T(9) = \dfrac{81}{8}$，此时的总利润为 $L = \dfrac{81}{16}$.

习题 3-5

A 级题目

1. 求下列函数的最大值和最小值：

(1) $y=x^4-2x^2+5$，$x\in[-2,2]$；

(2) $y=\ln(1+x^2)$，$x\in[-1,2]$；

(3) $y=x+\sqrt{1-x}$，$x\in[-5,1]$；

(4) $y=4e^x+e^{-x}$，$x\in[-1,1]$；

(5) $y=xe^x$，$x\in[0,4]$；

(6) $y=x^2\sqrt{2-x}$，$x\in[0,2]$.

2. 要造一圆柱形油罐，体积为 V. 问：底面半径 r 和高 h 取何值时能使表面积最小？此时底面半径与高的比为多少？

3. 欲用围墙围成面积为 216m^2 的一块矩形场地，并在正中用一堵墙将其隔成两块. 问：这块土地的长和宽选取多大尺寸，才能使所用建筑材料最省？

4. 某产品的总成本函数为 $C(x)=\dfrac{x^2}{4}+3x+400$，其中 x 是产量. 当产量为何水平时，其平均成本最小？并求此最小值.

5. 某工厂生产某产品，日总成本为 C 万元，其中固定成本为 100 万元，每天多生产一个单位产品，成本增加 10 万元，该产品的需求函数为 $Q=50-2P$. 其中，P 为价格，Q 为需求量. 求 Q 为多少时，工厂日总利润最大.

本章小结

3.3　本章小结

中值定理	了解 罗尔（Rolle）定理、拉格朗日（Lagrange）中值定理及柯西中值定理
	熟悉 使用中值定理证明等式和不等式
洛必达法则	理解 洛必达（L'Hospital）法则的条件
	掌握 洛必达（L'Hospital）法则求未定式的极限
泰勒公式	掌握 泰勒中值定理
	了解 泰勒公式在经济学中的应用
导数的应用	理解 函数极值的概念
	了解 函数图形的凹向和拐点的概念
	掌握 利用导数判断函数的单调性和求极值的方法
	掌握 利用导数判断函数图形的凹向和求拐点的方法
	掌握 函数渐近线的求法
	掌握 函数的最大值和最小值的求法
	了解 函数图形的描绘
	了解 在经济分析中导数的应用问题（最值问题）

数学通识：此"拐点"非彼"拐点"

近年来，"拐点"一词频频出现于新闻报道、市场评论等，涉及社会的各个层面. 事实上，虽都称为"拐点"，不过部分新闻媒体中的拐点与数学中拐点的意义却不相同. 数学上，拐点是曲线凹弧与凸弧的分界点，反映函数变化率的增减趋势发生转折. 新闻媒体中的拐点是函数的极值点，不是数学的拐点.

数学上，拐点是平面曲线弯曲方向发生改变的转折点. 事实上，新闻媒体以及部分经济学中的拐点与数学中的拐点不同. 比如诺贝尔经济学奖获得者、美国经济学家阿瑟–刘易斯于 1954 年提出的刘易斯拐点（见图 3-12），即劳动力由过剩到短缺的转折点，是指在工业化过程中，随着农村富余劳动力向非农产业的逐步转移，农村富余劳动力逐渐减少，最终枯竭.

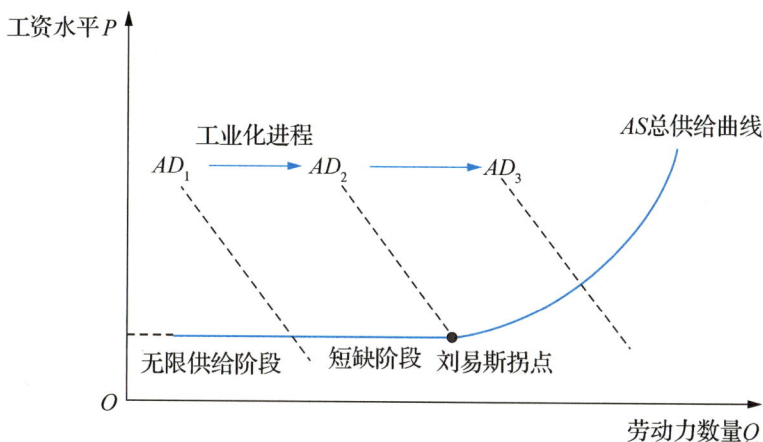

图 3-12

归纳起来，新闻媒体中的"拐点"指增长与下降的转折点，这在数学上对应的是函数的极值点，不是拐点！如果在新闻媒体中采用数学意义的拐点，则既能反映相关函数值与导数值的变化趋势，还有利于对函数值未来的变化趋势做出预测.

总复习题三

1. 下列函数在给定区间上是否满足罗尔定理的条件？如果满足，求出定理中的 ξ 值.

(1) $y = \ln\sin x$，$x \in \left[\dfrac{\pi}{6}, \dfrac{5\pi}{6}\right]$；

(2) $y = \begin{cases} x\sin\dfrac{1}{x}, & x \neq 0, \\ 0, & x = 0, \end{cases}$ $x \in \left[-\dfrac{\pi}{2}, \dfrac{\pi}{2}\right]$.

2. 证明：曲线 $y = e^x$ 与 $y = ax^2 + bx + c$ 的交点不超过 3 个.

3. 若 $a_0, a_1, \cdots, a_n$ 是满足 $a_0 + \dfrac{a_1}{2} + \dfrac{a_2}{3} + \cdots + \dfrac{a_n}{n+1} = 0$ 的实数. 证明：方程

$$a_0 + a_1 x + a_2 x^2 + \cdots + a_n x^n = 0$$

在 $(0,1)$ 内至少有一个实根.

4. 设 $f(x)$ 在 $[a,b]$ 上可微，且 $f(a) = f(b) = 0$. 证明：在 (a,b) 内存在一点 ξ，使 $f'(\xi) = f(\xi)$.

5. 设 $f(x)$ 在 $[0,1]$ 上二阶可导，且 $f(0) = f(1) = 0$，又 $F(x) = xf(x)$. 证明：$F(x)$ 在 $(0,1)$ 内至少存在一点 ξ，使 $F''(\xi) = 0$.

6. 下列函数在给定区间上是否满足拉格朗日中值定理的条件？如果满足，求出定理中的 ξ 值.

(1) $y = \sqrt[3]{(x-1)^2}$，$x \in [-1,2]$；

(2) $y = \begin{cases} \dfrac{3-x^2}{2}, & x \leqslant 1, \\ \dfrac{1}{x}, & x > 1, \end{cases}$ $x \in [0,2]$.

7. 证明：不等式 $\dfrac{x}{1+x} < \ln(x+1) < x$，$x > 0$.

8. 设 $f(x)$ 在 $[a,b]$ 上连续，在 (a,b) 内可导. 证明：在 (a,b) 内至少存在一点 ξ 使

$$\frac{b^n f(b) - a^n f(a)}{b - a} = [nf(\xi) + \xi f'(\xi)]\xi^{n-1}, \quad n \geqslant 1.$$

9. 若函数 $f(x)$ 在 $[a,b]$ 上连续，在 (a,b) 内存在二阶导数，且 $f(a) = f(b) = 0$，$f(c) > 0$，其中 $a < c < b$. 证明：在 (a,b) 内至少存在一点 ξ，使 $f''(\xi) < 0$.

10. 用洛必达法则求下列极限：

(1) $\lim\limits_{x \to \frac{\pi}{2}} \dfrac{\ln\sin x}{(\pi - 2x)^2}$；

(2) $\lim\limits_{x \to 0} \dfrac{x - \tan x}{\sin^3 x}$；

(3) $\lim\limits_{x \to 1} \left(\dfrac{x}{x-1} - \dfrac{1}{\ln x}\right)$；

(4) $\lim\limits_{x\to 0}\left(\dfrac{e^x+e^{2x}+\cdots+e^{nx}}{n}\right)^{\frac{1}{x}}$；

(5) $\lim\limits_{x\to +\infty}\left(e^{\frac{1}{x}}-1\right)^{\frac{1}{\ln x}}$；

(6) $\lim\limits_{x\to 0^+}\left(\ln\dfrac{1}{x}\right)^x$.

11. 设 $f(x)=\begin{cases}\dfrac{g(x)-e^{-x}}{x}, & x\neq 0,\\ 0, & x=0,\end{cases}$ 其中 $g(x)$ 有二阶导数，且 $g(0)=1$，$g'(0)=-1$.

(1) 求 $f'(x)$；

(2) 判断 $f'(x)$ 在 $(-\infty,+\infty)$ 内的连续性.

12. 证明下列不等式：

(1) 当 $x>1$ 时，$\ln x>\dfrac{2(x-1)}{x+1}$；

(2) 当 $0<x<1$ 时，$e^{2x}<\dfrac{1+x}{1-x}$；

(3) 当 $b>a>e$ 时，$a^b>b^a$.

13. 若 $f(0)=0$，且 $f'(x)$ 在 $[0,+\infty)$ 内单调增加. 证明：函数 $F(x)=\dfrac{f(x)}{x}$ 在 $(0,+\infty)$ 内也单调增加.

14. 设函数 $f(x)=\begin{cases}x+1, & x\leqslant 0,\\ x^{2x}, & x>0.\end{cases}$

(1) 研究函数 $f(x)$ 在 $x=0$ 处的连续性；

(2) 问 x 为何值时，$f(x)$ 取得极值.

15. 试确定 p 的取值范围，使方程 $x^3-3x+p=0$，

(1) 有一个实根；

(2) 有两个实根；

(3) 有三个实根.

16. 确定曲线 $y=\dfrac{2x}{1+x^2}$ 的凹向区间，并求拐点.

17. 试问 a,b,c,d 为何值时，曲线 $y=ax^3+bx^2+cx+d$ 在 $x=-2$ 处有水平切线，$(1,-10)$ 为拐点，且 $(-2,44)$ 在曲线上.

18. 求下列曲线的渐近线：

(1) $y=x+e^{-x}$；　　　　　　　　(2) $y=\ln\dfrac{x^2-3x+2}{x^2+1}$；

(3) $y=xe^{\frac{1}{x^2}}$；　　　　　　　　(4) $y=\sqrt{x^2-2x}$.

19. 设某产品的价格函数为 $P=10-3Q$，其中 P 为价格，Q 为需求量，且平均成本 $\overline{C}=Q$. 问：当产品的需求量为多少时，可使利润最大？并求此最大利润.

20. 某厂生产某种商品，其年产量为 100 万件，每批生产需增加准备费 1000 元，而每件的年库存费为 0.05 元，如果均匀销售，且上批销售完后，立即生产下一批（此

时商品库存数为批量的一半）．问：应分几批生产，能使生产准备费与库存费之和最小？

21. 某商品的需求函数为 $Q(P) = 75 - P^2$.

（1）求 $P = 4$ 时的边际需求，并说明其经济意义.

（2）求 $P = 4$ 时的需求弹性，并说明其经济意义.

（3）当 $P = 4$ 及 $P = 6$ 时，若价格 P 上涨 1%，总收益将分别变化百分之几，是增加还是减少？

（4）当 P 为多少时，总收益最大？

第四章 不定积分

一元函数积分学是一元函数微积分学的另一个重要组成部分，不定积分可看成是微分的逆运算. 在第二章中，我们讨论了如何求一个函数的导数问题，但是在实际问题中，常常会遇到相反的问题，即寻求一个可导函数，使它的导函数等于已知函数.

例如，在经济分析中，已知产品的边际成本 $C'(x)$，求产品的总成本函数 $C(x)$；已知产品的边际收益 $R'(x)$，求产品的总收益函数 $R(x)$，等等.

本章将从原函数概念入手，介绍不定积分的概念、性质及求不定积分的基本方法.

第一节 不定积分的概念与性质

一、原函数

定义 4.1 设函数 $F(x)$ 与 $f(x)$ 在区间 I 上都有定义，若对 I 上任意一点 x，都有
$$F'(x)=f(x) \text{ 或 } dF(x)=f(x)dx,$$
则称 $F(x)$ 为 $f(x)$ 在区间 I 上的一个**原函数**(primitive function).

4.1 原函数的概念

例如，在 $(-\infty,+\infty)$ 内 $(\sin x)'=\cos x$，故 $\sin x$ 是 $\cos x$ 在区间 $(-\infty,+\infty)$ 内的一个原函数. 显然，$\sin x+2$，$\sin x-\sqrt{3}$ 等都是 $\cos x$ 的原函数，一般地，对任意常数 C，$\sin x+C$ 都是 $\cos x$ 的原函数.

进一步，我们可以得到下面的结论：

（i）如果有一个函数 $F(x)$，使得对于区间 I 上任一 x 都有 $F'(x)=f(x)$，那么，对任意常数 C，显然有
$$[F(x)+C]'=f(x),$$
即对任意常数 C，$F(x)+C$ 也是函数 $f(x)$ 的原函数. 这说明，如果函数 $f(x)$ 在区间 I 上有一个原函数 $F(x)$，那么，$f(x)$ 在区间 I 上就有无穷多个原函数.

（ii）如果 $F(x)$ 是 $f(x)$ 在区间 I 上的一个原函数，那么，$F(x)+C$（C 为任意常数）是 $f(x)$ 在区间 I 内的全体原函数.

事实上，设 $G(x)$ 是 $f(x)$ 在区间 I 上的另一个原函数，即对任何 $x\in I$ 有
$$G'(x)=f(x)=F'(x),$$
于是

$$[G(x)-F(x)]'=G'(x)-F'(x)=f(x)-f(x)=0.$$

由于在一个区间上导数恒等于零的函数必为常数，所以

$$G(x)-F(x)=C_0(C_0 \text{ 为某个常数}).$$

这表明在区间 I 上 $G(x)$ 与 $F(x)$ 至多只相差一个常数，也就是一个函数的任意两个原函数之间相差一个常数.

由此可知，若 $F(x)$ 为函数 $f(x)$ 在区间 I 上的一个原函数，则函数 $f(x)$ 的全体原函数为 $F(x)+C(C$ 为任意常数$)$.

原函数的存在定理将在第五章讨论，这里先介绍一个结论.

定理 4.1 如果函数 $f(x)$ 在区间 I 上连续，那么在区间 I 上存在可导函数 $F(x)$，使对任一 $x \in I$ 都有

$$F'(x)=f(x).$$

简单地说：区间 I 上的连续函数一定有原函数.

这是原函数存在的一个充分条件. 必须指出：对初等函数来说，在其定义区间上，它的原函数一定存在，但原函数不一定都是初等函数. 注意可导初等函数的导数一定是初等函数.

例 1 设 $F(x)$ 是 e^{-x^2} 的一个原函数，求 $dF(2x)$.

解 由于 $F'(x)=e^{-x^2}$，故

$$dF(2x)=F'(2x) \cdot 2dx=2e^{-4x^2}dx.$$

二、不定积分的概念

1. 不定积分的定义

定义 4.2 在区间 I 上，函数 $f(x)$ 的带有任意常数项的原函数称为函数 $f(x)$（或 $f(x)dx$）在区间 I 上的**不定积分**（indefinite integral），记作

$$\int f(x)dx,$$

其中 $\int$ 称为**不定积分号**，$f(x)$ 称为**被积函数**，$f(x)dx$ 称为**被积表达式**，x 称为**积分变量**.

由定义知，如果 $F(x)$ 是 $f(x)$ 在区间 I 上的一个原函数，那么

$$\int f(x)dx=F(x)+C,$$

其中 C 称为**积分常数**.

由此可知，求已知函数 $f(x)$ 的不定积分，就是求 $f(x)$ 的全体原函数. 在 $\int f(x)dx$ 中，积分号 $\int$ 表示对函数 $f(x)$ 实行求原函数的运算，故求不定积分的运算实质上就是求导（或求微分）运算的逆运算.

例 2 问：$\dfrac{d}{dx}\left(\int f(x)dx\right)$ 与 $\int f'(x)dx$ 是否相等？

解 不相等. 事实上，设 $F'(x)=f(x)$，则

$$\frac{\mathrm{d}}{\mathrm{d}x}\Big[\int f(x)\,\mathrm{d}x\Big]=[F(x)+C]'=F'(x)+0=f(x).$$

而由不定积分定义可得

$$\int f'(x)\,\mathrm{d}x=f(x)+C\,(C\ \text{为任意常数}).$$

所以

$$\frac{\mathrm{d}}{\mathrm{d}x}\Big[\int f(x)\,\mathrm{d}x\Big]\neq\int f'(x)\,\mathrm{d}x.$$

例 3　求不定积分 $\int \mathrm{d}(x^3+\sin x)$.

解　$\int \mathrm{d}(x^3+\sin x)=x^3+\sin x+C.$

例 4　求不定积分 $\int\dfrac{1}{x}\,\mathrm{d}x$.

解　当 $x>0$ 时，$(\ln|x|)'=(\ln x)'=\dfrac{1}{x}$，所以 $\ln x$ 是 $\dfrac{1}{x}$ 在 $(0,+\infty)$ 内的一个原函数.
因此，在 $(0,+\infty)$ 内有

$$\int\frac{1}{x}\,\mathrm{d}x=\ln x+C.$$

当 $x<0$ 时，$(\ln|x|)'=[\ln(-x)]'=\dfrac{1}{-x}(-1)=\dfrac{1}{x}$，所以 $\ln(-x)$ 是 $\dfrac{1}{x}$ 在 $(-\infty,0)$ 内的一个原函数. 因此，在 $(-\infty,0)$ 内有

$$\int\frac{1}{x}\,\mathrm{d}x=\ln(-x)+C.$$

综上可得

$$\int\frac{1}{x}\,\mathrm{d}x=\ln|x|+C.$$

有时要从全体原函数中，确定一个满足条件 $y(x_0)=y_0$（称为初始条件）的原函数，也即通过点 (x_0,y_0) 的积分曲线，此条件可唯一确定积分常数 C 的值，这时原函数就唯一确定了.

例 5　设某产品的边际成本函数

$$C'(Q)=2Q+3,$$

其中 Q 是产量，已知固定成本为 2，求总成本函数.

解　因为 $(Q^2+3Q)'=2Q+3$，所以 Q^2+3Q 是 $2Q+3$ 的一个原函数，从而

$$C(Q)=Q^2+3Q+C\,(C\ \text{为积分常数}),$$

由 $C(0)=2$，可得 $C=2$，因此，总成本函数为

$$C(Q)=Q^2+3Q+2.$$

2. 不定积分的几何意义

设函数 $F(x)$ 是函数 $f(x)$ 的一个原函数，则 $y=F(x)$ 的图形是平面直角坐标系中的一条曲线，称为 $f(x)$ 的一条积分曲线. 也就是函数 $f(x)$ 的原函数的图形称为 $f(x)$ 的积分曲线. 而 $y=F(x)+C$

4.2　不定积分的几何意义

的图形则是上述积分曲线沿着 y 轴方向任意平行移动得到的 $f(x)$ 的无穷多条积分曲线，称为 $f(x)$ 的积分曲线族. 不定积分的几何意义就是一个积分曲线族，它的特点是：各积分曲线在横坐标相同的点 x_0 处的切线斜率相等，均为 $f(x_0)$，即各切线相互平行.

例 6 求经过点 $(1,3)$ 且其切线斜率为 $2x$ 的曲线方程.

解 由题设 $y'=2x$，所以有

$$y=\int 2x\mathrm{d}x=x^2+C,$$

将 $x=1$，$y=3$ 代入上式，得 $C=2$. 故所求曲线方程为

$$y=x^2+2.$$

三、基本积分公式

由于积分运算是微分运算的逆运算，所以从导数公式可得相应的积分公式.

（1）$\int k\mathrm{d}x=kx+C$（k 是常数）. （2）$\int x^{\mu}\mathrm{d}x=\dfrac{1}{\mu+1}x^{\mu+1}+C$（$\mu\neq-1$）.

（3）$\int \dfrac{1}{x}\mathrm{d}x=\ln|x|+C$. （4）$\int a^x\mathrm{d}x=\dfrac{a^x}{\ln a}+C$（$a>0$ 且 $a\neq1$）.

（5）$\int \mathrm{e}^x\mathrm{d}x=\mathrm{e}^x+C$. （6）$\int \sin x\mathrm{d}x=-\cos x+C$.

（7）$\int \cos x\mathrm{d}x=\sin x+C$. （8）$\int \sec x\tan x\mathrm{d}x=\sec x+C$.

（9）$\int \csc x\cot x\mathrm{d}x=-\csc x+C$. （10）$\int \sec^2 x\mathrm{d}x=\tan x+C$.

（11）$\int \csc^2 x\mathrm{d}x=-\cot x+C$. （12）$\int \dfrac{1}{\sqrt{1-x^2}}\mathrm{d}x=\arcsin x+C$.

（13）$\int \dfrac{1}{1+x^2}\mathrm{d}x=\arctan x+C$.

要验证这些公式，只需验证等式右端的导数等于左端不定积分的被积函数，这种方法也是我们验证不定积分的计算是否正确的常用方法.

以上 13 个基本积分公式是求不定积分的基础，必须熟记.

例 7 求不定积分 $\int x\sqrt{x}\,\mathrm{d}x$.

解 $\int x\sqrt{x}\,\mathrm{d}x=\int x^{\frac{3}{2}}\mathrm{d}x=\dfrac{1}{\frac{3}{2}+1}x^{\frac{3}{2}+1}+C=\dfrac{2}{5}x^{\frac{5}{2}}+C$.

例 8 求不定积分 $\int \dfrac{1}{x^4}\mathrm{d}x$.

解 $\int \dfrac{1}{x^4}\mathrm{d}x=\int x^{-4}\mathrm{d}x=\dfrac{1}{-4+1}x^{-4+1}+C=-\dfrac{1}{3}x^{-3}+C$.

例 9 求不定积分 $\int 2^x\mathrm{d}x$.

解 $\int 2^x\mathrm{d}x=\dfrac{1}{\ln 2}2^x+C$.

四、不定积分的基本性质

根据不定积分的定义及导数或微分的运算法则，可以推得不定积分的以下基本性质：

(1)设函数 $f(x)$ 的原函数存在，k 为非零常数，则

$$\int kf(x)\,\mathrm{d}x = k\int f(x)\,\mathrm{d}x,$$

即被积函数不为零的常数因子可移到积分号的外面.

(2)设函数 $f(x)$ 和 $g(x)$ 的原函数存在，则

$$\int [f(x)\pm g(x)]\,\mathrm{d}x = \int f(x)\,\mathrm{d}x \pm \int g(x)\,\mathrm{d}x.$$

上式可推广到有限个函数代数和的积分情形，

$$\int [f_1(x)\pm\cdots\pm f_n(x)]\,\mathrm{d}x = \int f_1(x)\,\mathrm{d}x \pm\cdots\pm \int f_n(x)\,\mathrm{d}x.$$

(3)设函数 $f(x)$ 的原函数存在，则

$$\left(\int f(x)\,\mathrm{d}x\right)' = f(x) \ \text{或} \ \mathrm{d}\left(\int f(x)\,\mathrm{d}x\right) = f(x)\,\mathrm{d}x.$$

先积分后求导或微分，则还原.

(4)若函数 $f(x)$ 可导，则

$$\int f'(x)\,\mathrm{d}x = f(x)+C \ \text{或} \ \int \mathrm{d}f(x) = f(x)+C.$$

先求导或微分后积分，则差一常数.

直接积分法： 利用不定积分的运算性质和基本积分公式，通过对被积函数进行适当的代数或三角的恒等变形，求一些简单函数不定积分的方法.

例 10　求不定积分 $\displaystyle\int\left(\frac{1}{x}-2\cos x+3\sqrt{x}+4\right)\mathrm{d}x$.

解　$\displaystyle\int\left(\frac{1}{x}-2\cos x+3\sqrt{x}+4\right)\mathrm{d}x = \int\frac{1}{x}\,\mathrm{d}x-2\int\cos x\,\mathrm{d}x+3\int\sqrt{x}\,\mathrm{d}x+4\int\mathrm{d}x$

$$= \ln|x|-2\sin x+3\cdot\frac{2}{3}x^{\frac{3}{2}}+4x+C$$

$$= \ln|x|-2\sin x+2x^{\frac{3}{2}}+4x+C.$$

例 11　求不定积分 $\displaystyle\int\sqrt{x}(x^2-2\sqrt{x}+5)\,\mathrm{d}x$.

解　$\displaystyle\int\sqrt{x}(x^2-2\sqrt{x}+5)\,\mathrm{d}x = \int\left(x^{\frac{5}{2}}-2x+5x^{\frac{1}{2}}\right)\mathrm{d}x = \int x^{\frac{5}{2}}\,\mathrm{d}x-2\int x\,\mathrm{d}x+5\int x^{\frac{1}{2}}\,\mathrm{d}x$

$$= \frac{2}{7}x^{\frac{7}{2}}-x^2+\frac{10}{3}x^{\frac{3}{2}}+C.$$

例 12　求不定积分 $\displaystyle\int\frac{(x-1)^2}{\sqrt[3]{x}}\,\mathrm{d}x$.

解　$\displaystyle\int\frac{(x-1)^2}{\sqrt[3]{x}}\,\mathrm{d}x = \int\frac{x^2-2x+1}{\sqrt[3]{x}}\,\mathrm{d}x = \int x^{\frac{5}{3}}\,\mathrm{d}x-2\int x^{\frac{2}{3}}\,\mathrm{d}x+\int x^{-\frac{1}{3}}\,\mathrm{d}x = \frac{3}{8}x^{\frac{8}{3}}-\frac{6}{5}x^{\frac{5}{3}}+\frac{3}{2}x^{\frac{2}{3}}+C.$

例 13　求不定积分 $\displaystyle\int 3^x(e^x-1)\,dx$.

解　$\displaystyle\int 3^x(e^x-1)\,dx = \int (3^x e^x - 3^x)\,dx = \int (3e)^x\,dx - \int 3^x\,dx$

$$= \frac{(3e)^x}{\ln(3e)} - \frac{3^x}{\ln 3} + C = \frac{(3e)^x}{1+\ln 3} - \frac{3^x}{\ln 3} + C.$$

例 14　求不定积分 $\displaystyle\int \frac{x^4+1}{x^2+1}\,dx$.

解　$\displaystyle\int \frac{x^4+1}{x^2+1}\,dx = \int \frac{(x^4-1)+2}{x^2+1}\,dx = \int \left(x^2-1+\frac{2}{x^2+1}\right)dx = \int x^2\,dx - \int dx + 2\int \frac{1}{x^2+1}\,dx$

$$= \frac{1}{3}x^3 - x + 2\arctan x + C.$$

例 15　求不定积分 $\displaystyle\int \cos^2\frac{x}{2}\,dx$.

解　$\displaystyle\int \cos^2\frac{x}{2}\,dx = \int \frac{1+\cos x}{2}\,dx = \frac{1}{2}\int dx + \frac{1}{2}\int \cos x\,dx = \frac{1}{2}x + \frac{1}{2}\sin x + C.$

例 16　求不定积分 $\displaystyle\int \frac{1}{\sin^2\frac{x}{2}\cos^2\frac{x}{2}}\,dx$.

解　$\displaystyle\int \frac{1}{\sin^2\frac{x}{2}\cos^2\frac{x}{2}}\,dx = \int \frac{1}{\left(\frac{\sin x}{2}\right)^2}\,dx = 4\int \csc^2 x\,dx = -4\cot x + C.$

例 17　求不定积分 $\displaystyle\int \frac{1}{\sin^2 x \cos^2 x}\,dx$.

解　$\displaystyle\int \frac{1}{\sin^2 x \cos^2 x}\,dx = \int \frac{\sin^2 x + \cos^2 x}{\sin^2 x \cos^2 x}\,dx = \int \sec^2 x\,dx + \int \csc^2 x\,dx = \tan x - \cot x + C.$

例 18　求不定积分 $\displaystyle\int \tan^2 x\,dx$.

解　$\displaystyle\int \tan^2 x\,dx = \int (\sec^2 x - 1)\,dx = \int \sec^2 x\,dx - \int dx = \tan x - x + C.$

例 19　已知 $\displaystyle\int f(x)e^{x^2}\,dx = -e^{x^2} + C$，求 $f(x)$.

解　因为 $\displaystyle\int f(x)e^{x^2}\,dx = -e^{x^2} + C$，所以

$$\frac{d}{dx}\left[\int f(x)e^{x^2}\,dx\right] = \frac{d}{dx}(-e^{x^2}+C),$$

即 $f(x)e^{x^2} = -2xe^{x^2}$，故

$$f(x) = -2x.$$

例 20　设销售 x 个单位产品时的边际收益 $R'(x) = 100x - e^x$，求总收益函数 $R(x)$.

解　$\displaystyle R(x) = \int R'(x)\,dx = \int (100x - e^x)\,dx = 50x^2 - e^x + C,$

由于当销量 $x=0$ 时的收益 $R(0)=0$，代入上式，得 $C=1$，所以，总收益函数

$$R(x) = 50x^2 - e^x + 1.$$

例 21 设某商品的需求量 Q 是价格 P 的函数, 该商品的最大需求量为 1000 (即 $P=0$ 时, $Q=1000$), 已知需求量的变化率(边际需求)为

$$Q'(P) = -1000\ln3 \cdot \left(\frac{1}{3}\right)^P,$$

试求需求量 Q 与价格 P 的函数关系.

解 $Q(P) = \int Q'(P)\,\mathrm{d}P = -1000\ln3 \int \left(\frac{1}{3}\right)^P \mathrm{d}P = -1000\ln3 \,\frac{1}{\ln\frac{1}{3}} \left(\frac{1}{3}\right)^P + C$

$$= 1000\left(\frac{1}{3}\right)^P + C,$$

因为当 $P=0$ 时, $Q=1000$, 所以有 $C=0$. 于是

$$Q(P) = 1000\left(\frac{1}{3}\right)^P.$$

习题 4-1

A 级题目

1. 设 $F(x)$ 是 $\dfrac{\sin x}{x}$ 的一个原函数, 求 $\dfrac{\mathrm{d}F(3x)}{\mathrm{d}x}$.

2. 已知曲线经过点 $(0,5)$, 且其上任一点 (x,y) 处的切线斜率都等于 $\sin x$, 求此曲线的方程.

3. 求下列不定积分:

(1) $\displaystyle\int \frac{1}{x^3}\,\mathrm{d}x$;

(2) $\displaystyle\int x\sqrt[3]{x}\,\mathrm{d}x$;

(3) $\displaystyle\int \frac{1}{\sqrt{2x}}\,\mathrm{d}x$;

(4) $\displaystyle\int \sqrt{x\sqrt{x}}\,\mathrm{d}x$;

(5) $\displaystyle\int (1-3x^2)\,\mathrm{d}x$;

(6) $\displaystyle\int (2^x+2x)\,\mathrm{d}x$;

(7) $\displaystyle\int \left(\sqrt[3]{x}-\frac{1}{\sqrt[4]{x^3}}\right)\mathrm{d}x$;

(8) $\displaystyle\int \sqrt{x}\,(x-2)\,\mathrm{d}x$;

(9) $\displaystyle\int (x^2-2)^2\,\mathrm{d}x$;

(10) $\displaystyle\int (\sqrt{x}-1)(\sqrt[3]{x}+2)\,\mathrm{d}x$;

(11) $\displaystyle\int \frac{x^2+1}{\sqrt{x}}\,\mathrm{d}x$;

(12) $\displaystyle\int \frac{(x+1)^2}{x}\,\mathrm{d}x$;

(13) $\displaystyle\int \frac{x^2}{x^2+1}\,\mathrm{d}x$;

(14) $\displaystyle\int \frac{3x^4+2x^3+4x^2+2x+5}{1+x^2}\,\mathrm{d}x$;

(15) $\displaystyle\int \left(\frac{3}{x^2+1}+\frac{5}{\sqrt{1-x^2}}\right)\mathrm{d}x$;

(16) $\displaystyle\int \mathrm{e}^x\left(1+\frac{\mathrm{e}^{-x}}{x}\right)\mathrm{d}x$;

(17) $\displaystyle\int \frac{3\cdot 2^x+5\cdot 3^x}{2^x}\,\mathrm{d}x$;

(18) $\displaystyle\int (2^x+3^x)^2\,\mathrm{d}x$;

(19) $\displaystyle\int \left(2^x\mathrm{e}^x-\frac{5}{x}\right)\mathrm{d}x$;

(20) $\displaystyle\int \frac{\mathrm{e}^{2t}-1}{\mathrm{e}^t-1}\,\mathrm{d}t$;

$(21) \int \sec x (\sec x - \tan x) \, dx$;　　　　$(22) \int \csc x (\csc x + \cot x) \, dx$;

$(23) \int \dfrac{\cos 2x}{\cos x + \sin x} \, dx$;　　　　$(24) \int \dfrac{\cos 2x}{\sin^2 x \cos^2 x} \, dx$;

$(25) \int \dfrac{1 + \sin 2x}{\cos x + \sin x} \, dx$;　　　　$(26) \int \dfrac{1}{1 + \cos 2x} \, dx$;

$(27) \int \sin^2 \dfrac{x}{2} \, dx$;　　　　$(28) \int \cot^2 x \, dx$.

4. 求 $\left(\int e^{x^2} \, dx \right)'$.

5. 求 $d \left(\int \arcsin \sqrt{x} \, dx \right)$.

6. 已知 $\int \dfrac{f(x)}{\ln x} \, dx = \sin 2x + C$，求 $f(x)$.

第二节　不定积分的换元积分法

能直接利用基本的积分公式表计算不定积分的问题是十分有限的. 本节我们把复合函数的微分法反过来用于求不定积分，利用中间变量的代换，把某些不定积分化为可利用基本积分公式的形式，得到较为有效的积分方法——换元积分法. 下面介绍两种换元法：第一类换元法和第二类换元法.

一、第一类换元积分法

设 $F(u)$ 是 $f(u)$ 的一个原函数，则

$$F'(u) = f(u), \quad \int f(u) \, du = F(u) + C.$$

如果 u 是 x 的函数 $u = \varphi(x)$，且 $\varphi(x)$ 可微，那么，由复合函数微分法有

$$dF[\varphi(x)] = f[\varphi(x)] \varphi'(x) \, dx.$$

根据不定积分的定义，得

$$\int f[\varphi(x)] \varphi'(x) \, dx = \int f[\varphi(x)] \, d\varphi(x)$$

$$\xlongequal{u = \varphi(x)} \int f(u) \, du = F(u) + C$$

$$\xlongequal{\text{代回}} F[\varphi(x)] + C.$$

以上方法我们称为第一类换元法，也称凑微分法.

定理 4.2　设 $f(u)$ 有原函数 $F(u)$，$u = \varphi(x)$ 可导，则

$$\int f[\varphi(x)] \varphi'(x) \, dx = F[\varphi(x)] + C.$$

此定理给出了一种求 $\int g(x) \, dx$ 的方法：如果 $g(x)$ 可以化为 $g(x) = f[\varphi(x)] \varphi'(x)$ 的形式，那么

$$\int g(x) \, dx = \int f[\varphi(x)] \varphi'(x) \, dx = \int f[\varphi(x)] \, d\varphi(x) = \left[\int f(u) \, du \right] \Bigg|_{u = \varphi(x)},$$

这样，函数 $g(x)$ 的积分即转化为函数 $f(u)$ 的积分. 如果能求得 $f(u)$ 的原函数，那么也就得到了 $g(x)$ 的原函数. 从这里也可看出，关键之一是转化后的函数 $f(u)$ 的原函数必须容易求得.

在利用凑微分法求不定积分时，以下的凑微分情形经常出现：

（1）$\int f(ax+b)\mathrm{d}x = \dfrac{1}{a}\int f(ax+b)\mathrm{d}(ax+b)\,(a\neq 0)$.

（2）$\int f(\mathrm{e}^x)\mathrm{e}^x\mathrm{d}x = \int f(\mathrm{e}^x)\mathrm{d}\mathrm{e}^x$.

（3）$\int f(x^\mu)x^{\mu-1}\mathrm{d}x = \dfrac{1}{\mu}\int f(x^\mu)\mathrm{d}x^\mu\,(\mu\neq 0)$.

（4）$\int f(\ln x)\dfrac{1}{x}\mathrm{d}x = \int f(\ln x)\mathrm{d}\ln x$.

（5）$\int f(\cos x)\sin x\mathrm{d}x = -\int f(\cos x)\mathrm{d}\cos x$.

（6）$\int f(\sin x)\cos x\mathrm{d}x = \int f(\sin x)\mathrm{d}\sin x$.

（7）$\int f(\tan x)\sec^2 x\mathrm{d}x = \int f(\tan x)\mathrm{d}\tan x$.

（8）$\int f(\cot x)\csc^2 x\mathrm{d}x = -\int f(\cot x)\mathrm{d}\cot x$.

（9）$\int f(\arcsin x)\dfrac{1}{\sqrt{1-x^2}}\mathrm{d}x = \int f(\arcsin x)\mathrm{d}\arcsin x$.

（10）$\int f(\arctan x)\dfrac{1}{1+x^2}\mathrm{d}x = \int f(\arctan x)\mathrm{d}\arctan x$.

例 1　求不定积分 $\displaystyle\int \dfrac{1}{3+2x}\mathrm{d}x$.

解　因为 $\dfrac{1}{3+2x} = \dfrac{1}{2}\cdot\dfrac{1}{3+2x}\cdot(3+2x)'$，于是有

$$\int \frac{1}{3+2x}\mathrm{d}x = \frac{1}{2}\int \frac{1}{3+2x}\mathrm{d}(3+2x)\,(\diamondsuit\ u=3+2x)$$

$$= \frac{1}{2}\int \frac{1}{u}\mathrm{d}u = \frac{1}{2}\ln|u|+C = \frac{1}{2}\ln|3+2x|+C.$$

熟练后不再出现中间变量 u.

例 2　求不定积分 $\displaystyle\int (3x-1)^{10}\mathrm{d}x$.

解　$\displaystyle\int (3x-1)^{10}\mathrm{d}x = \frac{1}{3}\int (3x-1)^{10}\mathrm{d}(3x-1) = \frac{1}{3}\cdot\frac{1}{11}(3x-1)^{11}+C = \frac{1}{33}(3x-1)^{11}+C$.

例 3　求不定积分 $\displaystyle\int \dfrac{1}{\sqrt[3]{5-4x}}\mathrm{d}x$.

解　$\displaystyle\int \dfrac{1}{\sqrt[3]{5-4x}}\mathrm{d}x = \int (5-4x)^{-\frac{1}{3}}\mathrm{d}x = -\frac{1}{4}\int (5-4x)^{-\frac{1}{3}}\mathrm{d}(5-4x)$

$$= -\frac{1}{4}\cdot\frac{3}{2}(5-4x)^{\frac{2}{3}}+C = -\frac{3}{8}(5-4x)^{\frac{2}{3}}+C.$$

例 4 求不定积分 $\int \dfrac{1}{5+x^2}dx$.

解 $\int \dfrac{1}{5+x^2}dx = \dfrac{1}{5}\int \dfrac{1}{1+\left(\dfrac{x}{\sqrt{5}}\right)^2}dx = \dfrac{1}{\sqrt{5}}\int \dfrac{1}{1+\left(\dfrac{x}{\sqrt{5}}\right)^2}d\left(\dfrac{x}{\sqrt{5}}\right) = \dfrac{1}{\sqrt{5}}\arctan\dfrac{x}{\sqrt{5}}+C$.

一般地，$\int \dfrac{1}{a^2+x^2}dx = \dfrac{1}{a}\arctan\dfrac{x}{a}+C\,(a>0)$，可补充到基本积分表中.

例 5 求不定积分 $\int \dfrac{1}{\sqrt{4-x^2}}dx$.

解 $\int \dfrac{1}{\sqrt{4-x^2}}dx = \dfrac{1}{2}\int \dfrac{1}{\sqrt{1-\left(\dfrac{x}{2}\right)^2}}dx = \int \dfrac{1}{\sqrt{1-\left(\dfrac{x}{2}\right)^2}}d\left(\dfrac{x}{2}\right) = \arcsin\dfrac{x}{2}+C$.

一般地，当 $a>0$ 时，有 $\int \dfrac{1}{\sqrt{a^2-x^2}}dx = \arcsin\dfrac{x}{a}+C$，可补充到基本积分表中.

例 6 求不定积分 $\int \dfrac{1}{x^2-9}dx$.

解 $\begin{aligned}\int \dfrac{1}{x^2-9}dx &= \int \dfrac{1}{(x-3)(x+3)}dx = \dfrac{1}{6}\int\left(\dfrac{1}{x-3}-\dfrac{1}{x+3}\right)dx\\
&= \dfrac{1}{6}\left[\int \dfrac{1}{x-3}d(x-3)-\int \dfrac{1}{x+3}d(x+3)\right]\\
&= \dfrac{1}{6}(\ln|x-3|-\ln|x+3|)+C = \dfrac{1}{6}\ln\left|\dfrac{x-3}{x+3}\right|+C.\end{aligned}$

一般地，$\int \dfrac{1}{x^2-a^2}dx = \dfrac{1}{2a}\ln\left|\dfrac{x-a}{x+a}\right|+C\,(a>0)$，可补充到基本积分表中.

例 7 求不定积分 $\int \dfrac{x}{(2+x)^3}dx$.

解 $\begin{aligned}\int \dfrac{x}{(2+x)^3}dx &= \int \dfrac{(x+2)-2}{(2+x)^3}dx = \int \dfrac{1}{(2+x)^2}dx-2\int \dfrac{1}{(2+x)^3}dx\\
&= \int \dfrac{1}{(2+x)^2}d(2+x)-2\int \dfrac{1}{(2+x)^3}d(2+x)\\
&= -\dfrac{1}{2+x}-2\cdot\dfrac{1}{-2}\cdot\dfrac{1}{(2+x)^2}+C = -\dfrac{1+x}{(2+x)^2}+C.\end{aligned}$

例 8 求不定积分 $\int xe^{x^2}dx$.

解 $\int xe^{x^2}dx = \dfrac{1}{2}\int e^{x^2}d(x^2) = \dfrac{1}{2}e^{x^2}+C$.

例 9 求不定积分 $\int \dfrac{\cos\sqrt{x}}{\sqrt{x}}dx$.

解 $\int \dfrac{\cos\sqrt{x}}{\sqrt{x}}dx = 2\int \cos\sqrt{x}\,d(\sqrt{x}) = 2\sin\sqrt{x}+C$.

例 10　求不定积分 $\int \tan x \, dx$.

解　$\int \tan x \, dx = \int \dfrac{\sin x}{\cos x} dx = -\int \dfrac{1}{\cos x} d(\cos x) = -\ln|\cos x| + C$.

注　$\int \tan x \, dx = -\ln|\cos x| + C$ 可补充到基本积分表中.

类似地，$\int \cot x \, dx = \ln|\sin x| + C$ 也可补充到基本积分表中.

例 11　求不定积分 $\int \dfrac{1}{x(\ln^2 x + 1)} dx$.

解　$\int \dfrac{1}{x(\ln^2 x + 1)} dx = \int \dfrac{1}{1 + \ln^2 x} d(\ln x) = \arctan \ln x + C$.

例 12　求不定积分 $\int x^2 \sqrt{1-x^3} \, dx$.

解　$\int x^2 \sqrt{1-x^3} \, dx = \dfrac{1}{3} \int (1-x^3)^{\frac{1}{2}} dx^3 = -\dfrac{1}{3} \int (1-x^3)^{\frac{1}{2}} d(1-x^3) = -\dfrac{2}{9} (1-x^3)^{\frac{3}{2}} + C$.

例 13　求不定积分 $\int \dfrac{1}{1+e^x} dx$.

解　$\int \dfrac{1}{1+e^x} dx = \int \dfrac{(1+e^x) - e^x}{1+e^x} dx = \int \left(1 - \dfrac{e^x}{1+e^x}\right) dx = \int dx - \int \dfrac{e^x}{1+e^x} dx$

$\qquad\qquad = \int dx - \int \dfrac{1}{1+e^x} d(1+e^x) = x - \ln(1+e^x) + C$.

例 14　求不定积分 $\int \cos^3 x \, dx$.

解　$\int \cos^3 x \, dx = \int \cos^2 x \cos x \, dx = \int (1 - \sin^2 x) d(\sin x) = \sin x - \dfrac{1}{3} \sin^3 x + C$.

例 15　求不定积分 $\int \cos^{10} x \sin x \, dx$.

解　$\int \cos^{10} x \sin x \, dx = -\int \cos^{10} x \, d(\cos x) = -\dfrac{1}{11} \cos^{11} x + C$.

例 16　求不定积分 $\int \cos^2 x \, dx$.

解　$\int \cos^2 x \, dx = \dfrac{1}{2} \int (1 + \cos 2x) dx = \dfrac{1}{2} \int dx + \dfrac{1}{4} \int \cos 2x \, d(2x) = \dfrac{1}{2} x + \dfrac{1}{4} \sin 2x + C$.

例 17　求不定积分 $\int \sec^4 x \, dx$.

解　$\int \sec^4 x \, dx = \int \sec^2 x \cdot \sec^2 x \, dx = \int (\tan^2 x + 1) d(\tan x) = \dfrac{1}{3} \tan^3 x + \tan x + C$.

例 18　求不定积分 $\int \cot^3 x \cdot \csc x \, dx$.

解　$\int \cot^3 x \cdot \csc x \, dx = \int \cot^2 x \cdot \cot x \csc x \, dx = -\int (\csc^2 x - 1) d(\csc x)$

$\qquad\qquad = -\dfrac{1}{3} \csc^3 x + \csc x + C$.

例 19 求不定积分 $\displaystyle\int \frac{1}{\sqrt{4-x^2}\arcsin\frac{x}{2}}\mathrm{d}x$.

解 $\displaystyle\int \frac{1}{\sqrt{4-x^2}\arcsin\frac{x}{2}}\mathrm{d}x = \int \frac{1}{\sqrt{1-\left(\frac{x}{2}\right)^2}\arcsin\frac{x}{2}}\mathrm{d}\left(\frac{x}{2}\right) = \int \frac{1}{\arcsin\frac{x}{2}}\mathrm{d}\left(\arcsin\frac{x}{2}\right)$

$$= \ln\left|\arcsin\frac{x}{2}\right|+C.$$

例 20 求不定积分 $\displaystyle\int \sec x\,\mathrm{d}x$.

解 $\displaystyle\int \sec x\,\mathrm{d}x = \int \frac{1}{\cos x}\mathrm{d}x = \int \frac{\cos x}{\cos^2 x}\mathrm{d}x = \int \frac{1}{1-\sin^2 x}\mathrm{d}(\sin x) = \int \frac{1}{(1-\sin x)(1+\sin x)}\mathrm{d}(\sin x)$

$$= \frac{1}{2}\int \frac{1}{1+\sin x}\mathrm{d}(1+\sin x) - \frac{1}{2}\int \frac{1}{1-\sin x}\mathrm{d}(1-\sin x)$$

$$= \frac{1}{2}\ln|1+\sin x| - \frac{1}{2}\ln|1-\sin x| + C = \frac{1}{2}\ln\left|\frac{1+\sin x}{1-\sin x}\right| + C$$

$$= \frac{1}{2}\ln\left|\frac{(1+\sin x)^2}{1-\sin^2 x}\right| + C = \frac{1}{2}\ln\left|\frac{(1+\sin x)^2}{\cos^2 x}\right| + C = \ln|\sec x + \tan x| + C.$$

注 $\displaystyle\int \sec x\,\mathrm{d}x = \ln|\sec x + \tan x| + C$ 可补充到基本积分表中.

类似地，$\displaystyle\int \csc x\,\mathrm{d}x = \ln|\csc x - \cot x| + C$ 也可补充到基本积分表中.

上面所举的例子，使我们认识到凑微分法在求不定积分中的重要作用，同时也使我们看到，求复合函数的不定积分要比求复合函数的导数困难得多，其中需要一定的技巧.

同时，在很多情况下用第一类换元积分法积分将是困难的，所以我们还要掌握其他一些积分方法，下面我们学习第二类换元积分法.

二、第二类换元积分法

第一类换元法是通过变量代换 $u=\varphi(x)$，将积分 $\displaystyle\int f[\varphi(x)]\varphi'(x)\mathrm{d}x$ 化为积分 $\displaystyle\int f(u)\mathrm{d}u$.

如果 $\displaystyle\int g(x)\mathrm{d}x$ 用直接积分法或第一类换元法不易求得，但作适当的变量替换 $x=\psi(t)$ 后所得的关于新积分变量 t 的不定积分

$$\int g[\psi(t)]\psi'(t)\mathrm{d}t$$

容易求出，则可解决 $\displaystyle\int g(x)\mathrm{d}x$ 求解问题. 这就是第二类换元法的基本思想.

以上方法我们称为第二类换元法，也称变量代换法.

定理 4.3 设 $x=\psi(t)$ 是单调的可导函数，且 $\psi'(t)\neq 0$，又假设 $g[\psi(t)]\psi'(t)$ 具有原函数 $G(t)$，则

$$\int g(x)\mathrm{d}x = \int g[\psi(t)]\psi'(t)\mathrm{d}t = G[\psi^{-1}(x)] + C,$$

其中 $\psi^{-1}(x)$ 是 $x=\psi(t)$ 的反函数.

证明 因为 $G(t)$ 是 $g[\psi(t)]\psi'(t)$ 的原函数，令 $F(x)=G[\psi^{-1}(x)]$，由复合函数和反函数的求导法则得到

$$F'(x)=\frac{\mathrm{d}G}{\mathrm{d}t}\cdot\frac{\mathrm{d}t}{\mathrm{d}x}=g[\psi(t)]\psi'(t)\cdot\frac{1}{\psi'(t)}=g[\psi(t)]=g(x),$$

即 $F(x)$ 是 $g(x)$ 的原函数. 从而结论得证.

下面简单介绍第二类换元法的两种应用.

1. 根式代换

如果被积函数中含有根式 $\sqrt[n]{ax+b}$，$\sqrt[n]{\mathrm{e}^{ax+b}}$ 或 $\sqrt[n]{\frac{ax+b}{cx+d}}$ 等，即根号内的 x 是一次的，此时，可作根式代换 $t=\sqrt[n]{ax+b}$，$t=\sqrt[n]{\mathrm{e}^{ax+b}}$ 或 $t=\sqrt[n]{\frac{ax+b}{cx+d}}$ 等，再解出 x 为 t 的有理函数，$x=\frac{1}{a}(t^n-b)$，$x=\frac{n\ln t-b}{a}$，或 $x=\frac{b-dt^n}{ct^n-a}$ 等，从而去掉了被积函数中的 n 次根式.

例21 求不定积分 $\displaystyle\int\frac{1}{1+\sqrt[3]{2x+1}}\mathrm{d}x$.

解 令 $t=\sqrt[3]{2x+1}$，则 $x=\frac{t^3-1}{2}$，$\mathrm{d}x=\frac{3}{2}t^2\mathrm{d}t$，于是

$$\int\frac{1}{1+\sqrt[3]{2x+1}}\mathrm{d}x=\int\frac{1}{1+t}\cdot\frac{3}{2}t^2\mathrm{d}t=\frac{3}{2}\int\frac{t^2}{t+1}\mathrm{d}t=\frac{3}{2}\int\left(t-1+\frac{1}{t+1}\right)\mathrm{d}t$$

$$=\frac{3}{4}t^2-\frac{3}{2}t+\frac{3}{2}\ln|t+1|+C$$

$$=\frac{3}{4}(\sqrt[3]{2x+1})^2-\frac{3}{2}\sqrt[3]{2x+1}+\frac{3}{2}\ln|\sqrt[3]{2x+1}+1|+C.$$

例22 求不定积分 $\displaystyle\int\frac{1}{\sqrt{x}+\sqrt[3]{x}}\mathrm{d}x$.

解 令 $t=\sqrt[6]{x}$，则 $x=t^6$，$\mathrm{d}x=6t^5\mathrm{d}t$，于是

$$\int\frac{1}{\sqrt{x}+\sqrt[3]{x}}\mathrm{d}x=\int\frac{1}{t^3+t^2}\cdot6t^5\mathrm{d}t=6\int\frac{t^3}{t+1}\mathrm{d}t=6\int\left(t^2-t+1-\frac{1}{t+1}\right)\mathrm{d}t=2t^3-3t^2+6t-6\ln|t+1|+C$$

$$=2\sqrt{x}-3\sqrt[3]{x}+6\sqrt[6]{x}-6\ln|\sqrt[6]{x}+1|+C.$$

例23 求不定积分 $\displaystyle\int\frac{1}{\sqrt{1+\mathrm{e}^x}}\mathrm{d}x$.

解 令 $t=\sqrt{1+\mathrm{e}^x}$，则 $\mathrm{e}^x=t^2-1$，$x=\ln(t^2-1)$，$\mathrm{d}x=\frac{2t\mathrm{d}t}{t^2-1}$，于是

$$\int\frac{1}{\sqrt{1+\mathrm{e}^x}}\mathrm{d}x=\int\frac{2}{t^2-1}\mathrm{d}t=\int\left(\frac{1}{t-1}-\frac{1}{t+1}\right)\mathrm{d}t=\ln\left|\frac{t-1}{t+1}\right|+C=2\ln(\sqrt{1+\mathrm{e}^x}-1)-x+C.$$

例24 求不定积分 $\displaystyle\int\frac{1}{x}\sqrt{\frac{1+x}{x}}\mathrm{d}x$.

解 令 $\sqrt{\frac{1+x}{x}}=t$，则 $x=\frac{1}{t^2-1}$，$\mathrm{d}x=-\frac{2t\mathrm{d}t}{(t^2-1)^2}$，于是

$$\int \frac{1}{x}\sqrt{\frac{1+x}{x}}\mathrm{d}x = -\int (t^2-1)t \cdot \frac{2t}{(t^2-1)^2}\mathrm{d}t = -2\int \frac{t^2}{t^2-1}\mathrm{d}t$$

$$= -2\int \left(1+\frac{1}{t^2-1}\right)\mathrm{d}t = -2\int \mathrm{d}t - \int \left(\frac{1}{t-1}-\frac{1}{t+1}\right)\mathrm{d}t$$

$$= -2t - \ln\left|\frac{t-1}{t+1}\right| + C = -2\sqrt{\frac{1+x}{x}} - \ln\left[|x|\left(\sqrt{\frac{1+x}{x}}-1\right)^2\right] + C.$$

2. 三角代换

如果被积函数中含有如下 x 的二次根式，可以利用三角恒等关系式代换来去掉根式. 假设 $a>0$,

若被积函数中含有因式 $\sqrt{a^2-x^2}$，则可令 $x=a\sin t$（或 $x=a\cos t$）；

若被积函数中含有因式 $\sqrt{a^2+x^2}$，则可令 $x=a\tan t$（或 $x=a\cot t$）；

若被积函数中含有因式 $\sqrt{x^2-a^2}$，则当 $x>a$ 时，可令 $x=a\sec t$（或 $x=a\csc t$）；当 $x<-a$ 时，令 $x=-u$.

例 25 求不定积分 $\int x^3\sqrt{4-x^2}\mathrm{d}x$.

解 令 $x=2\sin t$，$-\dfrac{\pi}{2}<t<\dfrac{\pi}{2}$，则 $\mathrm{d}x=2\cos t\mathrm{d}t$，如图 4-1 所示，于是

$$\int x^3\sqrt{4-x^2}\mathrm{d}x = \int (2\sin t)^3\sqrt{4-4\sin^2 t} \cdot 2\cos t\mathrm{d}t = 32\int \sin^3 t\cos^2 t\mathrm{d}t$$

$$= 32\int \sin t(1-\cos^2 t)\cos^2 t\mathrm{d}t = -32\int (\cos^2 t-\cos^4 t)\mathrm{d}\cos t$$

$$= -32\left(\frac{1}{3}\cos^3 t-\frac{1}{5}\cos^5 t\right)+C$$

$$= -\frac{4}{3}(\sqrt{4-x^2})^3 + \frac{1}{5}(\sqrt{4-x^2})^5 + C.$$

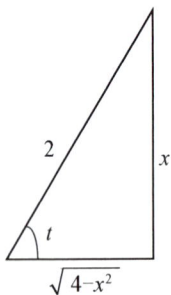

图 4-1

例 26 求不定积分 $\int \dfrac{1}{\sqrt{x^2+a^2}}\mathrm{d}x(a>0)$.

解 令 $x=a\tan t$，$-\dfrac{\pi}{2}<t<\dfrac{\pi}{2}$，则 $\mathrm{d}x=a\sec^2 t\mathrm{d}t$，如图 4-2 所示，于是

$$\int \frac{1}{\sqrt{x^2+a^2}}\mathrm{d}x = \int \frac{1}{a\sec t} \cdot a\sec^2 t\mathrm{d}t = \int \sec t\mathrm{d}t = \ln|\sec t+\tan t|+C$$

$$= \ln\left|\frac{\sqrt{x^2+a^2}}{a}+\frac{x}{a}\right|+C$$

$$= \ln(x+\sqrt{x^2+a^2})+C.$$

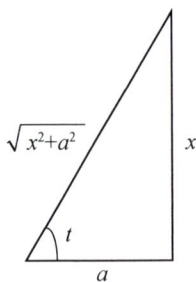

图 4-2

例 27 求不定积分 $\int \dfrac{1}{\sqrt{x^2-9}}\mathrm{d}x$.

解 当 $x>3$ 时，令 $x=3\sec t$，$0<t<\dfrac{\pi}{2}$，则 $\mathrm{d}x=3\sec t\tan t\mathrm{d}t$，如图 4-3 所示，于是

$$\int \frac{1}{\sqrt{x^2-9}}\mathrm{d}x = \int \frac{3\sec t \tan t}{3\tan t}\mathrm{d}t = \int \sec t\mathrm{d}t$$

$$= \ln|\sec t + \tan t| + C = \ln|x + \sqrt{x^2-9}| + C.$$

当 $x<-3$ 时，令 $u=-x$，可得同样结果.

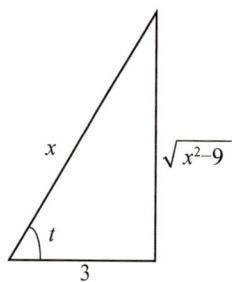

例 28 求不定积分 $\int \frac{x}{\sqrt{1+2x-x^2}}\mathrm{d}x$.

解 由于 $\sqrt{1+2x-x^2} = \sqrt{2-(x-1)^2}$，

图 4-3

令 $x-1=\sqrt{2}\sin t$，$-\dfrac{\pi}{2}<t<\dfrac{\pi}{2}$，则 $\mathrm{d}x=\sqrt{2}\cos t\mathrm{d}t$，$\sqrt{1+2x-x^2}=$

$\sqrt{2}\cos t$，如图 4-4 所示，于是，

$$\int \frac{x}{\sqrt{1+2x-x^2}}\mathrm{d}x = \int \frac{x}{\sqrt{2-(x-1)^2}}\mathrm{d}x = \int \frac{\sqrt{2}\sin t+1}{\sqrt{2}\cos t}\cdot\sqrt{2}\cos t\mathrm{d}t$$

$$= \int(\sqrt{2}\sin t+1)\mathrm{d}t = -\sqrt{2}\cos t+t+C$$

$$= -\sqrt{1+2x-x^2}+\arcsin\frac{x-1}{\sqrt{2}}+C.$$

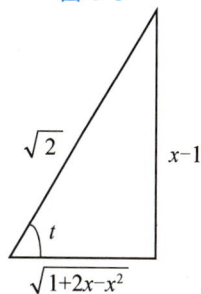

图 4-4

有几个比较重要的积分公式，可以补充到基本积分公式中(其中 $a>0$).

$$\int \tan x\mathrm{d}x = -\ln|\cos x| + C. \qquad \int \cot x\mathrm{d}x = \ln|\sin x| + C.$$

$$\int \sec x\mathrm{d}x = \ln|\sec x + \tan x| + C. \qquad \int \csc x\mathrm{d}x = \ln|\csc x - \cot x| + C.$$

$$\int \frac{1}{a^2+x^2}\mathrm{d}x = \frac{1}{a}\arctan\frac{x}{a}+C. \qquad \int \frac{1}{x^2-a^2}\mathrm{d}x = \frac{1}{2a}\ln\left|\frac{x-a}{x+a}\right|+C.$$

$$\int \frac{1}{\sqrt{a^2-x^2}}\mathrm{d}x = \arcsin\frac{x}{a}+C. \qquad \int \frac{1}{\sqrt{x^2+a^2}}\mathrm{d}x = \ln(x+\sqrt{x^2+a^2})+C.$$

$$\int \frac{1}{\sqrt{x^2-a^2}}\mathrm{d}x = \ln|x+\sqrt{x^2-a^2}|+C.$$

习题 4-2

A 级题目

1. 求下列不定积分：

(1) $\int (2-x)^{\frac{5}{2}}\mathrm{d}x$；

(2) $\int \sqrt[5]{8-3x}\mathrm{d}x$；

(3) $\int \frac{1}{2x+5}\mathrm{d}x$；

(4) $\int \frac{1}{\sqrt{2x+1}}\mathrm{d}x$；

(5) $\int \mathrm{e}^{-2x}\mathrm{d}x$；

(6) $\int 2^{3x}\mathrm{d}x$；

(7) $\int \sin 3x\mathrm{d}x$；

(8) $\int \cos^2 x\mathrm{d}x$；

(9) $\int \frac{1}{\sqrt{16-x^2}}\mathrm{d}x$；

(10) $\int \frac{1}{9+x^2}\mathrm{d}x$；

151

（11）$\int\left(\dfrac{1}{\sqrt{3-x^2}}+\dfrac{1}{4+x^2}\right)\mathrm{d}x$；

（12）$\int\dfrac{1}{4-x^2}\mathrm{d}x$；

（13）$\int\dfrac{1}{x^2+5x-6}\mathrm{d}x$；

（14）$\int\dfrac{x}{x^2+5x-6}\mathrm{d}x$；

（15）$\int\dfrac{1}{x^2+2x+2}\mathrm{d}x$；

（16）$\int\dfrac{x}{x^2+2x+2}\mathrm{d}x$；

（17）$\int\dfrac{2x}{3+x^2}\mathrm{d}x$；

（18）$\int\dfrac{x}{\sqrt{4-x^2}}\mathrm{d}x$；

（19）$\int x\mathrm{e}^{-x^2}\mathrm{d}x$；

（20）$\int x\sin x^2\mathrm{d}x$；

（21）$\int\dfrac{1}{x^2}\sqrt[3]{1+\dfrac{1}{x}}\mathrm{d}x$；

（22）$\int\dfrac{\mathrm{e}^{\frac{1}{x}}}{x^2}\mathrm{d}x$；

（23）$\int\dfrac{\sin\sqrt{x}}{\sqrt{x}}\mathrm{d}x$；

（24）$\int\dfrac{x^2}{1+x^3}\mathrm{d}x$；

（25）$\int\dfrac{1}{x\ln x}\mathrm{d}x$；

（26）$\int\dfrac{\sqrt{\ln x+2}}{x}\mathrm{d}x$；

（27）$\int\dfrac{x-1}{x^2+1}\mathrm{d}x$；

（28）$\int\dfrac{1+x}{\sqrt{9-4x^2}}\mathrm{d}x$；

（29）$\int\dfrac{x^3}{1+x^2}\mathrm{d}x$；

（30）$\int\dfrac{x}{4+x^4}\mathrm{d}x$；

（31）$\int\dfrac{\mathrm{e}^x}{1+\mathrm{e}^x}\mathrm{d}x$；

（32）$\int\dfrac{1}{\mathrm{e}^{-x}+\mathrm{e}^x}\mathrm{d}x$；

（33）$\int\mathrm{e}^x\cos\mathrm{e}^x\mathrm{d}x$；

（34）$\int\mathrm{e}^{\sin x}\cos x\mathrm{d}x$；

（35）$\int\sin^3 x\mathrm{d}x$；

（36）$\int\sin^2 x\cos^3 x\mathrm{d}x$；

（37）$\int\dfrac{\cos x}{\sin^5 x}\mathrm{d}x$；

（38）$\int\tan^3 x\sec x\mathrm{d}x$；

（39）$\int\cot^5 x\csc^2 x\mathrm{d}x$；

（40）$\int\sec^4 x\mathrm{d}x$；

（41）$\int\arcsin^2 x\cdot\dfrac{1}{\sqrt{1-x^2}}\mathrm{d}x$；

（42）$\int\dfrac{\sin x+\cos x}{\sqrt[3]{\sin x-\cos x}}\mathrm{d}x$.

2. 求下列不定积分：

（1）$\int\dfrac{1}{1+\sqrt{2x}}\mathrm{d}x$；

（2）$\int\dfrac{1}{2+\sqrt{3+x}}\mathrm{d}x$；

（3）$\int\dfrac{1}{1+\sqrt[3]{1+x}}\mathrm{d}x$；

（4）$\int\dfrac{1}{\sqrt{x}+\sqrt[4]{x}}\mathrm{d}x$；

（5）$\int x\sqrt{2x+1}\mathrm{d}x$；

（6）$\int\sqrt{\mathrm{e}^x-1}\mathrm{d}x$.

3. 求下列不定积分：

(1) $\displaystyle\int \frac{1}{x^2\sqrt{1-x^2}}\mathrm{d}x$；

(2) $\displaystyle\int \frac{x^2}{\sqrt{4-x^2}}\mathrm{d}x$；

(3) $\displaystyle\int \frac{1}{\sqrt{(x^2+1)^3}}\mathrm{d}x$；

(4) $\displaystyle\int \frac{1}{(x^2+4)^2}\mathrm{d}x$；

(5) $\displaystyle\int \frac{1}{x\sqrt{x^2-1}}\mathrm{d}x$；

(6) $\displaystyle\int \frac{\sqrt{x^2-4}}{x}\mathrm{d}x$.

B 级题目

1. 求下列不定积分：

(1) $\displaystyle\int \frac{x+\cos x}{1+\sin x}\mathrm{d}x$；

(2) $\displaystyle\int \frac{\sqrt{x+1}-\sqrt{x-1}}{\sqrt{x+1}+\sqrt{x-1}}\mathrm{d}x$；

(3) $\displaystyle\int x\sqrt{\frac{x}{2a-x}}\mathrm{d}x$ $(a>0)$.

第三节　不定积分的分部积分法

上一节我们由复合函数求导法则，得到了复合函数的积分方法即换元积分法. 这一节我们将利用两个函数乘积的求导法则，推导函数乘积的积分方法即分部积分法.

定理 4.4（分部积分公式） 设函数 $u=u(x)$，$v=v(x)$ 有连续导数，则有分部积分公式

$$\int u(x)v'(x)\mathrm{d}x=u(x)v(x)-\int u'(x)v(x)\mathrm{d}x,$$

或

$$\int u\mathrm{d}v=uv-\int v\mathrm{d}u.$$

证明 由两个函数乘积的导数公式

$$[u(x)v(x)]'=u'(x)v(x)+u(x)v'(x),$$

移项并两边积分，得

$$\int u(x)v'(x)\mathrm{d}x=u(x)v(x)-\int u'(x)v(x)\mathrm{d}x,$$

或

$$\int u\mathrm{d}v=uv-\int v\mathrm{d}u.$$

如果 $\int uv'\mathrm{d}x$ $\left(\text{或} \int u\mathrm{d}v\right)$ 不易求，而 $\int u'v\mathrm{d}x$ $\left(\text{或} \int v\mathrm{d}u\right)$ 容易求出，则可用分部积分公式求不定积分. 当被积函数为两类不同函数乘积(幂函数和正弦或余弦函数乘积；幂函数和指数函数乘积；幂函数和对数函数乘积；幂函数和反三角函数乘积；指数函数和正弦或余弦函数乘积)时就可以用分部积分法，而分部积分的关键是选择 u，v.

形如 $\int x^a \mathrm{e}^{bx}\mathrm{d}x$，$\int x^a \sin bx\mathrm{d}x$，$\int x^a \cos bx\mathrm{d}x$，可选 $u=x^a$；

形如 $\int x^a \ln^m x\mathrm{d}x$，$\int x^a \arcsin bx\mathrm{d}x$，$\int x^a \arccos bx\mathrm{d}x$，$\int x^a \arctan bx\mathrm{d}x$，$\int x^a \mathrm{arccot} bx\mathrm{d}x$，可选 $v'=x^a$.

例 1 求不定积分 $\int x\cos x\mathrm{d}x$.

解 $\displaystyle\int x\cos x\mathrm{d}x = \int x\mathrm{d}\sin x=x\sin x-\int \sin x\mathrm{d}x=x\sin x+\cos x+C.$

例 2 求不定积分 $\int x\mathrm{e}^{-x}\mathrm{d}x$.

解 $\int x\mathrm{e}^{-x}\mathrm{d}x = -\int x\mathrm{d}\mathrm{e}^{-x} = -\left(x\mathrm{e}^{-x} - \int \mathrm{e}^{-x}\mathrm{d}x\right) = -x\mathrm{e}^{-x} - \mathrm{e}^{-x} + C.$

例 3 求不定积分 $\int x^2\ln x\mathrm{d}x$.

解 $\int x^2\ln x\mathrm{d}x = \dfrac{1}{3}\int \ln x\mathrm{d}x^3 = \dfrac{1}{3}\left(x^3\ln x - \int x^3\mathrm{d}\ln x\right)$

$= \dfrac{1}{3}\left(x^3\ln x - \int x^3 \cdot \dfrac{1}{x}\mathrm{d}x\right) = \dfrac{1}{3}\left(x^3\ln x - \int x^2\mathrm{d}x\right)$

$= \dfrac{1}{3}x^3\ln x - \dfrac{1}{9}x^3 + C.$

例 4 求不定积分 $\int x\mathrm{arccot}x\mathrm{d}x$.

解 $\int x\mathrm{arccot}x\mathrm{d}x = \dfrac{1}{2}\int \mathrm{arccot}x\mathrm{d}x^2 = \dfrac{1}{2}\left(x^2\mathrm{arccot}x - \int x^2\mathrm{d}\mathrm{arccot}x\right)$

$= \dfrac{1}{2}x^2\mathrm{arccot}x + \dfrac{1}{2}\int \dfrac{x^2}{1+x^2}\mathrm{d}x = \dfrac{1}{2}x^2\mathrm{arccot}x + \dfrac{1}{2}\int\left(1 - \dfrac{1}{1+x^2}\right)\mathrm{d}x$

$= \dfrac{1}{2}x^2\mathrm{arccot}x + \dfrac{1}{2}x - \dfrac{1}{2}\arctan x + C.$

例 5 求不定积分 $\int \arcsin x\mathrm{d}x$.

解 $\int \arcsin x\mathrm{d}x = x\arcsin x - \int x\mathrm{d}(\arcsin x) = x\arcsin x - \int \dfrac{x}{\sqrt{1-x^2}}\mathrm{d}x$

$= x\arcsin x + \dfrac{1}{2}\int (1-x^2)^{-\frac{1}{2}}\mathrm{d}(1-x^2) = x\arcsin x + \sqrt{1-x^2} + C.$

例 6 求不定积分 $\int x\sin^2 x\mathrm{d}x$.

解 $\int x\sin^2 x\mathrm{d}x = \int x \cdot \dfrac{1-\cos 2x}{2}\mathrm{d}x = \dfrac{1}{2}\int x\mathrm{d}x - \dfrac{1}{2}\int x\cos 2x\mathrm{d}x$

$= \dfrac{1}{4}x^2 - \dfrac{1}{4}\int x\mathrm{d}\sin 2x = \dfrac{1}{4}x^2 - \dfrac{1}{4}\left(x\sin 2x - \int \sin 2x\mathrm{d}x\right)$

$= \dfrac{1}{4}x^2 - \dfrac{1}{4}x\sin 2x - \dfrac{1}{8}\cos 2x + C.$

例 7 求不定积分 $\int x^2\cos 2x\mathrm{d}x$.

解 $\int x^2\cos 2x\mathrm{d}x = \dfrac{1}{2}\int x^2\mathrm{d}\sin 2x = \dfrac{1}{2}\left(x^2\sin 2x - \int \sin 2x\mathrm{d}x^2\right)$

$= \dfrac{1}{2}\left(x^2\sin 2x - 2\int x\sin 2x\mathrm{d}x\right) = \dfrac{1}{2}x^2\sin 2x + \dfrac{1}{2}\int x\mathrm{d}\cos 2x$

$= \dfrac{1}{2}x^2\sin 2x + \dfrac{1}{2}\left(x\cos 2x - \int \cos 2x\mathrm{d}x\right)$

$= \dfrac{1}{2}x^2\sin 2x + \dfrac{1}{2}x\cos 2x - \dfrac{1}{4}\sin 2x + C.$

例 8 求不定积分 $\int e^x \sin x \, dx$.

解 由于

$$\int e^x \sin x \, dx = \int \sin x \, de^x = e^x \sin x - \int e^x \, d\sin x = e^x \sin x - \int e^x \cos x \, dx$$

$$= e^x \sin x - \int \cos x \, de^x = e^x \sin x - \left(e^x \cos x - \int e^x \, d\cos x \right)$$

$$= e^x \sin x - \left(e^x \cos x + \int e^x \sin x \, dx \right),$$

故

$$\int e^x \sin x \, dx = \frac{1}{2} e^x (\sin x - \cos x) + C.$$

例 9 求不定积分 $\int e^{\sqrt{x}} \, dx$.

解 令 $\sqrt{x} = t$，则 $x = t^2$，$dx = 2t \, dt$，于是

$$\int e^{\sqrt{x}} \, dx = \int e^t 2t \, dt = 2 \int t \, de^t = 2 \left(te^t - \int e^t \, dt \right) = 2te^t - 2e^t + C = 2e^{\sqrt{x}} (\sqrt{x} - 1) + C.$$

从上面的例子我们看到求一个不定积分往往要同时用到多种方法(换元积分法和分部积分法等). 一般我们应根据被积函数的特点，选择适当的方法.

习题 4-3

A 级题目

1. 求下列不定积分：

(1) $\int x \sin x \, dx$;

(2) $\int x \cos 2x \, dx$;

(3) $\int x \sec^2 x \, dx$;

(4) $\int x \cot^2 x \, dx$;

(5) $\int x e^x \, dx$;

(6) $\int x e^{-x} \, dx$;

(7) $\int \ln x \, dx$;

(8) $\int \ln(x^2 + 1) \, dx$;

(9) $\int \frac{\ln x}{x^2} \, dx$;

(10) $\int x^3 \ln x \, dx$;

(11) $\int \arctan x \, dx$;

(12) $\int x^2 \arctan x \, dx$;

(13) $\int x \ln(1+x) \, dx$;

(14) $\int x^3 e^{x^2} \, dx$;

(15) $\int x^2 \cos x \, dx$;

(16) $\int x^2 e^x \, dx$;

(17) $\int e^x \sin x \, dx$;

(18) $\int e^{\sqrt{x+1}} \, dx$.

2. 求下列不定积分：

(1) $\int f'(2x+3) \, dx$;

(2) $\int x f''(x) \, dx$.

3. 设生产 x 单位某产品的总成本函数为 $C(x)$，固定成本（即 $C(0)$）为 20 元，边际成本函数为 $C'(x)=2x+10$（元/单位），求总成本函数 $C(x)$.

B 级题目

1. 若 $f(x)=\begin{cases}\dfrac{1}{\sqrt{1+x^2}}, & x\leqslant 0\\(x+1)\cos x, & x>0\end{cases}$，计算不定积分 $\int f(x)\,\mathrm{d}x$.

2. 求下列不定积分：

(1) $\displaystyle\int \mathrm{e}^{2x}\arctan\sqrt{\mathrm{e}^x-1}\,\mathrm{d}x$； (2) $\displaystyle\int (x+1)\sqrt{x^2-2x+5}\,\mathrm{d}x$；

(3) $\displaystyle\int \arcsin x \cdot \arccos x\,\mathrm{d}x$.

第四节　有理函数的不定积分

前面两节已经介绍了求不定积分的两个基本方法——换元积分法与分部积分法. 本节将介绍比较简单的特殊类型函数的不定积分——有理函数的积分.

有理函数是指由两个多项式的商所表示的函数，其形式为

$$\frac{P(x)}{Q(x)}=\frac{a_0x^n+a_1x^{n-1}+\cdots+a_{n-1}x+a_n}{b_0x^m+b_1x^{m-1}+\cdots+b_{m-1}x+b_m},$$

其中 m 和 n 是非负整数；$a_0,a_1,\cdots,a_n$ 及 $b_0,b_1,\cdots,b_m$ 都是实常数，且 $a_0\neq 0$，$b_0\neq 0$，$P(x)$，$Q(x)$ 没有公因子. 当 $n<m$ 时，称为真分式；当 $n\geqslant m$ 时，称为假分式.

利用多项式的除法，总可以将一个假分式化为一个多项式与一个真分式之和，例如

$$\frac{x^5+x^3+x^2+x+3}{x^2+1}=x^3+1+\frac{x+2}{x^2+1}.$$

而多项式的积分容易求得，因此研究有理函数的积分可归结为研究真分式的积分.

由代数学中实系数多项式的因式分解定理：任何一个实系数 m 次多项式 $Q(x)$ 在实数范围内可唯一地分解成若干个一次因式乘幂和若干个二次质因式乘幂的积，即

$$Q(x)=b_0\,(x-a)^k\cdots(x-c)^l\,(x^2+px+q)^\lambda\cdots(x^2+rx+s)^\mu,$$

其中 $b_0\neq 0, k,\cdots,l,\lambda,\cdots,\mu$ 为正整数，$k+\cdots+l+2(\lambda+\cdots+\mu)=m$，$p^2-4q<0$，$\cdots$，$r^2-4s<0$（即 $x^2+px+q,\cdots,x^2+rx+s$ 等在实数范围内不能再分解）. 那么，真分式 $\dfrac{P(x)}{Q(x)}$ 可以唯一地分解为如下部分分式：

$$\frac{P(x)}{Q(x)}=\frac{A_1}{x-a}+\frac{A_2}{(x-a)^2}+\cdots+\frac{A_k}{(x-a)^k}$$

$$+\cdots$$

$$+\frac{B_1}{x-c}+\frac{B_2}{(x-c)^2}+\cdots+\frac{B_l}{(x-c)^l}$$

$$+\frac{C_1x+D_1}{x^2+px+q}+\frac{C_2x+D_2}{(x^2+px+q)^2}+\cdots+\frac{C_\lambda x+D_\lambda}{(x^2+px+q)^\lambda}$$

$$+\cdots$$

$$+\frac{E_1 x+F_1}{x^2+rx+s}+\frac{E_2 x+F_2}{(x^2+rx+s)^2}+\cdots+\frac{E_\mu x+F_\mu}{(x^2+rx+s)^\mu},$$

其中 $A_i,\cdots,B_j,C_t,D_t,\cdots,E_v,F_v$ 都是待定常数，$i=1,\cdots,k$；$j=1,\cdots,l$；$t=1,\cdots,\lambda$；$v=1,\cdots,\mu$.

有理函数化为部分分式之和的一般规律：

(i) 若分母中有因式 $(x-a)^k$，则分解后为

$$\frac{A_1}{x-a}+\frac{A_2}{(x-a)^2}+\cdots+\frac{A_k}{(x-a)^k},$$

其中 $A_1,A_2,\cdots,A_k$ 都是常数.

特殊地，当 $k=1$ 时，分解后为 $\dfrac{A}{x-a}$；

当 $k=2$ 时，分解后为 $\dfrac{A_1}{x-a}+\dfrac{A_2}{(x-a)^2}$，依次类推.

(ii) 若分母中有因式 $(x^2+px+q)^\lambda$，其中 $p^2-4q<0$，则分解后为

$$\frac{C_1 x+D_1}{x^2+px+q}+\frac{C_2 x+D_2}{(x^2+px+q)^2}+\cdots+\frac{C_\lambda x+D_\lambda}{(x^2+px+q)^\lambda},$$

其中 C_i,D_i 都是常数 $(i=1,2,\cdots,\lambda)$.

特殊地，当 $\lambda=1$ 时，分解后为 $\dfrac{Cx+D}{x^2+px+q}$；

当 $\lambda=2$ 时，分解后为 $\dfrac{C_1 x+D_1}{x^2+px+q}+\dfrac{C_2 x+D_2}{(x^2+px+q)^2}$，依次类推.

从上面的讨论可以看到：有理函数（真分式）的积分可以归结为下面两种形式的积分：

（I）$\displaystyle\int\frac{A}{(x-a)^m}dx$，（II）$\displaystyle\int\frac{Cx+D}{(x^2+px+q)^n}dx$，$p^2-4q<0$.

以上积分可用换元积分法及分部积分法求解.

例1 分解 $\dfrac{x^3-4x+10}{x^2+x-6}$ 成最简分式.

解 $\dfrac{x^3-4x+10}{x^2+x-6}=x-1+\dfrac{3x+4}{x^2+x-6}=x-1+\dfrac{3x+4}{(x-2)(x+3)}$，

而真分式 $\dfrac{3x+4}{(x-2)(x+3)}$ 可以分解为

$$\frac{3x+4}{(x-2)(x+3)}=\frac{A}{x-2}+\frac{B}{x+3},$$

其中 A,B 为待定常数，可用下面的方法求出待定系数.

方法一：比较法 比较等式两边 x 的同次幂系数.

两边通分去分母后，得

$$3x+4=A(x+3)+B(x-2),$$

即

$$3x+4=(A+B)x+(3A-2B),$$

157

上式是恒等式，比较等式两边 x 的同次幂系数，则有

$$\begin{cases} A+B=3, \\ 3A-2B=4, \end{cases}$$

解得 $A=2$，$B=1$.

方法二：赋值法　在恒等式 $3x+4=A(x+3)+B(x-2)$ 中代入任意特殊的 x 值，从而求出待定的系数.

令 $x=2$，得 $A=2$；令 $x=-3$，得 $B=1$.

于是得到

$$\frac{x^3-4x+10}{x^2+x-6}=x-1+\frac{2}{x-2}+\frac{1}{x+3}.$$

例 2　求不定积分 $\displaystyle\int\frac{x^3-4x+10}{x^2+x-6}\mathrm{d}x$.

解　因为 $\dfrac{x^3-4x+10}{x^2+x-6}=x-1+\dfrac{2}{x-2}+\dfrac{1}{x+3}$，所以

$$\int\frac{x^3-4x+10}{x^2+x-6}\mathrm{d}x=\int\left(x-1+\frac{2}{x-2}+\frac{1}{x+3}\right)\mathrm{d}x=\int(x-1)\mathrm{d}x+\int\frac{2}{x-2}\mathrm{d}x+\int\frac{1}{x+3}\mathrm{d}x$$

$$=\frac{1}{2}x^2-x+2\ln|x-2|+\ln|x+3|+C.$$

例 3　求不定积分 $\displaystyle\int\frac{5x+1}{x^2-3x+2}\mathrm{d}x$.

解　因为 $\dfrac{5x+1}{x^2-3x+2}=\dfrac{5x+1}{(x-1)(x-2)}$，所以真分式 $\dfrac{5x+1}{(x-1)(x-2)}$ 的分解式可表示为

$$\frac{5x+1}{(x-1)(x-2)}=\frac{A}{x-1}+\frac{B}{x-2}=\frac{A(x-2)+B(x-1)}{(x-1)(x-2)},$$

得恒等式 $5x+1=A(x-2)+B(x-1)$，令 $x=1$，得 $A=-6$，令 $x=2$，得 $B=11$，故有

$$\frac{5x+1}{(x-1)(x-2)}=\frac{-6}{x-1}+\frac{11}{x-2},$$

所以

$$\int\frac{5x+1}{x^2-3x+2}\mathrm{d}x=-6\int\frac{1}{x-1}\mathrm{d}x+11\int\frac{1}{x-2}\mathrm{d}x=-6\ln|x-1|+11\ln|x-2|+C.$$

例 4　求不定积分 $\displaystyle\int\frac{x^5-3x^4+2x^3-5x^2+3}{x^2(x^2+1)}\mathrm{d}x$.

解　$\dfrac{x^5-3x^4+2x^3-5x^2+3}{x^2(x^2+1)}=x-3+\dfrac{x^3-2x^2+3}{x^2(x^2+1)}$，其中 $\dfrac{x^3-2x^2+3}{x^2(x^2+1)}$ 的分解式为

$$\frac{x^3-2x^2+3}{x^2(x^2+1)}=\frac{A}{x}+\frac{B}{x^2}+\frac{Cx+D}{x^2+1}=\frac{Ax(x^2+1)+B(x^2+1)+(Cx+D)x^2}{x^2(x^2+1)},$$

得恒等式

$$x^3-2x^2+3=Ax(x^2+1)+B(x^2+1)+(Cx+D)x^2,$$

$$x^3-2x^2+3=(A+C)x^3+(B+D)x^2+Ax+B,$$

比较恒等式两边 x 的同次幂系数，则有

$$\begin{cases} A+C=1, \\ B+D=-2, \\ A=0, \\ B=3, \end{cases}$$

解得 $A=0$，$B=3$，$C=1$，$D=-5$，故

$$\frac{x^5-3x^4+2x^3-5x^2+3}{x^2(x^2+1)}=x-3+\frac{3}{x^2}+\frac{x-5}{x^2+1},$$

所以

$$\int \frac{x^5-3x^4+2x^3-5x^2+3}{x^2(x^2+1)}\mathrm{d}x = \int \left(x-3+\frac{3}{x^2}+\frac{x-5}{x^2+1}\right)\mathrm{d}x = \frac{1}{2}x^2-3x-\frac{3}{x}+\int \frac{x}{x^2+1}\mathrm{d}x-5\int \frac{1}{x^2+1}\mathrm{d}x$$

$$=\frac{1}{2}x^2-3x-\frac{3}{x}+\frac{1}{2}\ln(1+x^2)-5\arctan x+C.$$

利用分解成部分分式的方法求真分式的积分是一种行之有效的方法，但是，有时用此方法计算较麻烦，故对有理函数积分，可根据被积函数的特点，找出比较便捷的方法将有理分式化简.

例 5 求不定积分 $\displaystyle\int \frac{x^3+x^2+1}{x^2(x^2+1)}\mathrm{d}x$.

解 $\displaystyle\int \frac{x^3+x^2+1}{x^2(x^2+1)}\mathrm{d}x = \int \frac{x^3}{x^2(x^2+1)}\mathrm{d}x+\int \frac{x^2+1}{x^2(x^2+1)}\mathrm{d}x = \int \left(\frac{x}{x^2+1}+\frac{1}{x^2}\right)\mathrm{d}x$

$$=\int \frac{x}{x^2+1}\mathrm{d}x+\int \frac{1}{x^2}\mathrm{d}x = \frac{1}{2}\ln(1+x^2)-\frac{1}{x}+C.$$

若有理函数真分式的分母是二次三项式且不能因式分解，则用配方法.

例 6 求不定积分 $\displaystyle\int \frac{1}{x^2-8x+25}\mathrm{d}x$.

解 $\displaystyle\int \frac{1}{x^2-8x+25}\mathrm{d}x = \int \frac{1}{(x-4)^2+9}\mathrm{d}x = \int \frac{1}{(x-4)^2+3^2}\mathrm{d}(x-4) = \frac{1}{3}\arctan \frac{x-4}{3}+C.$

例 7 求不定积分 $\displaystyle\int \frac{x-2}{x^2+2x+3}\mathrm{d}x$.

解 $\displaystyle\int \frac{x-2}{x^2+2x+3}\mathrm{d}x = \int \frac{x+1-3}{(x+1)^2+2}\mathrm{d}(x+1) \xlongequal{u=x+1} \int \frac{u-3}{u^2+2}\mathrm{d}u$

$$=\int \frac{u}{u^2+2}\mathrm{d}u-\int \frac{3}{u^2+2}\mathrm{d}u = \frac{1}{2}\ln(u^2+2)-\frac{3}{\sqrt{2}}\arctan \frac{u}{\sqrt{2}}+C$$

$$=\frac{1}{2}\ln(x^2+2x+3)-\frac{3}{\sqrt{2}}\arctan \frac{x+1}{\sqrt{2}}+C.$$

注 任何有理函数都有初等原函数，任何初等函数在其定义区间上，它的原函数一定存在，但原函数不一定都是初等函数. 例如，$\displaystyle\int \mathrm{e}^{x^2}\mathrm{d}x$，$\displaystyle\int \frac{\sin x}{x}\mathrm{d}x$，$\displaystyle\int \frac{1}{\ln x}\mathrm{d}x$，$\cdots$，它们的原函数存在，但不能用初等函数表示，具体可参考无穷级数部分.

习题 4-4

A 级题目

求下列不定积分：

1. $\int \dfrac{2x+1}{x^2+3x-10}\mathrm{d}x$.

2. $\int \dfrac{2}{(x+1)(x+2)(x+3)}\mathrm{d}x$.

3. $\int \dfrac{x^5+x^4-8}{x^3-x}\mathrm{d}x$.

4. $\int \dfrac{x^2+1}{(x-1)(x+1)^2}\mathrm{d}x$.

5. $\int \dfrac{1-x}{(x+1)(x^2+1)}\mathrm{d}x$.

6. $\int \dfrac{1}{(x^2+x)(x^2+1)}\mathrm{d}x$.

B 级题目

1. 求不定积分 $\int \dfrac{2x+4}{x^2+3x+3}\mathrm{d}x$.

2. 求不定积分 $\int \dfrac{5x+1}{(x^2+3x+3)^2}\mathrm{d}x$.

4.3　本章小结

本章小结

不定积分的概念	理解 原函数与不定积分的概念 了解 不定积分的性质 熟练 基本积分公式和运算法则
不定积分的计算方法	掌握 不定积分的换元积分法(第一类换元积分法、第二类换元积分法) 掌握 不定积分的分部积分法
有理函数积分	了解 有理函数真分式分解的技巧 掌握 有理函数的积分方法

数学通识：莱布尼茨与微积分

戈特弗里德·威廉·莱布尼茨（Gottfried Wilhelm Leibniz，1646—1716 年），德国哲学家、数学家，历史上少见的通才，被誉为"十七世纪的亚里士多德"，如图 4-5 所示.

图 4-5

莱布尼茨在数学史和哲学史上都占有重要地位. 在数学上，他和牛顿独立发现了微积分，莱布尼茨所发明的符号被普遍认为更综合，适用范围更加广泛. 莱布尼茨还发明并完善了二进制.

牛顿从物理学出发，运用几何方法研究微积分，其在应用上更多地结合了运动学. 莱布尼茨则从几何问题出发，运用分析学方法引进微积分概念，得出运算法则.

莱布尼茨认识到好的数学符号能节省思维劳动，运用符号的技巧是数学成功的关键之一. 因此，他所创设的微积分符号远远优于牛顿的符号，这对微积分的发展有极大影响. 1714 至 1716 年，莱布尼茨在去世前，起草了《微积分的历史和起源》一文（本文直到 1846 年才被发表），总结了自己创立微积分学的思路，说明了自己成就的独立性.

在 17 世纪中期，计算曲线之下的面积是一个热门话题，这也是莱布尼茨变换定理的主题. 莱布尼茨在使用无限小三角形、切线、相似三角形和楔形面积进行复杂推理，经过极其曲折的数学探索之旅以后，获得一个分部积分的实例，产生了我们现在所说的分部积分法的初期形式.

进一步地，莱布尼茨把他的变换定理应用于一条著名的曲线 $\left(y=\sqrt{2x-x^2}\right.$ 或割圆曲线 $z=\sqrt{\dfrac{x}{2-x}}$ ）后，莱布尼茨发现了一个一直以他的名字命名的无穷级数（后续章节的一个重要结论）.

总复习题四

1. 设 $f(x)$ 的一个原函数为 $\ln(1+x^2)$，试求：

（1）$\int xf(x)\,\mathrm{d}x$；   （2）$\int xf'(x)\,\mathrm{d}x$.

2. 设 $f'(\sin^2 x)=\cos 2x+\tan^2 x$，当 $0<x<1$ 时，求 $f(x)$.

3. 设 $f(x)$ 的原函数 $F(x)$ 非负，且 $F(0)=1$，当 $x\geq 0$ 时，有 $f(x)F(x)=\sin^2 2x$，试证：

$$f(x)=\frac{\sin^2 2x}{\sqrt{x-\dfrac{1}{4}\sin 4x+1}}.$$

4. 求下列不定积分：

（1）$\displaystyle\int \frac{x^2}{1-x^6}\,\mathrm{d}x$；   （2）$\displaystyle\int \arctan\sqrt{x}\,\mathrm{d}x$；

（3）$\displaystyle\int \frac{\sqrt[3]{x}}{x(\sqrt{x}+\sqrt[3]{x})}\,\mathrm{d}x$；   （4）$\displaystyle\int \frac{x\mathrm{e}^x}{\sqrt{1+\mathrm{e}^x}}\,\mathrm{d}x$；

（5）$\displaystyle\int \frac{1}{(1-x^2)^{\frac{5}{2}}}\,\mathrm{d}x$；   （6）$\displaystyle\int \frac{1}{x^2\sqrt{x^2-1}}\,\mathrm{d}x$；

（7）$\displaystyle\int \frac{x\arccos x}{\sqrt{1-x^2}}\,\mathrm{d}x$；   （8）$\displaystyle\int \frac{1}{1+\tan x}\,\mathrm{d}x$；

（9）$\displaystyle\int \frac{x^2}{(2x+1)^{10}}\,\mathrm{d}x$；   （10）$\displaystyle\int \frac{1}{x^8(1+x^2)}\,\mathrm{d}x$.

5. 求不定积分 $\displaystyle\int \frac{x^2+2x-1}{(x-1)(x^2-x+1)}\,\mathrm{d}x$.

6. 求不定积分 $\displaystyle\int \frac{\sin x\cos x}{\sin^4 x+\cos^4 x}\,\mathrm{d}x$.

第五章
定积分及其应用

定积分是积分学的另一基本问题，它在科学技术和经济分析中具有广泛的应用.

本章将从分析和解决两个实际问题开始，引入定积分的概念，然后介绍它的性质、计算方法及其应用. 在这一章中，我们会学到一个重要定理——微积分基本定理，即牛顿-莱布尼茨公式. 这个公式建立了定积分与原函数之间(即定积分与不定积分之间)的重要关系，给出了计算定积分的一般办法.

第一节　定积分的概念与性质

一、引例

1. 曲边梯形的面积

设曲线 $y=f(x)$ 在区间 $[a,b]$ 上非负、连续. 由直线 $x=a$，$x=b$，$y=0$ 及曲线 $y=f(x)$ 所围成的平面图形称为曲边梯形，其中曲线弧称为曲边. 如图 5-1 所示.

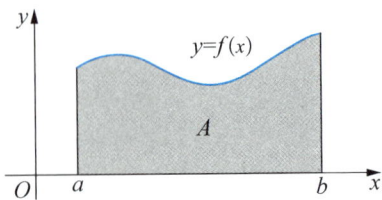

5.1　曲边梯形的面积

图 5-1

下面我们来求此曲边梯形的面积 A.

我们知道，矩形的高是不变的常数，它的面积可按公式

$$矩形面积＝高×底$$

来计算. 但是曲边梯形在底边上各点处的高 $f(x)$ 在区间 $[a,b]$ 上是变动的函数，因此它的面积不能直接按上述矩形面积公式来计算. 注意到，由于曲边梯形的高 $f(x)$ 在区间 $[a,b]$ 上是连续变化的，在很小一段区间上变化很小，可以近似认为是不变的，因此，若把区间 $[a,b]$ 分成许多小区间，在每个小区间上用其中某一点处的高来近似同一小区

间上的小曲边梯形的高，则每个小曲边梯形就可以近似看成小矩形，这样就可以将所有这些小矩形的面积之和作为曲边梯形面积的近似值. 当把区间无限细分，使得每个小区间的长度都趋近于零时，所有小矩形面积之和的极限就可以定义为曲边梯形的面积. 下面给出详细过程.

（1）分割

如图 5-2 所示，在区间 $[a,b]$ 内依次任意插入 $n-1$ 个分点 x_1，x_2，$\cdots$，x_{n-1}，使得
$$a = x_0 < x_1 < x_2 < \cdots < x_{n-1} < x_n = b,$$
把区间 $[a,b]$ 分成 n 个小区间 $[x_{i-1},x_i]$（$i=1,2,\cdots,n$），它们的长度分别为 $\Delta x_i = x_i - x_{i-1}$（$i=1,2,\cdots,n$）.

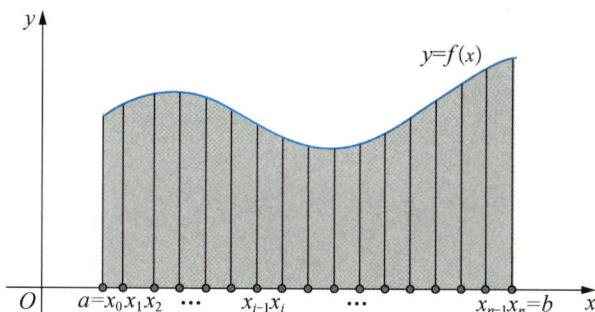

图 5-2

过每个分点 x_i（$i=1,2,\cdots,n-1$）作平行于 y 轴的直线段，把曲边梯形分成 n 个小曲边梯形，它们的面积分别记为 ΔA_i（$i=1,2,\cdots,n$）.

（2）近似

在每个小区间 $[x_{i-1},x_i]$（$i=1,2,\cdots,n$）上任取一点 ξ_i，用以 Δx_i 为底，$f(\xi_i)$ 为高的小矩形面积近似替代第 i 个小曲边梯形的面积，于是
$$\Delta A_i \approx f(\xi_i)\Delta x_i \quad (i=1,2,\cdots,n).$$

（3）求和

将这 n 个小矩形面积加起来，得到一个和式 $\sum\limits_{i=1}^{n} f(\xi_i)\Delta x_i$，它是曲边梯形的面积 A 的近似值，即
$$A = \sum_{i=1}^{n} \Delta A_i \approx \sum_{i=1}^{n} f(\xi_i)\Delta x_i.$$

（4）取极限

当分割充分细时，上面和式就可以无限接近曲边梯形的面积 A. 记 $\lambda = \max\limits_{1 \leqslant i \leqslant n}\{\Delta x_i\}$，为保证所有小区间的长度趋于零，我们要求小区间长度中的最大值趋于零，即当 $\lambda \to 0$ 时，有
$$A = \lim_{\lambda \to 0} \sum_{i=1}^{n} f(\xi_i)\Delta x_i.$$

2. 由边际成本求可变成本

设边际成本函数 $f(q)$（q 为产量）是定义在 $[0,Q]$ 上的连续函数，求可变成本 C_v 的表达式.

当产量从 0 逐步增大到 Q 时，在增长过程中，成本对于产量的增长率（即边际成本）并不相同，但是，若将 $[0,Q]$ 分割成 n 个小区间，这样在每个小区间内成本的增长速度是近似相等的. 具体做法如下：

（1）分割

在区间 $[0,Q]$ 内依次任意插入 $n-1$ 个分点 $q_1,q_2,\cdots,q_{n-1}$ 使得
$$0=q_0<q_1<q_2<\cdots<q_{n-1}<q_n=Q,$$
把区间 $[0,Q]$ 分成 n 个小区间 $[q_{i-1},q_i]$（$i=1,2,\cdots,n$），它们的长度为 $\Delta q_i=q_i-q_{i-1}$（$i=1,2,\cdots,n$）.

（2）近似

在第 i 个小区间 $[q_{i-1},q_i]$ 上任取一点 η_i，将成本的增长速度（即边际成本）看作是不变的，于是产量增长 Δq_i 时，成本的增长额
$$\Delta C_{\nu_i}\approx f(\eta_i)\Delta q_i(i=1,2,\cdots,n).$$

（3）求和
$$C_\nu=\sum_{i=1}^n\Delta C_{\nu_i}\approx\sum_{i=1}^n f(\eta_i)\Delta q_i.$$

（4）取极限

记 $\lambda=\max\limits_{1\le i\le n}\{\Delta q_i\}$，则有
$$C_\nu=\lim_{\lambda\to 0}\sum_{i=1}^n f(\eta_i)\Delta q_i.$$

以上两个例子虽然实际背景完全不同，但从数学的角度来看，其解决问题的思想和方法是相同的，都是通过"分割、近似、求和、取极限"，最后转化为形如 $\sum\limits_{i=1}^n f(\xi_i)\Delta x_i$ 的和式的极限问题. 在科学技术和经济领域中有大量的问题可归结为这类数学模型，把这些模型加以概括抽象，就可得到定积分的定义.

二、定积分的定义

定义 5.1 设函数 $f(x)$ 在区间 $[a,b]$ 上有定义，在区间 $[a,b]$ 内依次任意插入 $n-1$ 个分点 $x_1,x_2,\cdots,x_{n-1}$ 使得
$$a=x_0<x_1<x_2<\cdots<x_{n-1}<x_n=b,$$
将区间 $[a,b]$ 分成 n 个小区间
$$[x_0,x_1],\ [x_1,x_2],\ \cdots,\ [x_{n-1},x_n],$$
各小区间的长度依次为
$$\Delta x_1=x_1-x_0,\ \Delta x_2=x_2-x_1,\ \cdots,\ \Delta x_n=x_n-x_{n-1}.$$
在各个小区间 $[x_{i-1},x_i]$（$i=1,2,\cdots,n$）上任取一点 ξ_i，作乘积
$$f(\xi_i)\Delta x_i(i=1,2,\cdots,n),$$
对乘积求和
$$\sum_{i=1}^n f(\xi_i)\Delta x_i.$$
记 $\lambda=\max\limits_{1\le i\le n}\{\Delta x_i\}$，如果不论对区间 $[a,b]$ 如何分割，也无论在小区间 $[x_{i-1},x_i]$ 上点 ξ_i 怎样选取，只要当 $\lambda\to 0$ 时，下面的极限

$$\lim_{\lambda \to 0} \sum_{i=1}^{n} f(\xi_i) \Delta x_i$$

都存在，则称此极限值为函数 $f(x)$ 在区间 $[a,b]$ 上的定积分(definite integral)，记作 $\int_a^b f(x) \, dx$，即

$$\int_a^b f(x) \, dx = \lim_{\lambda \to 0} \sum_{i=1}^{n} f(\xi_i) \Delta x_i.$$

这时称函数 $f(x)$ 在区间 $[a,b]$ 上可积，其中 $[a,b]$ 称为积分区间，a 称为积分下限，b 称为积分上限，$f(x)$ 称为被积函数，$f(x) \, dx$ 称为被积表达式，x 称为积分变量.

由定积分的定义，上面引例中的两个具体问题可分别用下面两个定积分表示.

(1)由连续曲线 $y = f(x)$($f(x) \geq 0$)，直线 $x = a$，$x = b$ 及 x 轴所围成的曲边梯形(如图 5-1 所示)的面积 A 是函数 $f(x)$($f(x) \geq 0$)在区间 $[a,b]$ 上的定积分，即

$$A = \int_a^b f(x) \, dx.$$

(2)边际成本函数 $f(q)$(q 为产量)是定义在 $[0,Q]$ 上的连续函数，那么产量从 0 到 Q 的可变成本是边际成本函数 $f(q)$ 在产量区间 $[0,Q]$ 上的定积分，即

$$C_v = \int_0^Q f(q) \, dq.$$

注

①当函数 $f(x)$ 在区间 $[a,b]$ 上的定积分存在时，称函数 $f(x)$ 在区间 $[a,b]$ 上可积，否则称函数 $f(x)$ 在区间 $[a,b]$ 上不可积. 定积分 $\int_a^b f(x) \, dx$ 是和式 $\sum_{i=1}^{n} f(\xi_i) \Delta x_i$ 的极限，因此它是一个数，这与不定积分不同.

②定积分的值只与被积函数 $f(x)$ 和积分区间 $[a,b]$ 有关，而与积分变量用哪个字母无关，即

$$\int_a^b f(x) \, dx = \int_a^b f(t) \, dt = \int_a^b f(u) \, du.$$

③极限过程是 $\lambda \to 0$，而不仅仅只是 $n \to \infty$，前者表示的是无限细分的过程，后者表示的是分点无限增加的过程；无限细分，分点必然无限增加，但分点无限增加，并不能保证无限细分.

④在定积分定义中，假定了 $a < b$，但是，按照定义我们可规定

当 $a > b$ 时，$\int_a^b f(x) \, dx = -\int_b^a f(x) \, dx$，

当 $a = b$ 时，$\int_a^a f(x) \, dx = 0$，

所以定积分上、下限无大小限制. 交换定积分的上下限时，绝对值不变而符号相反.

⑤关于函数的可积性，在此不加证明地给出下面两个重要结论：

结论 5.1　若函数 $f(x)$ 在 $[a,b]$ 上连续，则函数 $f(x)$ 在区间 $[a,b]$ 上可积.

结论 5.2　若函数 $f(x)$ 在 $[a,b]$ 上有界，且只有有限个间断点，则函数 $f(x)$ 在区间 $[a,b]$ 上可积.

例 1 利用定积分定义计算定积分 $\int_0^1 x^2 \mathrm{d}x$.

解 由于被积函数 $f(x)=x^2$ 在 $[0,1]$ 上连续，由结论 5.1 知，定积分 $\int_0^1 x^2 \mathrm{d}x$ 存在．

由定积分的定义知，积分值与区间的分法以及点 ξ_i 的取法无关．因此，我们不妨对区间 $[0,1]$ 进行 n 等分，分点为 $x_i = \dfrac{i}{n}(i=1,\cdots,n-1)$，则每个小区间的长度均为 $\Delta x_i = \dfrac{1}{n}$．取 $\xi_i = \dfrac{i}{n}(i=1,\cdots,n)$，于是

$$\int_0^1 x^2 \mathrm{d}x = \lim_{\lambda \to 0} \sum_{i=1}^n f(\xi_i) \cdot \Delta x_i = \lim_{n \to \infty} \sum_{i=1}^n \left(\frac{i}{n}\right)^2 \cdot \frac{1}{n} = \lim_{n \to \infty} \frac{1}{n^3} \sum_{i=1}^n i^2.$$

由初等数学知

$$1^2 + 2^2 + \cdots + n^2 = \frac{n(n+1)(2n+1)}{6},$$

故而

$$\int_0^1 x^2 \mathrm{d}x = \lim_{n \to \infty} \frac{1}{n^3} \cdot \frac{n(n+1)(2n+1)}{6} = \frac{1}{3}.$$

三、定积分的几何意义

（1）若连续函数 $f(x)$ 在 $[a,b]$ 上非负，即 $f(x) \geqslant 0$，则定积分 $\int_a^b f(x)\mathrm{d}x$ 表示由曲线 $y=f(x)$，直线 $x=a$，$x=b$ 及 x 轴所围成的曲边梯形的面积 A，如图 5-3 所示．

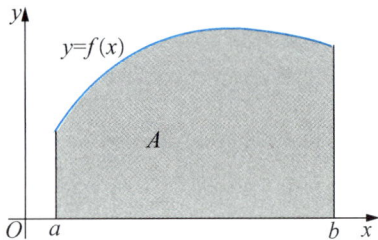

图 5-3

（2）若连续函数 $f(x)$ 在 $[a,b]$ 上非正，即 $f(x) \leqslant 0$，则定积分 $\int_a^b f(x)\mathrm{d}x$ 表示由曲线 $y=f(x)$，直线 $x=a$，$x=b$ 及 x 轴所围成的曲边梯形的面积的相反数 $-A$．

（3）若连续函数 $f(x)$ 在 $[a,b]$ 上既取得正值又取得负值，即函数 $f(x)$ 的图形某些部分在 x 轴的上方，其他部分在 x 轴的下方，如图 5-4 所示，则定积分 $\int_a^b f(x)\mathrm{d}x$ 表示由曲线 $y=f(x)$，直线 $x=a$，$x=b$ 以及 x 轴所围成的曲边梯形的面积的代数和，即

$$\int_a^b f(x)\mathrm{d}x = A_1 - A_2 + A_3.$$

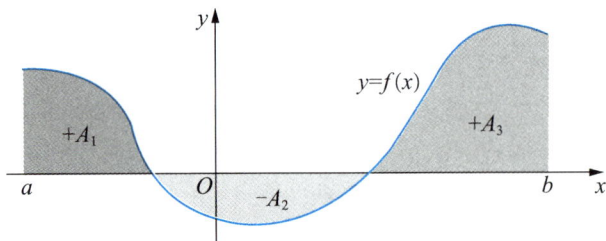

图 5-4

四、定积分的性质

我们在第四章讨论了不定积分的性质. 与不定积分不同，定积分是一个数值，由此引出一系列定积分特有的性质. 假设下面性质中的各函数在所讨论的区间上均可积.

性质 5.1　常数可提到积分号的外面，即

$$\int_a^b kf(x)\,\mathrm{d}x = k\int_a^b f(x)\,\mathrm{d}x, \quad k \text{ 为常数}.$$

性质 5.2　函数代数和的定积分等于定积分的代数和，即

$$\int_a^b [f(x)\pm g(x)]\,\mathrm{d}x = \int_a^b f(x)\,\mathrm{d}x \pm \int_a^b g(x)\,\mathrm{d}x.$$

此性质可推广到有限个函数的代数和.

性质 5.3　积分区间的可加性，即

$$\int_a^b f(x)\,\mathrm{d}x = \int_a^c f(x)\,\mathrm{d}x + \int_c^b f(x)\,\mathrm{d}x, \quad c \in [a,b].$$

性质 5.4　若在区间 $[a,b]$ 上 $f(x)=1$，则 $\int_a^b \mathrm{d}x = b-a$.

由定积分的几何意义，定积分 $\int_a^b \mathrm{d}x$ 表示以 $b-a$ 为底，$f(x)=1$ 为高的矩形的面积.

性质 5.5　若在区间 $[a,b]$ 上有 $f(x)\geq 0$，则 $\int_a^b f(x)\,\mathrm{d}x \geq 0$.

若 $f(x)$ 在区间 $[a,b]$ 上连续，$f(x)\geq 0$ 但不恒为零，则 $\int_a^b f(x)\,\mathrm{d}x > 0$.

例 2　比较定积分 $\int_0^1 \mathrm{e}^{x^2}\,\mathrm{d}x$ 与 $\int_0^1 \mathrm{e}^x\,\mathrm{d}x$ 的大小.

解　在区间 $[0,1]$ 上有 $x^2 \leq x$，从而 $\mathrm{e}^{x^2} \leq \mathrm{e}^x$，即 $\mathrm{e}^x - \mathrm{e}^{x^2} \geq 0$，等号仅在 $x=0$ 与 $x=1$ 两点成立.

由性质 5.5 可知

$$\int_0^1 (\mathrm{e}^x - \mathrm{e}^{x^2})\,\mathrm{d}x > 0,$$

即

$$\int_0^1 \mathrm{e}^{x^2}\,\mathrm{d}x < \int_0^1 \mathrm{e}^x\,\mathrm{d}x.$$

推论 5.1　若在区间 $[a,b]$ 上有 $f(x)\geq g(x)$，则 $\int_a^b f(x)\,\mathrm{d}x \geq \int_a^b g(x)\,\mathrm{d}x$.

推论 5.2　$\left| \int_a^b f(x)\,\mathrm{d}x \right| \leq \int_a^b |f(x)|\,\mathrm{d}x, \ a<b$.

性质 5.6（估值定理）　若函数 $f(x)$ 在区间 $[a,b]$ 上的最大值和最小值分别为 M 与 m，则

$$m(b-a) \leq \int_a^b f(x)\,\mathrm{d}x \leq M(b-a).$$

证明　因为 $m \leq f(x) \leq M$，由推论 5.1 得

$$\int_a^b m\,\mathrm{d}x \leq \int_a^b f(x)\,\mathrm{d}x \leq \int_a^b M\,\mathrm{d}x,$$

由性质 5.1 和性质 5.4 得

$$m(b-a) \leqslant \int_a^b f(x)\,dx \leqslant M(b-a).$$

此性质说明，由被积函数在积分区间上的最大值和最小值，可估计积分值的范围.

例 3 证明 $2e^{-\frac{1}{4}} \leqslant \int_0^2 e^{x^2-x}\,dx \leqslant 2e^2$.

证明 设 $f(x) = e^{x^2-x}$，$x \in [0,2]$，则

$$f'(x) = e^{x^2-x}(2x-1),$$

令 $f'(x) = 0$，得驻点 $x = \dfrac{1}{2} \in (0,2)$，而 $f(0) = 1$，$f\left(\dfrac{1}{2}\right) = e^{-\frac{1}{4}}$，$f(2) = e^2$，即 $f(x)$ 在 $[0,2]$ 上的最大值和最小值分别为

$$M = e^2,\ m = e^{-\frac{1}{4}}.$$

由性质 5.6 知

$$e^{-\frac{1}{4}}(2-0) \leqslant \int_0^2 e^{x^2-x}\,dx \leqslant e^2(2-0),$$

即

$$2e^{-\frac{1}{4}} \leqslant \int_0^2 e^{x^2-x}\,dx \leqslant 2e^2.$$

性质 5.7（定积分中值定理） 设函数 $f(x)$ 在闭区间 $[a,b]$ 上连续，则在区间 $[a,b]$ 上至少存在一点 ξ，使得

$$\int_a^b f(x)\,dx = f(\xi)(b-a),\ a \leqslant \xi \leqslant b.$$

或

$$f(\xi) = \frac{\displaystyle\int_a^b f(x)\,dx}{b-a},\quad a \leqslant \xi \leqslant b.$$

证明 因为 $f(x)$ 在闭区间 $[a,b]$ 上连续，所以 $f(x)$ 在区间 $[a,b]$ 上有最大值 M 和最小值 m. 由性质 5.6 得

$$m(b-a) \leqslant \int_a^b f(x)\,dx \leqslant M(b-a),$$

从而

$$m \leqslant \frac{\displaystyle\int_a^b f(x)\,dx}{b-a} \leqslant M.$$

由于函数 $f(x)$ 在闭区间 $[a,b]$ 上连续，根据闭区间上连续函数的介值定理知，在区间 $[a,b]$ 上至少存在一点 ξ，使得

$$f(\xi) = \frac{\displaystyle\int_a^b f(x)\,dx}{b-a},\quad a \leqslant \xi \leqslant b,$$

即

$$\int_a^b f(x)\,dx = f(\xi)(b-a),\ a \leqslant \xi \leqslant b.$$

性质 5.7 的几何意义如下. 若函数 $f(x)$ 在区间 $[a,b]$ 上连续，且 $f(x) \geqslant 0$，则由 $x =$

a，$x=b$，x 轴及 $y=f(x)$ 所围成的曲边梯形的面积一定与某个以 $[a,b]$ 为底边，高为 $f(\xi)(\xi\in[a,b])$ 的矩形面积相等，如图 5-5 所示.

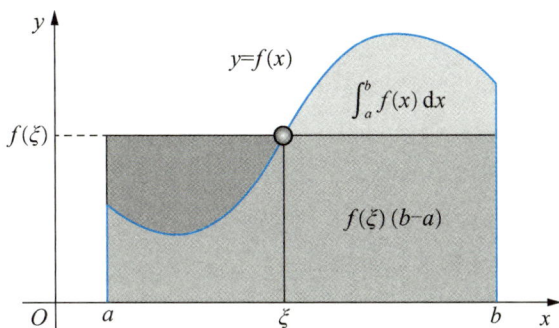

图 5-5

通常称 $f(\xi)=\dfrac{\displaystyle\int_a^b f(x)\,\mathrm{d}x}{b-a}$ 为函数 $f(x)$ 在区间 $[a,b]$ 上的平均值.

例 4　利用定积分中值定理证明 $\displaystyle\lim_{n\to\infty}\int_0^{\frac{1}{2}}\dfrac{x^n}{1+x^n}\mathrm{d}x=0$.

证明　由于 $\dfrac{x^n}{1+x^n}$ 在区间 $\left[0,\dfrac{1}{2}\right]$ 上连续，所以由定积分中值定理可知，在区间 $\left[0,\dfrac{1}{2}\right]$ 上至少存在一点 ξ，使得

$$\int_0^{\frac{1}{2}}\dfrac{x^n}{1+x^n}\mathrm{d}x=\dfrac{\xi^n}{1+\xi^n}\cdot\dfrac{1}{2}.$$

因为 $0\le\xi\le\dfrac{1}{2}$，所以 $\displaystyle\lim_{n\to\infty}\xi^n=0$，于是由夹逼定理可得

$$\lim_{n\to\infty}\int_0^{\frac{1}{2}}\dfrac{x^n}{1+x^n}\mathrm{d}x=0.$$

习题 5-1

A 级题目

1. 利用定积分的几何意义，证明下列等式：

(1) $\displaystyle\int_0^2(x+1)\,\mathrm{d}x=4$；

(2) $\displaystyle\int_0^1\sqrt{1-x^2}\,\mathrm{d}x=\dfrac{\pi}{4}$；

(3) $\displaystyle\int_{-\pi}^{\pi}\sin x\,\mathrm{d}x=0$；

(4) $\displaystyle\int_{-\frac{\pi}{2}}^{\frac{\pi}{2}}\cos x\,\mathrm{d}x=2\int_0^{\frac{\pi}{2}}\cos x\,\mathrm{d}x$.

2. 比较下列各组积分值的大小：

(1) $I_1=\displaystyle\int_1^2\dfrac{1}{x}\mathrm{d}x$ 与 $I_2=\int_1^2\dfrac{1}{x^2}\mathrm{d}x$；

(2) $I_1=\displaystyle\int_0^{\frac{\pi}{2}}\sin x\,\mathrm{d}x$ 与 $I_2=\int_0^{\frac{\pi}{2}}\sin^2 x\,\mathrm{d}x$；

(3) $I_1=\displaystyle\int_3^4\ln x\,\mathrm{d}x$ 与 $I_2=\int_3^4(\ln x)^2\,\mathrm{d}x$；

(4) $I_1=\displaystyle\int_0^1 x\,\mathrm{d}x$ 与 $I_2=\int_0^1\ln(x+1)\,\mathrm{d}x$.

$(5) I_1 = \int_0^{\frac{\pi}{2}} x \mathrm{d}x$ 与 $I_2 = \int_0^{\frac{\pi}{2}} \sin x \mathrm{d}x$； $(6) I_1 = \int_0^1 \mathrm{e}^x \mathrm{d}x$ 与 $I_2 = \int_0^1 (1+x) \mathrm{d}x$.

3. 利用定积分性质估计下列积分的值：

$(1) \int_0^1 \mathrm{e}^{x^2} \mathrm{d}x$； $(2) \int_1^2 (2x^3 - 3x^4) \mathrm{d}x$；

$(3) \int_4^3 (6x - x^2) \mathrm{d}x$； $(4) \int_{\frac{\pi}{4}}^{\frac{5\pi}{4}} (1 + \sin^2 x) \mathrm{d}x$；

$(5) \int_0^1 \ln(1+x^2) \mathrm{d}x$； $(6) \int_1^4 \mathrm{e}^{x^2-4x} \mathrm{d}x$.

4. 利用定积分的定义计算下列定积分：

$(1) \int_a^b x \mathrm{d}x \ (a<b)$； $(2) \int_0^1 \mathrm{e}^x \mathrm{d}x$.

B 级题目

1. 将下列和式的极限表示为定积分：

$(1) \lim\limits_{n\to\infty} \left(\dfrac{1}{n+1} + \dfrac{1}{n+2} + \cdots + \dfrac{1}{n+n} \right)$； $(2) \lim\limits_{n\to\infty} \left(\dfrac{1}{n^2} + \dfrac{2}{n^2} + \cdots + \dfrac{n-1}{n^2} \right)$.

第二节　微积分基本定理

从第一节可以看出，如果从定积分的定义出发，即使被积函数比较简单，计算定积分也不是一件容易的事. 本节将给出计算定积分的一般方法.

一、积分上限函数及其导数

设函数 $f(x)$ 在区间 $[a,b]$ 上连续，x 为 $[a,b]$ 上的一点，于是 $f(t)$ 在区间 $[a,x]$ 上也连续，因此 $\int_a^x f(t) \mathrm{d}t$ 存在. 如果上限 x 在区间 $[a,b]$ 上任意变动，则对于每一个取定的 x 值，定积分 $\int_a^x f(t) \mathrm{d}t$ 有一个对应的值，这样就在 $[a,b]$ 上定义了一个函数.

5.2　积分上限函数

定义 5.2　若 $f(x)$ 在区间 $[a,b]$ 上连续，则称

$$\Phi(x) = \int_a^x f(t) \mathrm{d}t, \ x \in [a,b]$$

为积分上限函数(integral with variable upper bound).

关于积分上限函数 $\Phi(x)$，我们有如下重要定理. 它表明 $\Phi(x)$ 是被积函数 $f(x)$ 的一个原函数.

定理 5.1　若 $f(x)$ 在区间 $[a,b]$ 上连续，则积分上限函数 $\Phi(x) = \int_a^x f(t) \mathrm{d}t$ 在 $[a,b]$ 上可导，且其导数为

$$\Phi'(x) = \frac{\mathrm{d}}{\mathrm{d}x} \int_a^x f(t) \mathrm{d}t = f(x), \ x \in [a,b].$$

证明　设 $x \in (a,b)$，若 x 获得增量 Δx 且 $x + \Delta x \in (a,b)$，则当 $\Delta x \neq 0$ 时，

$$\Delta \Phi = \Phi(x+\Delta x) - \Phi(x) = \int_a^{x+\Delta x} f(t) \mathrm{d}t - \int_a^x f(t) \mathrm{d}t$$

$$=\left[\int_a^x f(t)\,dt+\int_x^{x+\Delta x} f(t)\,dt\right]-\int_a^x f(t)\,dt$$

$$=\int_x^{x+\Delta x} f(t)\,dt.$$

由于 $f(x)$ 在 $[a,b]$ 上连续，由积分中值定理知，在 x 与 $x+\Delta x$ 之间存在 ξ，使得

$$\int_x^{x+\Delta x} f(t)\,dt=f(\xi)\Delta x,$$

而当 $\Delta x\to 0$ 时，有 $\xi\to x$，从而

$$\Phi'(x)=\lim_{\Delta x\to 0}\frac{\Delta\Phi}{\Delta x}=\lim_{\xi\to x}f(\xi)=f(x).$$

若 $x=a$，取 $\Delta x>0$，则同理可证 $\Phi'(a)=f(a)$；若 $x=b$，取 $\Delta x<0$，则同理可证 $\Phi'(b)=f(b)$.

下面的定理给出了定理 5.1 一个更为一般的形式.

定理 5.2 设 $f(x)$ 在 $[a,b]$ 上连续，$\varphi(x)$ 在 $[a,b]$ 上可导，且 $a\leqslant\varphi(x)\leqslant b$，$x\in[a,b]$，则

$$\frac{d}{dx}\int_a^{\varphi(x)} f(t)\,dt=f[\varphi(x)]\varphi'(x).$$

证明 设 $F(x)=\int_a^x f(t)\,dt$，则

$$\int_a^{\varphi(x)} f(t)\,dt=F[\varphi(x)],$$

由复合函数求导法则得

$$\frac{d}{dx}\int_a^{\varphi(x)} f(t)\,dt=\frac{d}{dx}F[\varphi(x)]=F'[\varphi(x)]\varphi'(x)=f[\varphi(x)]\varphi'(x),$$

即 $\dfrac{d}{dx}\displaystyle\int_a^{\varphi(x)} f(t)\,dt=f[\varphi(x)]\varphi'(x)$ 成立.

例 1 求下列函数的导数：

(1) 已知 $\Phi(x)=\displaystyle\int_x^4\frac{\sin t}{t}\,dt$，求 $\Phi'\left(\dfrac{\pi}{2}\right)$；

(2) 已知 $F(x)=\displaystyle\int_2^{\sqrt{x}} e^{t^2}\,dt$，求 $F'(x)$；

(3) 已知 $G(x)=\displaystyle\int_{\sqrt{x}}^{x^2} e^{-t^2}\,dt$，求 $G'(x)$；

(4) 已知 $H(x)=\displaystyle\int_1^{2x} xf(t)\,dt$，且 $f(x)$ 可导，求 $H''(x)$.

解 (1) 因为 $\Phi(x)=\displaystyle\int_x^4\frac{\sin t}{t}\,dt=-\int_4^x\frac{\sin t}{t}\,dt$，所以 $\Phi'(x)=-\dfrac{\sin x}{x}$，于是

$$\Phi'\left(\frac{\pi}{2}\right)=-\frac{\sin x}{x}\bigg|_{x=\frac{\pi}{2}}=-\frac{2}{\pi}.$$

(2) $F'(x)=e^{(\sqrt{x})^2}\cdot(\sqrt{x})'=\dfrac{e^x}{2\sqrt{x}}.$

（3）因为

$$G(x) = \int_{\sqrt{x}}^{x^2} e^{-t^2} dt = \int_{\sqrt{x}}^{0} e^{-t^2} dt + \int_{0}^{x^2} e^{-t^2} dt = -\int_{0}^{\sqrt{x}} e^{-t^2} dt + \int_{0}^{x^2} e^{-t^2} dt,$$

所以

$$G'(x) = -e^{-(\sqrt{x})^2} \cdot (\sqrt{x})' + e^{-(x^2)^2} \cdot (x^2)' = -\frac{e^{-x}}{2\sqrt{x}} + 2xe^{-x^4}.$$

（4）因为 $H(x) = x \int_{1}^{2x} f(t) dt$，所以

$$H'(x) = (x)' \cdot \int_{1}^{2x} f(t) dt + x \left[\int_{1}^{2x} f(t) dt \right]' = \int_{1}^{2x} f(t) dt + 2xf(2x),$$

故

$$\begin{aligned}
H''(x) &= \left[\int_{1}^{2x} f(t) dt \right]' + 2\{ (x)'f(2x) + x[f(2x)]' \} \\
&= f(2x)(2x)' + 2[f(2x) + xf'(2x)(2x)'] \\
&= 2f(2x) + 2[f(2x) + 2xf'(2x)] \\
&= 4f(2x) + 4xf'(2x).
\end{aligned}$$

例 2 求下列极限：

（1）$\displaystyle \lim_{x \to 0} \frac{\int_0^x e^{t^2} dt}{x}$；

（2）$\displaystyle \lim_{x \to 0} \frac{\int_0^x \sin t^2 dt}{x^2 \sin x}$；

（3）$\displaystyle \lim_{x \to \infty} \frac{1}{x} \int_0^x t^2 e^{t^2 - x^2} dt.$

解 （1）这是 $\dfrac{0}{0}$ 型未定式，用洛必达法则计算.

$$\lim_{x \to 0} \frac{\int_0^x e^{t^2} dt}{x} \xlongequal{\text{``}\frac{0}{0}\text{''}} \lim_{x \to 0} \frac{e^{x^2}}{1} = 1.$$

（2）这是 $\dfrac{0}{0}$ 型未定式，用洛必达法则来计算.

$$\lim_{x \to 0} \frac{\int_0^x \sin t^2 dt}{x^2 \sin x} = \lim_{x \to 0} \frac{\int_0^x \sin t^2 dt}{x^3} \xlongequal{\text{``}\frac{0}{0}\text{''}} \lim_{x \to 0} \frac{\sin x^2}{3x^2} = \frac{1}{3}.$$

（3）这是 $\dfrac{\infty}{\infty}$ 型未定式，用洛必达法则来计算.

$$\lim_{x \to \infty} \frac{1}{x} \int_0^x t^2 e^{t^2 - x^2} dt = \lim_{x \to \infty} \frac{\int_0^x t^2 e^{t^2} dt}{x e^{x^2}} \xlongequal{\text{``}\frac{\infty}{\infty}\text{''}} \lim_{x \to \infty} \frac{x^2 e^{x^2}}{e^{x^2} + 2x^2 e^{x^2}} = \frac{1}{2}.$$

例 3 设连续函数 $f(x)$ 在 $[a,b]$ 上单调增加，证明：函数 $G(x) = \dfrac{1}{x-a} \int_a^x f(t) dt$ 在 $(a,b]$ 上也单调增加.

证明 由于 $f(x)$ 在 $[a,b]$ 上连续，所以 $G(x)$ 在 $(a,b]$ 上可导，且

$$G'(x) = \frac{f(x)(x-a) - \int_a^x f(t)\,dt}{(x-a)^2}.$$

由定积分中值定理, 至少存在一点 $\xi \in [a,x]$, 使得

$$\int_a^x f(t)\,dt = f(\xi)(x-a),$$

代入 $G'(x)$ 得

$$G'(x) = \frac{f(x) - f(\xi)}{x-a}.$$

又 $f(x)$ 在 $[a,b]$ 上单调增加, 故 $f(x) \geqslant f(\xi)$, 从而

$$G'(x) \geqslant 0,$$

由单调性判定定理, 函数 $G(x)$ 在 (a,b) 上单调增加.

二、牛顿–莱布尼茨公式

定理 5.1 指出, 定积分 $\int_a^x f(t)\,dt$ 是 $f(x)$ 的一个原函数. 如果已知 $f(x)$ 在闭区间 $[a,b]$ 上的另一个原函数 $F(x)$, 则两个原函数之间相差一个常数. 我们利用该事实计算定积分 $\int_a^b f(x)\,dx$.

定理 5.3　若函数 $F(x)$ 是连续函数 $f(x)$ 在区间 $[a,b]$ 上的一个原函数, 则

$$\int_a^b f(x)\,dx = F(x)\,\Big|_a^b, \ \text{这里}\ F(x)\,\Big|_a^b = F(b) - F(a).$$

证明　已知函数 $F(x)$ 是连续函数 $f(x)$ 的一个原函数, 又根据定理 5.1 可知, 积分上限函数

$$\Phi(x) = \int_a^x f(t)\,dt, \ x \in [a,b]$$

也是 $f(x)$ 的一个原函数. 这两个原函数之差 $F(x) - \Phi(x)$ 在 $[a,b]$ 上必是某一个常数 C, 即

$$F(x) - \int_a^x f(t)\,dt = C, \ x \in [a,b].$$

上式中令 $x=a$, 由于 $\Phi(a) = \int_a^a f(t)\,dt = 0$, 得 $C = F(a)$, 于是有

$$\int_a^x f(t)\,dt = F(x) - F(a),$$

上式中令 $x=b$, 得

$$\int_a^b f(x)\,dx = F(b) - F(a).$$

上述定理即为著名的微积分基本定理. 定理中的公式称为牛顿(Newton)–莱布尼茨(Leibniz)公式. 它揭示了定积分与被积函数的原函数或不定积分之间的联系, 表明一个连续函数在区间 $[a,b]$ 上的定积分等于它的一个原函数在区间 $[a,b]$ 上的增量, 为定积分提供了一个有效而简便的计算方法.

例 4 计算 $\int_0^1 x^3 \mathrm{d}x$.

解 由于 $\dfrac{x^4}{4}$ 是连续函数 x^3 的一个原函数，所以由牛顿-莱布尼茨公式，得

$$\int_0^1 x^3 \mathrm{d}x = \frac{x^4}{4} \bigg|_0^1 = \frac{1}{4}(1^4 - 0^4) = \frac{1}{4}.$$

在之后的定积分计算中，如果被积函数 $f(x)$ 在积分区间 $[a,b]$ 上连续，满足定理 5.3 的条件，可省略文字说明，直接套用牛顿-莱布尼茨公式进行计算.

例 5 计算 $\int_{-1}^0 \left(\mathrm{e}^x + \dfrac{1}{1+x^2} \right) \mathrm{d}x$.

解
$$\int_{-1}^0 \left(\mathrm{e}^x + \frac{1}{1+x^2} \right) \mathrm{d}x = \int_{-1}^0 \mathrm{e}^x \mathrm{d}x + \int_{-1}^0 \frac{1}{1+x^2} \mathrm{d}x = \mathrm{e}^x \bigg|_{-1}^0 + \arctan x \bigg|_{-1}^0$$

$$= (\mathrm{e}^0 - \mathrm{e}^{-1}) + [\arctan 0 - \arctan(-1)] = 1 - \mathrm{e}^{-1} + \frac{\pi}{4}.$$

例 6 设函数 $f(x) = \begin{cases} x, & x>0, \\ 1, & x \le 0, \end{cases}$ 求 $\int_{-1}^2 f(x) \mathrm{d}x$.

解 因为被积函数 $f(x)$ 在积分区间 $[-1,2]$ 内含有分段点 $x=0$，如图 5-6 所示，所以必须分段对相应的被积函数式求原函数，由积分区间可加性，得

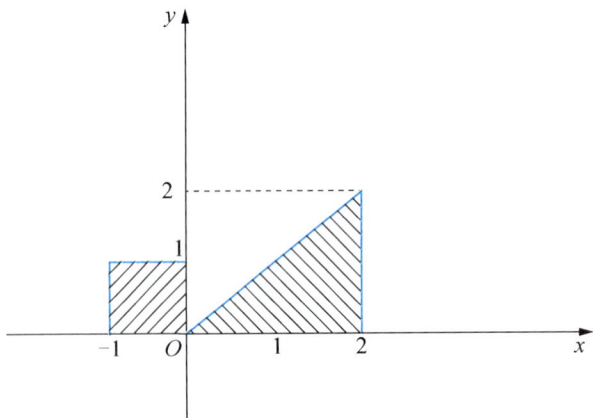

图 5-6

$$\int_{-1}^2 f(x) \mathrm{d}x = \int_{-1}^0 f(x) \mathrm{d}x + \int_0^2 f(x) \mathrm{d}x = \int_{-1}^0 \mathrm{d}x + \int_0^2 x \mathrm{d}x$$

$$= x \bigg|_{-1}^0 + \frac{x^2}{2} \bigg|_0^2 = [0 - (-1)] + \frac{1}{2}(2^2 - 0^2) = 3.$$

从图 5-6 中可看出，积分 $\int_{-1}^2 f(x) \mathrm{d}x$ 相当于一个正方形面积加上一个三角形面积.

例 7 计算 $\int_1^3 |x-2| \mathrm{d}x$.

解 由于被积函数 $f(x) = |x-2|$ 在积分区间 $[1,3]$ 内含有分段点 $x=2$，故由积分区间可加性，得

$$\int_1^3 \mid x-2 \mid \mathrm{d}x = \int_1^2 \mid x-2 \mid \mathrm{d}x + \int_2^3 \mid x-2 \mid \mathrm{d}x = \int_1^2 (2-x)\,\mathrm{d}x + \int_2^3 (x-2)\,\mathrm{d}x$$

$$= \left(2x - \frac{x^2}{2}\right)\Big|_1^2 + \left(\frac{x^2}{2} - 2x\right)\Big|_2^3 = \left[(4-2) - \left(2 - \frac{1}{2}\right)\right] + \left[\left(\frac{1}{2}\times 3^2 - 6\right) - (2-4)\right]$$

$$= 1.$$

注 带有绝对值的函数应看作分段函数来处理，然后根据积分区间可加性分段计算.

例 8 计算 $\displaystyle\int_{\frac{\pi}{6}}^{\frac{\pi}{3}} \frac{1}{\sin^2 x \, \cos^2 x}\mathrm{d}x$.

解 $\displaystyle\int_{\frac{\pi}{6}}^{\frac{\pi}{3}} \frac{1}{\sin^2 x \, \cos^2 x}\mathrm{d}x = \int_{\frac{\pi}{6}}^{\frac{\pi}{3}} \frac{\sin^2 x + \cos^2 x}{\sin^2 x \, \cos^2 x}\mathrm{d}x = \int_{\frac{\pi}{6}}^{\frac{\pi}{3}} \sec^2 x\,\mathrm{d}x + \int_{\frac{\pi}{6}}^{\frac{\pi}{3}} \csc^2 x\,\mathrm{d}x$

$$= \tan x\,\Big|_{\frac{\pi}{6}}^{\frac{\pi}{3}} - \cot x\,\Big|_{\frac{\pi}{6}}^{\frac{\pi}{3}} = \left(\tan\frac{\pi}{3} - \tan\frac{\pi}{6}\right) - \left(\cot\frac{\pi}{3} - \cot\frac{\pi}{6}\right) = \frac{4\sqrt{3}}{3}.$$

例 9 计算 $\displaystyle\int_0^\pi \sqrt{1 - \sin^2 x}\,\mathrm{d}x$.

解 $\displaystyle\int_0^\pi \sqrt{1 - \sin^2 x}\,\mathrm{d}x = \int_0^\pi \mid \cos x \mid \mathrm{d}x = \int_0^{\frac{\pi}{2}} \cos x\,\mathrm{d}x + \int_{\frac{\pi}{2}}^\pi (-\cos x)\,\mathrm{d}x$

$$= \sin x\,\Big|_0^{\frac{\pi}{2}} - \sin x\,\Big|_{\frac{\pi}{2}}^\pi = \left(\sin\frac{\pi}{2} - \sin 0\right) - \left(\sin\pi - \sin\frac{\pi}{2}\right) = 2.$$

例 10 设 $f(x) = x^2 - \displaystyle\int_0^1 f(x)\,\mathrm{d}x$，求 $\displaystyle\int_0^1 f(x)\,\mathrm{d}x$ 及 $f(x)$.

解 由于定积分的值是一个常数，因此可设 $\displaystyle\int_0^1 f(x)\,\mathrm{d}x = A$，则

$$f(x) = x^2 - A,$$

对上式两边进行 0 到 1 的定积分，得

$$\int_0^1 f(x)\,\mathrm{d}x = \int_0^1 x^2\,\mathrm{d}x - \int_0^1 A\,\mathrm{d}x,$$

从而

$$A = \frac{1}{3}x^3\,\Big|_0^1 - A = \frac{1}{3} - A,$$

推得

$$A = \frac{1}{6}.$$

故

$$f(x) = x^2 - A = x^2 - \frac{1}{6}.$$

习题 5-2

A 级题目

1. 求下列导数值：

(1) 设 $F(x) = \displaystyle\int_0^x \frac{t+4}{t^2+t+1}\mathrm{d}t$，求 $F'(1)$；

(2) 设 $G(x) = \displaystyle\int_0^x \sin\sqrt{t}\,\mathrm{d}t$，求 $G'\left(\dfrac{\pi^2}{4}\right)$；

（3）设 $H(x) = \int_0^{x^2} \dfrac{1}{1+t^3}\mathrm{d}t$，求 $H'(\sqrt{2})$。

2. 求下列各导数：

（1）$\dfrac{\mathrm{d}}{\mathrm{d}x}\int_a^{\cos x} \dfrac{1}{\sqrt{1+t^2}}\mathrm{d}t$；

（2）$\dfrac{\mathrm{d}}{\mathrm{d}x}\int_0^{x^2} \dfrac{1}{\sqrt{1+t^3}}\mathrm{d}t$；

（3）$\dfrac{\mathrm{d}}{\mathrm{d}x}\int_1^{x^2} t\arctan t\,\mathrm{d}t$；

（4）$\dfrac{\mathrm{d}}{\mathrm{d}x}\left(x\int_x^0 \cos t^3 \mathrm{d}t\right)$；

（5）$\dfrac{\mathrm{d}}{\mathrm{d}x}\int_{x^2}^{x^3} \dfrac{1}{\sqrt{1+t^4}}\mathrm{d}t$；

（6）$\dfrac{\mathrm{d}}{\mathrm{d}x}\int_0^x (t^3-x^3)\sin^2 t\,\mathrm{d}t$。

3. 求函数 $F(x) = \int_0^x (t-3)^2(t-1)\,\mathrm{d}t$ 的单调区间。

4. 设 $f(x) = \int_2^x \ln t\,\mathrm{d}t$，求 $f''(x)$。

5. 若 $f(x)$ 在 $[a,b]$ 上连续，$F(x) = \int_a^x f(t)(x-t)\,\mathrm{d}t$，证明：$F''(x) = f(x)$。

6. 求下列极限：

（1）$\lim\limits_{x\to 0} \dfrac{\displaystyle\int_0^x \cos^2 t\,\mathrm{d}t}{x}$；

（2）$\lim\limits_{x\to 0} \dfrac{\displaystyle\int_0^x \arctan t\,\mathrm{d}t}{x^2}$；

（3）$\lim\limits_{x\to 0} \dfrac{\displaystyle\int_0^x \sin t^2\,\mathrm{d}t}{x^3}$；

（4）$\lim\limits_{x\to 1} \dfrac{\displaystyle\int_1^x \tan(t^2-1)\,\mathrm{d}t}{(x-1)^2}$；

（5）$\lim\limits_{x\to 0} \dfrac{1}{x^2}\int_0^x \arcsin t\,\mathrm{d}t$；

（6）$\lim\limits_{x\to 0} \dfrac{1}{x}\int_0^x (1-\sin 2t)^{\frac{1}{t}}\mathrm{d}t$；

（7）$\lim\limits_{x\to \infty} \dfrac{1}{x^4}\int_1^{x^2} \sqrt{1+t^2}\,\mathrm{d}t$；

（8）$\lim\limits_{x\to +\infty} \dfrac{\displaystyle\int_0^x (\arctan t)^2\,\mathrm{d}t}{\sqrt{1+x^2}}$。

7. 计算下列定积分：

（1）$\int_1^2 \dfrac{1}{\sqrt{x}}\mathrm{d}x$；

（2）$\int_0^{\sqrt{3}} \dfrac{1}{1+x^2}\mathrm{d}x$；

（3）$\int_{-\frac{1}{2}}^{\frac{1}{2}} \dfrac{1}{\sqrt{1-x^2}}\mathrm{d}x$；

（4）$\int_1^2 \left(x^2 + \dfrac{1}{x^2}\right)\mathrm{d}x$；

（5）$\int_{-1}^0 \dfrac{3x^4+3x^2+1}{x^2+1}\mathrm{d}x$；

（6）$\int_0^4 \sqrt{x}\,(1+x)\,\mathrm{d}x$；

（7）$\int_0^a (\sqrt{a}-\sqrt{x})^2\mathrm{d}x$；

（8）$\int_1^4 \dfrac{(\sqrt{x}-1)^2}{\sqrt{x}}\mathrm{d}x$；

（9）$\int_{\frac{\pi}{6}}^{\frac{\pi}{4}} \sec^2 x\,\mathrm{d}x$；

（10）$\int_0^{\frac{\pi}{4}} \tan^2 x\,\mathrm{d}x$；

（11）$\int_0^{\frac{\pi}{2}} \sin^2 \dfrac{x}{2}\mathrm{d}x$；

（12）$\int_{-1}^2 |2x|\,\mathrm{d}x$；

(13) $\int_0^2 |x-1| \, dx$;

(14) $\int_0^2 |x^2+2x-3| \, dx$;

(15) $\int_0^\pi |\cos x| \, dx$;

(16) $\int_0^{\frac{\pi}{2}} \sqrt{1-\sin 2x} \, dx$.

8. 设 $f(x) = \begin{cases} x+1, & x>1, \\ e^x, & x \leqslant 1. \end{cases}$ 求 $\int_0^2 f(x) \, dx$.

9. 求函数 $F(x) = \int_0^x t e^{-t^2} \, dt$ 的极值.

10. 求函数 $F(x) = \int_0^x t(t-4) \, dt$ 在 $[-1,5]$ 上的最大值和最小值.

11. 设 $f(x)$ 是闭区间 $[0,1]$ 上的连续函数,且 $f(x) = \dfrac{1}{1+x^2} + x^3 \int_0^1 f(t) \, dt$,求 $\int_0^1 f(x) \, dx$.

B 级题目

1. 计算下列极限:

(1) $\lim\limits_{x \to 0^+} \dfrac{\int_0^x \sqrt{x-t} \, e^t \, dt}{\sqrt{x^3}}$;

(2) $\lim\limits_{x \to +\infty} \dfrac{\int_1^x [t^2(e^{\frac{1}{t}}-1)-t] \, dt}{x^2 \ln(1+\dfrac{1}{x})}$;

(3) $\lim\limits_{x \to 0} \left(\dfrac{1 + \int_0^x e^{t^2} \, dt}{e^x - 1} - \dfrac{1}{\sin x} \right)$.

2. 设函数 $f(x) = \int_0^x e^{t^2} \, dt$,求 $y = f(x)$ 的反函数 $x = f^{-1}(y)$ 的二阶导数.

3. 若函数 $f(x) = \int_0^1 |t^2 - x^2| \, dt \, (x > 0)$,求 $f''(x)$,并求函数 $f(x)$ 的凹凸区间与拐点.

4. 设函数 $f(x) = \int_{-1}^1 |x^3 - u| e^{u^2} \, du$,求 $f(x)$ 在 $[-1,1]$ 上的最小值.

5. 已知函数 $f(x)$ 连续且 $\lim\limits_{x \to 0} \dfrac{f(x)}{x^2} = 1$,$g(x) = \int_0^1 f(xt) \, dt$,求 $g''(0)$.

6. 设函数 $f(x) = \int_1^x e^{t^2} \, dt$,证明:

(1) 存在 $\xi \in (1,2)$,使得 $f(\xi) = (2-\xi) e^{\xi^2}$;

(2) 存在 $\eta \in (1,2)$,使得 $f(2) = \ln 2 \cdot \eta e^{\eta^2}$.

第三节 定积分的换元积分法和分部积分法

牛顿-莱布尼茨公式把计算定积分 $\int_a^b f(x) \, dx$ 转化为求 $f(x)$ 某个原函数在区间 $[a,b]$ 上的增量,即把定积分的问题归结为求原函数或不定积分的问题. 故而求不定积分的换元积分法和分部积分法可以移植到定积分的计算中来,得到定积分的换元积分法和分部积分法.

一、定积分的换元积分法

定理 5.4 设函数 $f(x)$ 在区间 $[a,b]$ 上连续,函数 $x = \varphi(t)$ 满足条件:

（1）$\varphi(t)$ 在区间 $[\alpha,\beta]$（或 $[\beta,\alpha]$）上单调，且具有连续导数 $\varphi'(t)$；

（2）$\varphi(\alpha)=a$，$\varphi(\beta)=b$，

则有

$$\int_a^b f(x)\,\mathrm{d}x = \int_\alpha^\beta f[\varphi(t)]\varphi'(t)\,\mathrm{d}t.$$

上式称为定积分的 换元积分公式.

证明 因为 $f(x)$ 在 $[a,b]$ 上连续，所以 $f(x)$ 必存在原函数. 设 $F(x)$ 是 $f(x)$ 的一个原函数，由牛顿-莱布尼茨公式知

$$\int_a^b f(x)\,\mathrm{d}x = F(b)-F(a).$$

又由定理条件可知，$f[\varphi(t)]\varphi'(t)$ 在 $[\alpha,\beta]$ 上连续，因而在 $[\alpha,\beta]$ 上也有原函数，则 $F[\varphi(t)]$ 是 $f[\varphi(t)]\varphi'(t)$ 的一个原函数. 由牛顿-莱布尼茨公式连同条件（2）得

$$\int_\alpha^\beta f[\varphi(t)]\varphi'(t)\,\mathrm{d}t = F[\varphi(\beta)]-F[\varphi(\alpha)] = F(b)-F(a).$$

结合上两式，我们有

$$\int_a^b f(x)\,\mathrm{d}x = \int_\alpha^\beta f[\varphi(t)]\varphi'(t)\,\mathrm{d}t.$$

注 与不定积分不同，用 $x=\varphi(t)$ 把原来变量 x 换成新的变量 t，在求出其原函数后不必变回 x，只需将积分限换成相应于新变量 t 的积分限就可以了.

例 1 计算下列定积分：

（1）$\int_0^1 2x e^{x^2}\,\mathrm{d}x$；　　　　　　　（2）$\int_0^2 \dfrac{x^3}{1+x^4}\,\mathrm{d}x$；

（3）$\int_1^e \dfrac{\ln x}{x}\,\mathrm{d}x$；　　　　　　　（4）$\int_0^\pi \dfrac{\sin x}{1+\cos^2 x}\,\mathrm{d}x$.

解（1）$\int_0^1 2x e^{x^2}\,\mathrm{d}x = \int_0^1 e^{x^2}\,\mathrm{d}(x^2) = e^{x^2}\Big|_0^1 = e^1-e^0 = e-1.$

（2）$\int_0^2 \dfrac{x^3}{1+x^4}\,\mathrm{d}x = \dfrac{1}{4}\int_0^2 \dfrac{1}{1+x^4}\,\mathrm{d}(x^4) = \dfrac{1}{4}\int_0^2 \dfrac{1}{1+x^4}\,\mathrm{d}(1+x^4)$

$= \dfrac{1}{4}\ln(1+x^4)\Big|_0^2 = \dfrac{1}{4}(\ln 17-\ln 1) = \dfrac{1}{4}\ln 17.$

（3）$\int_1^e \dfrac{\ln x}{x}\,\mathrm{d}x = \int_1^e \ln x\,\mathrm{d}(\ln x) = \dfrac{1}{2}(\ln x)^2\Big|_1^e = \dfrac{1}{2}[(\ln e)^2-(\ln 1)^2] = \dfrac{1}{2}.$

（4）$\int_0^\pi \dfrac{\sin x}{1+\cos^2 x}\,\mathrm{d}x = -\int_0^\pi \dfrac{1}{1+\cos^2 x}\,\mathrm{d}(\cos x) = -\arctan(\cos x)\Big|_0^\pi$

$= -[\arctan(\cos \pi)-\arctan(\cos 0)]$

$= -[\arctan(-1)-\arctan 1]$

$= -\left[\left(-\dfrac{\pi}{4}\right)-\dfrac{\pi}{4}\right] = \dfrac{\pi}{2}.$

注意到在本例中我们应用了第一类换元积分法（凑微分法）计算定积分，因为在积分过程中没有进行变量代换，所以积分上下限不用改变.

例 2　计算下列定积分：

（1）$\displaystyle\int_0^8 \dfrac{1}{1+\sqrt[3]{x}}\mathrm{d}x$；　　　　　　　（2）$\displaystyle\int_1^{10} \dfrac{1}{1+\sqrt{x-1}}\mathrm{d}x$；

（3）$\displaystyle\int_0^4 \dfrac{x+2}{\sqrt{2x+1}}\mathrm{d}x$；　　　　　　　（4）$\displaystyle\int_0^{\ln 2} \sqrt{\mathrm{e}^{2x}-1}\,\mathrm{d}x$.

解　（1）设 $\sqrt[3]{x}=t$，则 $x=t^3$，$\mathrm{d}x=3t^2\mathrm{d}t$，且当 $x=0$ 时，$t=0$；当 $x=8$ 时，$t=2$. 所以

$$\int_0^8 \frac{1}{1+\sqrt[3]{x}}\mathrm{d}x = \int_0^2 \frac{3t^2}{1+t}\mathrm{d}t = 3\int_0^2\left(t-1+\frac{1}{1+t}\right)\mathrm{d}t = 3\left[\frac{1}{2}t^2-t+\ln(1+t)\right]\Bigg|_0^2$$

$$= 3\left[\frac{1}{2}\times 2^2-2+\ln(1+2)\right] = 3\ln 3.$$

（2）设 $\sqrt{x-1}=t$，则 $x=t^2+1$，$\mathrm{d}x=2t\mathrm{d}t$，且当 $x=1$ 时，$t=0$；当 $x=10$ 时，$t=3$. 所以

$$\int_1^{10} \frac{1}{1+\sqrt{x-1}}\mathrm{d}x = \int_0^3 \frac{2t}{1+t}\mathrm{d}t = 2\int_0^3\left(1-\frac{1}{1+t}\right)\mathrm{d}t = 2\left[t-\ln(1+t)\right]\Big|_0^3 = 2(3-\ln 4) = 6-4\ln 2.$$

（3）设 $\sqrt{2x+1}=t$，则 $x=\dfrac{t^2-1}{2}$，$\mathrm{d}x=t\mathrm{d}t$，且当 $x=0$ 时，$t=1$；当 $x=4$ 时，$t=3$. 所以

$$\int_0^4 \frac{x+2}{\sqrt{2x+1}}\mathrm{d}x = \int_1^3 \frac{\dfrac{t^2-1}{2}+2}{t}t\mathrm{d}t = \frac{1}{2}\int_1^3 (t^2+3)\,\mathrm{d}t = \frac{1}{2}\left(\frac{1}{3}t^3+3t\right)\Bigg|_1^3$$

$$= \frac{1}{2}\left[\left(\frac{1}{3}\times 3^3+3\times 3\right)-\left(\frac{1}{3}\times 1^3+3\right)\right] = \frac{22}{3}.$$

（4）设 $\sqrt{\mathrm{e}^{2x}-1}=t$，则 $x=\dfrac{1}{2}\ln(1+t^2)$，$\mathrm{d}x=\dfrac{t}{1+t^2}\mathrm{d}t$，且当 $x=0$ 时，$t=0$；当 $x=\ln 2$ 时，$t=\sqrt{3}$. 所以

$$\int_0^{\ln 2}\sqrt{\mathrm{e}^{2x}-1}\,\mathrm{d}x = \int_0^{\sqrt{3}} t\frac{t}{1+t^2}\mathrm{d}t = \int_0^{\sqrt{3}}\left(1-\frac{1}{1+t^2}\right)\mathrm{d}t = (t-\arctan t)\Big|_0^{\sqrt{3}}$$

$$= (\sqrt{3}-\arctan\sqrt{3})-(0-\arctan 0) = \sqrt{3}-\frac{\pi}{3}.$$

例 3　计算下列定积分：

（1）$\displaystyle\int_1^{\sqrt{3}} \dfrac{1}{x^2\sqrt{1+x^2}}\mathrm{d}x$；　（2）$\displaystyle\int_0^2 \sqrt{4-x^2}\,\mathrm{d}x$.

解　（1）设 $x=\tan t$，则 $\mathrm{d}x=\sec^2 t\mathrm{d}t$，且当 $x=1$ 时，$t=\dfrac{\pi}{4}$；当 $x=\sqrt{3}$ 时，$t=\dfrac{\pi}{3}$. 所以

$$\int_1^{\sqrt{3}}\frac{1}{x^2\sqrt{1+x^2}}\mathrm{d}x = \int_{\frac{\pi}{4}}^{\frac{\pi}{3}}\frac{1}{\tan^2 t\cdot\sec t}\cdot\sec^2 t\mathrm{d}t = \int_{\frac{\pi}{4}}^{\frac{\pi}{3}}\frac{\cos t}{\sin^2 t}\mathrm{d}t = \int_{\frac{\pi}{4}}^{\frac{\pi}{3}}\frac{1}{\sin^2 t}\mathrm{d}(\sin t)$$

$$= -\frac{1}{\sin t}\Bigg|_{\frac{\pi}{4}}^{\frac{\pi}{3}} = -\left(\frac{2}{\sqrt{3}}-\sqrt{2}\right) = \sqrt{2}-\frac{2}{3}\sqrt{3}.$$

（2）设 $x=2\sin t$，则 $\mathrm{d}x=2\cos t\mathrm{d}t$，且当 $x=0$ 时，$t=0$；当 $x=2$ 时，$t=\dfrac{\pi}{2}$. 所以

$$\int_0^2 \sqrt{4-x^2}\,\mathrm{d}x = \int_0^{\frac{\pi}{2}} 2\cos t \cdot 2\cos t\,\mathrm{d}t = 4\int_0^{\frac{\pi}{2}} \cos^2 t\,\mathrm{d}t = 2\int_0^{\frac{\pi}{2}}(1+\cos 2t)\,\mathrm{d}t$$

$$= 2\left(t+\frac{1}{2}\sin 2t\right)\Big|_0^{\frac{\pi}{2}} = 2\left(\frac{\pi}{2}+\frac{1}{2}\sin\pi\right) = \pi.$$

由定积分的几何意义，在区间 $[0,2]$ 上，曲线 $y=$ $\sqrt{4-x^2}$ 是圆周 $x^2+y^2=4$ 的 $\dfrac{1}{4}$ 部分（见图 5-7），故 $\displaystyle\int_0^2 \sqrt{4-x^2}\,\mathrm{d}x$ 是半径为 2 的圆面积的 $\dfrac{1}{4}$，因此

$$\int_0^2 \sqrt{4-x^2}\,\mathrm{d}x = \frac{1}{4}\pi \cdot 2^2 = \pi.$$

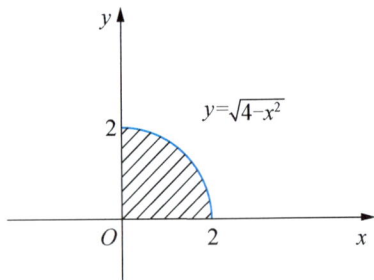

图 5-7

例 4 设 $f(x)$ 是 $[-a,a]$ 上的连续函数，证明：

（1）若 $f(x)$ 为奇函数，则 $\displaystyle\int_{-a}^a f(x)\,\mathrm{d}x = 0$；

（2）若 $f(x)$ 为偶函数，则 $\displaystyle\int_{-a}^a f(x)\,\mathrm{d}x = 2\int_0^a f(x)\,\mathrm{d}x.$

证明 根据定积分对积分区间的可加性，有

$$\int_{-a}^a f(x)\,\mathrm{d}x = \int_{-a}^0 f(x)\,\mathrm{d}x + \int_0^a f(x)\,\mathrm{d}x.$$

对 $\displaystyle\int_{-a}^0 f(x)\,\mathrm{d}x$ 作变量代换，令 $x=-t$，则 $\mathrm{d}x=-\mathrm{d}t$，有

$$\int_{-a}^0 f(x)\,\mathrm{d}x = \int_a^0 f(-t)(-\mathrm{d}t) = \int_0^a f(-t)\,\mathrm{d}t = \int_0^a f(-x)\,\mathrm{d}x.$$

所以

$$\int_{-a}^a f(x)\,\mathrm{d}x = \int_0^a f(-x)\,\mathrm{d}x + \int_0^a f(x)\,\mathrm{d}x = \int_0^a \left[f(x)+f(-x)\right]\mathrm{d}x.$$

（1）若 $f(x)$ 为奇函数，有 $f(-x)=-f(x)$，故

$$\int_{-a}^a f(x)\,\mathrm{d}x = 0.$$

（2）若 $f(x)$ 为偶函数，有 $f(-x)=f(x)$，故

$$\int_{-a}^a f(x)\,\mathrm{d}x = 2\int_0^a f(x)\,\mathrm{d}x.$$

注 在遇到关于原点对称的区间 $[-a,a]$ 上的积分时，要注意被积函数的奇偶性，以便简化定积分的运算，例 4 可作为一个重要结论加以熟记.

例 5 计算定积分 $\displaystyle\int_{-2}^2 \frac{x\cos x}{1+x^4}\,\mathrm{d}x.$

解 因为积分区间 $[-2,2]$ 关于原点对称，且被积函数 $\dfrac{x\cos x}{1+x^4}$ 是连续的奇函数，所以

$$\int_{-2}^2 \frac{x\cos x}{1+x^4}\,\mathrm{d}x = 0.$$

例 6 计算定积分 $\displaystyle\int_{-1}^1 \frac{1}{1+x^2}\,\mathrm{d}x.$

解 因为积分区间$[-1,1]$关于原点对称，且被积函数$\dfrac{1}{1+x^2}$是连续的偶函数，所以

$$\int_{-1}^{1}\frac{1}{1+x^2}\mathrm{d}x=2\int_{0}^{1}\frac{1}{1+x^2}\mathrm{d}x=2\arctan x\,\Big|_{0}^{1}=2\left(\frac{\pi}{4}-0\right)=\frac{\pi}{2}.$$

例7 设$f(x)$是$(-\infty,+\infty)$内的连续函数，且满足

$$\int_{0}^{x}tf(x-t)\,\mathrm{d}t=\mathrm{e}^{2x}-2x-1,$$

求$f(x)$的表达式.

解 由于$f(x)$含在积分上限函数内，故应对例子中的等式做求导处理. 又被积函数$tf(x-t)$中含有求导数的变量x，故应该先对$\int_{0}^{x}tf(x-t)\mathrm{d}t$进行变量代换处理.

令$x-t=u$，则$t=x-u$，$\mathrm{d}t=-\mathrm{d}u$，且当$t=0$时，$u=x$；当$t=x$时，$u=0$. 故

$$\int_{0}^{x}tf(x-t)\,\mathrm{d}t=\int_{x}^{0}(x-u)f(u)(-\mathrm{d}u)=\int_{0}^{x}(x-u)f(u)\,\mathrm{d}u$$
$$=x\int_{0}^{x}f(u)\,\mathrm{d}u-\int_{0}^{x}uf(u)\,\mathrm{d}u.$$

依题意，得

$$x\int_{0}^{x}f(u)\,\mathrm{d}u-\int_{0}^{x}uf(u)\,\mathrm{d}u=\mathrm{e}^{2x}-2x-1,$$

上式两边对x求导，

$$(x)'\int_{0}^{x}f(u)\,\mathrm{d}u+x\left(\int_{0}^{x}f(u)\,\mathrm{d}u\right)'-\left(\int_{0}^{x}uf(u)\,\mathrm{d}u\right)'=(\mathrm{e}^{2x}-2x-1)',$$

整理得

$$\int_{0}^{x}f(u)\,\mathrm{d}u+xf(x)-xf(x)=2\mathrm{e}^{2x}-2,$$

即

$$\int_{0}^{x}f(u)\,\mathrm{d}u=2\mathrm{e}^{2x}-2,$$

上式两边再对x求导，得

$$f(x)=2(\mathrm{e}^{2x}-2)'=4\mathrm{e}^{2x}.$$

二、定积分的分部积分法

设函数$u=u(x)$与$v=v(x)$在$[a,b]$上有连续的导函数，由于$(uv)'=u'v+uv'$，即$uv'=(uv)'-u'v$，由牛顿-莱布尼茨公式可推得下面的定理成立.

定理5.5 设函数$u=u(x)$与$v=v(x)$在$[a,b]$上有连续的导函数，则

$$\int_{a}^{b}u(x)\,\mathrm{d}v(x)=u(x)v(x)\,\Big|_{a}^{b}-\int_{a}^{b}v(x)\,\mathrm{d}u(x).$$

上式称为定积分的**分部积分公式**，或简写为$\int_{a}^{b}u\mathrm{d}v=uv\,\Big|_{a}^{b}-\int_{a}^{b}v\mathrm{d}u.$

例8 计算下列定积分：

$(1)\displaystyle\int_{0}^{1}x\mathrm{e}^{x}\mathrm{d}x;$　　　　$(2)\displaystyle\int_{0}^{\pi}x\sin x\mathrm{d}x.$

解 $(1)\displaystyle\int_{0}^{1}x\mathrm{e}^{x}\mathrm{d}x=\int_{0}^{1}x\,\mathrm{d}\mathrm{e}^{x}=x\mathrm{e}^{x}\,\Big|_{0}^{1}-\int_{0}^{1}\mathrm{e}^{x}\mathrm{d}x=\mathrm{e}-\mathrm{e}^{x}\,\Big|_{0}^{1}=1.$

（2）$\int_0^\pi x\sin x\mathrm{d}x = -\int_0^\pi x\mathrm{d}\cos x = -\left(x\cos x\Big|_0^\pi - \int_0^\pi \cos x\mathrm{d}x\right) = -\left[(\pi\cos\pi - 0) - \sin x\Big|_0^\pi\right]$

$\qquad\qquad = -\left[\pi\cdot(-1) - (\sin\pi - \sin 0)\right] = \pi.$

例 9 计算下列定积分：

（1）$\int_1^e \ln x\mathrm{d}x$；　　　　　　　（2）$\int_0^{\frac{1}{2}} \arcsin x\mathrm{d}x.$

解 （1）$\int_1^e \ln x\mathrm{d}x = x\ln x\Big|_1^e - \int_1^e x\mathrm{d}(\ln x) = e - \int_1^e x\cdot\frac{1}{x}\mathrm{d}x = e - x\Big|_1^e = 1.$

（2）$\int_0^{\frac{1}{2}} \arcsin x\mathrm{d}x = x\arcsin x\Big|_0^{\frac{1}{2}} - \int_0^{\frac{1}{2}} x\mathrm{d}(\arcsin x) = \frac{1}{2}\cdot\frac{\pi}{6} - \int_0^{\frac{1}{2}} \frac{x}{\sqrt{1-x^2}}\mathrm{d}x$

$\qquad\qquad = \frac{\pi}{12} + \frac{1}{2}\int_0^{\frac{1}{2}} (1-x^2)^{-\frac{1}{2}}\mathrm{d}(1-x^2) = \frac{\pi}{12} + (1-x^2)^{\frac{1}{2}}\Big|_0^{\frac{1}{2}}$

$\qquad\qquad = \frac{\pi}{12} + \frac{\sqrt{3}}{2} - 1.$

例 10 计算定积分 $\int_0^4 \mathrm{e}^{\sqrt{x}}\mathrm{d}x.$

解 令 $\sqrt{x}=t$，则 $x=t^2$，$\mathrm{d}x=2t\mathrm{d}t$，且当 $x=0$ 时，$t=0$；当 $x=4$ 时，$t=2$. 所以

$\int_0^4 \mathrm{e}^{\sqrt{x}}\mathrm{d}x = \int_0^2 \mathrm{e}^t 2t\mathrm{d}t = 2\int_0^2 t\mathrm{d}(\mathrm{e}^t) = 2\left(t\mathrm{e}^t\Big|_0^2 - \int_0^2 \mathrm{e}^t\mathrm{d}t\right) = 2\left(2\mathrm{e}^2 - \mathrm{e}^t\Big|_0^2\right) = 2(\mathrm{e}^2+1).$

例 11 设 $f(x)=\int_\pi^x \frac{\sin t}{t}\mathrm{d}t$，计算 $\int_0^\pi f(x)\mathrm{d}x.$

解 由积分上限函数的导数公式，得 $f'(x)=\dfrac{\sin x}{x}$，且 $f(\pi)=0$，所以

$\int_0^\pi f(x)\mathrm{d}x = xf(x)\Big|_0^\pi - \int_0^\pi x\mathrm{d}f(x) = \left[\pi f(\pi) - 0\right] - \int_0^\pi xf'(x)\mathrm{d}x$

$\qquad\qquad = -\int_0^\pi xf'(x)\mathrm{d}x = -\int_0^\pi \sin x\mathrm{d}x = \cos x\Big|_0^\pi = \cos\pi - \cos 0 = -2.$

例 12 证明定积分公式：

$$I_n = \int_0^{\frac{\pi}{2}} \sin^n x\mathrm{d}x = \int_0^{\frac{\pi}{2}} \cos^n x\mathrm{d}x$$

$$= \begin{cases} \dfrac{n-1}{n}\cdot\dfrac{n-3}{n-2}\cdot\cdots\cdot\dfrac{3}{4}\cdot\dfrac{1}{2}\cdot\dfrac{\pi}{2}, & n\text{ 为偶数}, \\[3mm] \dfrac{n-1}{n}\cdot\dfrac{n-3}{n-2}\cdot\cdots\cdot\dfrac{4}{5}\cdot\dfrac{2}{3}\cdot 1, & n\text{ 为奇数} \end{cases} \quad (n=2,3,\cdots).$$

证明 我们先证第二个等号成立. 令 $x=\dfrac{\pi}{2}-t$，则 $\mathrm{d}x=-\mathrm{d}t$，且当 $x=0$ 时，$t=\dfrac{\pi}{2}$；

当 $x=\dfrac{\pi}{2}$ 时，$t=0$. 所以

$$I_n = \int_0^{\frac{\pi}{2}} \sin^n x\mathrm{d}x = -\int_{\frac{\pi}{2}}^0 \sin^n\left(\frac{\pi}{2}-t\right)\mathrm{d}t = \int_0^{\frac{\pi}{2}} \cos^n t\mathrm{d}t = \int_0^{\frac{\pi}{2}} \cos^n x\mathrm{d}x.$$

现在我们只需证明被积函数为 $\sin^n x$ 时，第三个等号成立即可.

当 $n=0$ 时，$I_0 = \int_0^{\frac{\pi}{2}} \sin^0 x dx = \int_0^{\frac{\pi}{2}} dx = \frac{\pi}{2}$；

当 $n=1$ 时，$I_1 = \int_0^{\frac{\pi}{2}} \sin x dx = -\cos x \Big|_0^{\frac{\pi}{2}} = 1$；

当 $n \geqslant 2$ 时，$I_n = \int_0^{\frac{\pi}{2}} \sin^n x dx = \int_0^{\frac{\pi}{2}} \sin^{n-1} x \sin x dx$

$$= -\int_0^{\frac{\pi}{2}} \sin^{n-1} x d(\cos x)$$

$$= -\left[\sin^{n-1} x \cdot \cos x \Big|_0^{\frac{\pi}{2}} - \int_0^{\frac{\pi}{2}} \cos x d(\sin^{n-1} x) \right]$$

$$= \int_0^{\frac{\pi}{2}} \cos x \cdot (n-1) \cdot \sin^{n-2} x \cdot \cos x dx$$

$$= (n-1) \int_0^{\frac{\pi}{2}} \sin^{n-2} x \cdot (1 - \sin^2 x) dx$$

$$= (n-1) \int_0^{\frac{\pi}{2}} \sin^{n-2} x \cdot dx - (n-1) \int_0^{\frac{\pi}{2}} \sin^n x dx$$

$$= (n-1) I_{n-2} - (n-1) I_n.$$

整理得递推公式 $I_n = \dfrac{n-1}{n} I_{n-2}$，即得证.

我们可以直接利用这个公式来计算定积分. 如

$$\int_0^{\frac{\pi}{2}} \sin^6 x dx = \frac{5}{6} \cdot \frac{3}{4} \cdot \frac{1}{2} \cdot \frac{\pi}{2} = \frac{5\pi}{32};$$

$$\int_0^{\frac{\pi}{2}} \cos^7 x dx = \frac{6}{7} \cdot \frac{4}{5} \cdot \frac{2}{3} \cdot 1 = \frac{16}{35}.$$

习题 5-3

A 级题目

1. 计算下列定积分：

（1）$\int_0^3 e^{\frac{x}{3}} dx$；

（2）$\int_1^2 \dfrac{1}{(3x-1)^2} dx$；

（3）$\int_0^{3\sqrt{3}} \dfrac{1}{9+x^2} dx$；

（4）$\int_0^1 \dfrac{x}{1+x^2} dx$；

（5）$\int_0^1 \dfrac{x}{1+x^4} dx$；

（6）$\int_1^2 \dfrac{e^{\frac{1}{x}}}{x^2} dx$；

（7）$\int_e^{e^2} \dfrac{1}{x \ln x} dx$；

（8）$\int_1^e \dfrac{\ln^2 x}{x} dx$；

（9）$\int_1^e \dfrac{1}{x(1+\ln x)} dx$；

（10）$\int_0^1 \dfrac{\ln(2x+1)}{2x+1} dx$；

（11）$\int_0^1 \dfrac{1}{e^{-x}+e^x} dx$；

（12）$\int_{-1}^0 (e^{-x} - ex) dx$；

（13）$\int_0^{\frac{\pi}{2}} \sin x \cos^3 x \mathrm{d}x$；

（14）$\int_0^{\frac{\pi}{2}} \frac{\cos x}{1+\sin^2 x} \mathrm{d}x$；

（15）$\int_1^2 \frac{1}{x(x+2)} \mathrm{d}x$；

（16）$\int_0^5 \frac{x^3}{1+x^2} \mathrm{d}x$.

2. 计算下列定积分：

（1）$\int_0^4 \frac{1}{1+\sqrt{x}} \mathrm{d}x$；

（2）$\int_0^3 \frac{x}{1+\sqrt{1+x}} \mathrm{d}x$；

（3）$\int_{\frac{3}{4}}^1 \frac{1}{\sqrt{1-x}-1} \mathrm{d}x$；

（4）$\int_{-5}^1 \frac{x+1}{\sqrt{5-4x}} \mathrm{d}x$；

（5）$\int_1^4 \frac{\sqrt{x-1}}{x} \mathrm{d}x$；

（6）$\int_0^8 \frac{1}{1+\sqrt[3]{x}} \mathrm{d}x$；

（7）$\int_0^2 \frac{1}{\sqrt{x+1}+\sqrt{(x+1)^3}} \mathrm{d}x$；

（8）$\int_0^{\ln 2} \sqrt{\mathrm{e}^x-1}\, \mathrm{d}x$.

3. 计算下列定积分：

（1）$\int_1^{\sqrt{3}} \frac{1}{\sqrt{(4-x^2)^3}} \mathrm{d}x$；

（2）$\int_0^1 \sqrt{4-x^2}\, \mathrm{d}x$；

（3）$\int_0^{\sqrt{2}} x\sqrt{2-x^2}\, \mathrm{d}x$；

（4）$\int_0^1 x^2\sqrt{1-x^2}\, \mathrm{d}x$；

（5）$\int_0^1 (1+x^2)^{-\frac{3}{2}} \mathrm{d}x$；

（6）$\int_1^2 \frac{\sqrt{x^2-1}}{x} \mathrm{d}x$.

4. 设 $\int_0^x f(t)\mathrm{d}t = \frac{x^4}{2}$，求 $\int_0^4 \frac{1}{\sqrt{x}} f(\sqrt{x})\, \mathrm{d}x$.

5. 设 $\int_a^{2\ln 2} \frac{\mathrm{d}x}{\sqrt{\mathrm{e}^x-1}} = \frac{\pi}{6}$，求常数 a.

6. 设 $f(x)$ 为连续函数，证明：

（1）$\int_1^2 f(3-x)\mathrm{d}x = \int_1^2 f(x)\mathrm{d}x$；

（2）$\int_{-a}^a f(x)\mathrm{d}x = \int_0^a [f(x)+f(-x)]\mathrm{d}x$.

7. 计算下列定积分：

（1）$\int_0^{\frac{\pi}{2}} x\sin x\mathrm{d}x$；

（2）$\int_0^1 x\cos \pi x\mathrm{d}x$；

（3）$\int_0^1 x\mathrm{e}^{-x}\mathrm{d}x$；

（4）$\int_{\frac{1}{e}}^e |\ln x|\,\mathrm{d}x$；

（5）$\int_1^4 \frac{\ln x}{\sqrt{x}}\mathrm{d}x$；

（6）$\int_1^e x\ln x\mathrm{d}x$；

（7）$\int_0^{\frac{\pi}{3}} x\sin 3x\mathrm{d}x$；

（8）$\int_0^{\frac{\sqrt{3}}{2}} \arccos x\mathrm{d}x$；

（9）$\int_0^1 x\arctan x\mathrm{d}x$；

（10）$\int_0^1 \mathrm{e}^{\sqrt{x}}\mathrm{d}x$.

8. 设 $f(2x+1) = xe^x$，求 $\int_3^5 f(x)\mathrm{d}x$.

B 级题目

1. 计算下列极限：

(1) $\lim\limits_{n\to\infty} \dfrac{1}{n}\left(\sin^4\dfrac{2\pi}{n} + \sin^4\dfrac{4\pi}{n} + \cdots + \sin^4\dfrac{2n\pi}{n}\right)$；　(2) $\lim\limits_{n\to\infty}\sum\limits_{k=1}^{n}\dfrac{k}{n^2}\ln\left(1 + \dfrac{k}{n}\right)$.

2. 计算下列定积分：

(1) $\displaystyle\int_0^1 \dfrac{\arcsin\sqrt{x}}{\sqrt{x(1-x)}}\mathrm{d}x$；

(2) $\displaystyle\int_0^5 \sqrt{|x^2 - 9|}\,\mathrm{d}x$；

(3) $\displaystyle\int_{\frac{1}{2}}^{\frac{3}{2}} \dfrac{1}{\sqrt{|x - x^2|}}\mathrm{d}x$；

(4) $\displaystyle\int_0^{\frac{\pi}{2}} \dfrac{1}{1 + \sqrt{\tan x}}\mathrm{d}x$；

(5) $\displaystyle\int_{-\pi}^{\pi} \dfrac{6x(x^2 + \sin x)}{1 + \cos^2 x}\mathrm{d}x$；

(6) $\displaystyle\int_{-\pi}^{\pi} \dfrac{\sin x\cos x + \sin^2 x}{\sin^4 x + \cos^4 x}\mathrm{d}x$.

3. 设 $f'(x) = \arctan(x - 2)^2$，且 $f(0) = 0$，求 $\int_0^2 f(x)\mathrm{d}x$.

4. 若 $f(x)$ 是连续的奇（偶）函数，证明：$\int_0^x f(t)\mathrm{d}t$ 为偶（奇）函数.

第四节　反常积分与 Γ 函数

在前三节的学习中，我们知道定积分 $\int_a^b f(x)\mathrm{d}x$ 的积分区间 $[a,b]$ 是有限区间，被积函数 $f(x)$ 是有界函数. 但在实际问题和理论研究中，我们经常会遇到积分区间为无穷区间，或者被积函数为无界函数的积分问题. 本节利用函数极限对定积分的概念加以推广，引入反常积分的定义.

一、无穷限的反常积分

定义 5.3　设函数 $f(x)$ 在无穷区间 $[a,+\infty)$ 上连续，定义

$$\int_a^{+\infty} f(x)\mathrm{d}x = \lim_{b\to+\infty}\int_a^b f(x)\mathrm{d}x$$

为函数 $f(x)$ 在无穷区间 $[a,+\infty)$ 上的 **反常积分**（improper integral）.

若对任意的 $b>a$，极限 $\lim\limits_{b\to+\infty}\int_a^b f(x)\mathrm{d}x$ 存在，则称反常积分

$\int_a^{+\infty} f(x)\mathrm{d}x$ **收敛**.

5.3　无穷限的反常积分

若极限 $\lim\limits_{b\to+\infty}\int_a^b f(x)\mathrm{d}x$ 不存在，则称反常积分 $\int_a^{+\infty} f(x)\mathrm{d}x$ **发散**，

此时 $\int_a^{+\infty} f(x)\mathrm{d}x$ 只是一个符号，无数值意义了.

类似地，我们可以定义函数 $f(x)$ 在 $(-\infty,b]$ 及 $(-\infty,+\infty)$ 上的反常积分.

定义 5.4　设函数 $f(x)$ 在无穷区间 $(-\infty,b]$ 上连续，定义

$$\int_{-\infty}^b f(x)\mathrm{d}x = \lim_{a\to+\infty}\int_a^b f(x)\mathrm{d}x$$

为函数 $f(x)$ 在无穷区间 $(-\infty,b]$ 上的反常积分.

若对任意的 $a<b$，极限 $\lim\limits_{a\to-\infty}\int_a^b f(x)\mathrm{d}x$ 存在，则称反常积分 $\int_{-\infty}^b f(x)\mathrm{d}x$ 收敛；

若极限 $\lim\limits_{a\to-\infty}\int_a^b f(x)\mathrm{d}x$ 不存在，则称反常积分 $\int_{-\infty}^b f(x)\mathrm{d}x$ 发散.

定义 5.5 设函数 $f(x)$ 在无穷区间 $(-\infty,+\infty)$ 上连续，定义

$$\int_{-\infty}^{+\infty} f(x)\mathrm{d}x = \int_{-\infty}^c f(x)\mathrm{d}x + \int_c^{+\infty} f(x)\mathrm{d}x$$

为函数 $f(x)$ 在无穷区间 $(-\infty,+\infty)$ 上的反常积分.

若对任意常数 c，反常积分 $\int_{-\infty}^c f(x)\mathrm{d}x$ 与 $\int_c^{+\infty} f(x)\mathrm{d}x$ 都收敛，则称反常积分 $\int_{-\infty}^{+\infty} f(x)\mathrm{d}x$ 收敛. 否则，称反常积分 $\int_{-\infty}^{+\infty} f(x)\mathrm{d}x$ 发散.

以上定义的反常积分统称为无穷限的反常积分.

为书写方便，记

$$F(+\infty)=\lim\limits_{b\to+\infty}F(b),\ F(-\infty)=\lim\limits_{a\to-\infty}F(a).$$

若 $F(x)$ 是 $f(x)$ 的一个原函数，则

$$\int_a^{+\infty} f(x)\mathrm{d}x = \lim\limits_{b\to+\infty}\int_a^b f(x)\mathrm{d}x = \lim\limits_{b\to+\infty}\left[F(b)-F(a)\right]$$

$$=F(+\infty)-F(a)=F(x)\Big|_a^{+\infty}.$$

类似地，有

$$\int_{-\infty}^b f(x)\mathrm{d}x = F(x)\Big|_{-\infty}^b,$$

$$\int_{-\infty}^{+\infty} f(x)\mathrm{d}x = F(x)\Big|_{-\infty}^{+\infty}.$$

例 1 判断下列反常积分的敛散性：

(1) $\int_{-\infty}^0 \cos x\mathrm{d}x$；
(2) $\int_0^{+\infty} \dfrac{1}{1+x^2}\mathrm{d}x$；

(3) $\int_0^{+\infty} x\mathrm{e}^{-x}\mathrm{d}x$；
(4) $\int_{-\infty}^{+\infty} \dfrac{\arctan^2 x}{1+x^2}\mathrm{d}x$.

解 (1) 因为

$$\int_{-\infty}^0 \cos x\mathrm{d}x = \sin x\Big|_{-\infty}^0 = -\lim\limits_{x\to-\infty}\sin x$$

不存在，所以反常积分 $\int_{-\infty}^0 \cos x\mathrm{d}x$ 发散.

(2) 因为

$$\int_0^{+\infty} \dfrac{1}{1+x^2}\mathrm{d}x = \arctan x\Big|_0^{+\infty} = \dfrac{\pi}{2},$$

所以反常积分 $\int_0^{+\infty} \dfrac{1}{1+x^2}\mathrm{d}x$ 收敛，其值为 $\dfrac{\pi}{2}$.

（3）因为

$$\int_0^{+\infty} xe^{-x}\mathrm{d}x = -\int_0^{+\infty} x\mathrm{d}(e^{-x}) = -\left(xe^{-x}\Big|_0^{+\infty} - \int_0^{+\infty} e^{-x}\mathrm{d}x\right) = -e^{-x}\Big|_0^{+\infty} = 1,$$

所以反常积分 $\int_0^{+\infty} xe^{-x}\mathrm{d}x$ 收敛，其值为 1.

（4）因为

$$\int_{-\infty}^{+\infty} \frac{\arctan^2 x}{1+x^2}\mathrm{d}x = \int_{-\infty}^{+\infty} \arctan^2 x\mathrm{d}(\arctan x) = \frac{1}{3}\arctan^3 x\Big|_{-\infty}^{+\infty}$$

$$= \frac{1}{3}\left[\left(\frac{\pi}{2}\right)^3 - \left(-\frac{\pi}{2}\right)^3\right] = \frac{\pi^3}{12}.$$

所以反常积分 $\int_{-\infty}^{+\infty} \frac{\arctan^2 x}{1+x^2}\mathrm{d}x$ 收敛，其值为 $\frac{\pi^3}{12}$.

例 2　设 p 为常数，讨论反常积分 $\int_a^{+\infty} \frac{1}{x^p}\mathrm{d}x\,(a>0)$ 的敛散性.

解　当 $p=1$ 时，$\int_a^{+\infty} \frac{1}{x}\mathrm{d}x = \ln x\Big|_a^{+\infty} = +\infty$，所以反常积分 $\int_a^{+\infty} \frac{1}{x}\mathrm{d}x$ 发散.

当 $p \neq 1$ 时，$\int_a^{+\infty} \frac{1}{x^p}\mathrm{d}x = \frac{x^{1-p}}{1-p}\Big|_a^{+\infty} = \begin{cases} +\infty, & p<1, \\ \dfrac{a^{1-p}}{p-1}, & p>1, \end{cases}$

所以，当 $p<1$ 时，反常积分 $\int_a^{+\infty} \frac{1}{x^p}\mathrm{d}x$ 发散；当 $p>1$ 时，反常积分 $\int_a^{+\infty} \frac{1}{x^p}\mathrm{d}x$ 收敛，其值为 $\frac{a^{1-p}}{p-1}$.

综上所述：当 $p\leqslant 1$ 时，反常积分 $\int_a^{+\infty} \frac{1}{x^p}\mathrm{d}x$ 发散；当 $p>1$ 时，反常积分 $\int_a^{+\infty} \frac{1}{x^p}\mathrm{d}x$ 收敛，且其值为 $\frac{a^{1-p}}{p-1}$，其中 $a>0$.

特别地，取 $a=1$，当 $p\leqslant 1$ 时，反常积分 $\int_1^{+\infty} \frac{1}{x^p}\mathrm{d}x$ 发散；当 $p>1$ 时，反常积分 $\int_1^{+\infty} \frac{1}{x^p}\mathrm{d}x$ 收敛，且其值为 $\frac{1}{p-1}$.

二、无界函数的反常积分

定义 5.6　设函数 $f(x)$ 在区间 $(a,b]$ 上连续，且 $\lim\limits_{x\to a^+} f(x) = \infty$，定义

$$\int_a^b f(x)\mathrm{d}x = \lim_{\varepsilon\to 0^+}\int_{a+\varepsilon}^b f(x)\mathrm{d}x$$

为函数 $f(x)$ 在区间 $(a,b]$ 上的**反常积分**，点 a 称为函数 $f(x)$ 的**瑕点**.

如果

$$\lim_{\varepsilon\to 0^+}\int_{a+\varepsilon}^b f(x)\mathrm{d}x$$

存在，则称反常积分 $\int_a^b f(x)\mathrm{d}x$ **收敛**；

若极限 $\lim\limits_{\varepsilon \to 0^+} \int_{a+\varepsilon}^{b} f(x)\,\mathrm{d}x$ 不存在，则称反常积分 $\int_{a}^{b} f(x)\,\mathrm{d}x$ **发散**，此时 $\int_{a}^{b} f(x)\,\mathrm{d}x$ 只是一个符号，无数值意义了.

定义5.7 设函数 $f(x)$ 在区间 $[a,b)$ 上连续，且 $\lim\limits_{x \to b^-} f(x) = \infty$，定义

$$\int_{a}^{b} f(x)\,\mathrm{d}x = \lim_{\varepsilon \to 0^+} \int_{a}^{b-\varepsilon} f(x)\,\mathrm{d}x$$

为函数 $f(x)$ 在区间 $[a,b)$ 上的**反常积分**，点 b 称为函数 $f(x)$ 的**瑕点**.

任取 $\varepsilon > 0$，如果

$$\lim_{\varepsilon \to 0^+} \int_{a}^{b-\varepsilon} f(x)\,\mathrm{d}x$$

存在，则称反常积分 $\int_{a}^{b} f(x)\,\mathrm{d}x$ **收敛**；

若极限 $\lim\limits_{\varepsilon \to 0^+} \int_{a}^{b-\varepsilon} f(x)\,\mathrm{d}x$ 不存在，则称反常积分 $\int_{a}^{b} f(x)\,\mathrm{d}x$ **发散**.

特别地，当 a、b 均为瑕点时，$\int_{a}^{b} f(x)\,\mathrm{d}x = \lim\limits_{\varepsilon_1 \to 0^+} \int_{a+\varepsilon_1}^{c} f(x)\,\mathrm{d}x + \lim\limits_{\varepsilon_2 \to 0^+} \int_{c}^{b-\varepsilon_2} f(x)\,\mathrm{d}x$.

定义5.8 设函数 $f(x)$ 在区间 $[a,c) \cup (c,b]$ 上连续，且 $\lim\limits_{x \to c} f(x) = \infty$，定义

$$\int_{a}^{b} f(x)\,\mathrm{d}x = \int_{a}^{c} f(x)\,\mathrm{d}x + \int_{c}^{b} f(x)\,\mathrm{d}x$$

为函数 $f(x)$ 在区间 $[a,b]$ 上的**反常积分**，点 c 称为函数 $f(x)$ 的**瑕点**.

如果反常积分 $\int_{a}^{c} f(x)\,\mathrm{d}x$ 与 $\int_{c}^{b} f(x)\,\mathrm{d}x$ 都收敛，则称反常积分 $\int_{a}^{b} f(x)\,\mathrm{d}x$ **收敛**；否则，称反常积分 $\int_{a}^{b} f(x)\,\mathrm{d}x$ **发散**.

以上定义的反常积分统称为**无界函数的反常积分**.

为书写方便，记

$$F(a) = \lim_{x \to a^+} F(x), \quad F(b) = \lim_{x \to b^-} F(x).$$

若 $F(x)$ 是 $f(x)$ 的一个原函数，则

$$\int_{a}^{b} f(x)\,\mathrm{d}x = \lim_{\varepsilon \to 0^+} F(x) \Big|_{a+\varepsilon}^{b} = F(b) - \lim_{x \to a^+} F(x) = F(x) \Big|_{a}^{b}.$$

类似地，有

$$\int_{a}^{b} f(x)\,\mathrm{d}x = \lim_{\varepsilon \to 0^+} F(x) \Big|_{a}^{b-\varepsilon} = \lim_{x \to b^-} F(x) - F(a) = F(x) \Big|_{a}^{b},$$

$$\int_{a}^{b} f(x)\,\mathrm{d}x = \lim_{\varepsilon_1 \to 0^+} \int_{a+\varepsilon_1}^{c} f(x)\,\mathrm{d}x + \lim_{\varepsilon_2 \to 0^+} \int_{c}^{b-\varepsilon_2} f(x)\,\mathrm{d}x = \lim_{x \to a^+} F(x) + \lim_{x \to b^-} F(x) = F(x) \Big|_{a}^{b},$$

$$\int_{a}^{b} f(x)\,\mathrm{d}x = \int_{a}^{c} f(x)\,\mathrm{d}x + \int_{c}^{b} f(x)\,\mathrm{d}x = \lim_{\varepsilon_1 \to 0^+} \int_{a}^{c-\varepsilon_1} f(x)\,\mathrm{d}x + \lim_{\varepsilon_2 \to 0^+} \int_{c+\varepsilon_2}^{b} f(x)\,\mathrm{d}x = F(x) \Big|_{a}^{c} + F(x) \Big|_{c}^{b}.$$

例3 计算下列反常积分：

(1) $\int_{0}^{1} \ln x\,\mathrm{d}x$；   (2) $\int_{0}^{2} \dfrac{x}{\sqrt{4-x^2}}\,\mathrm{d}x$.

解 (1) 因为 $\lim\limits_{x \to 0^+} \ln x = \infty$，即在 $x=0$ 的右邻域内无界，所以此为反常积分，于是

$$\int_0^1 \ln x \, \mathrm{d}x = x \ln x \Big|_0^1 - \int_0^1 x \, \mathrm{d}(\ln x) = (0 - \lim_{x \to 0^+} x \ln x) - \int_0^1 x \cdot \frac{1}{x} \, \mathrm{d}x = -x \Big|_0^1 = -1.$$

（2）因为 $\lim\limits_{x \to 2^-} \dfrac{x}{\sqrt{4-x^2}} = \infty$，即在 $x=2$ 左邻域内无界，所以此为反常积分，于是

$$\int_0^2 \frac{x}{\sqrt{4-x^2}} \, \mathrm{d}x = -\frac{1}{2} \int_0^2 (4-x^2)^{-\frac{1}{2}} \, \mathrm{d}(4-x^2) = -(4-x^2)^{\frac{1}{2}} \Big|_0^2 = 2.$$

例 4 判断反常积分 $\int_{-1}^1 \dfrac{1}{x^2} \mathrm{d}x$ 的敛散性.

解 因为 $\lim\limits_{x \to 0} \dfrac{1}{x^2} = \infty$，即在 $x=0$ 的邻域内无界，所以

$$\int_{-1}^1 \frac{1}{x^2} \, \mathrm{d}x = \int_{-1}^0 \frac{1}{x^2} \, \mathrm{d}x + \int_0^1 \frac{1}{x^2} \, \mathrm{d}x,$$

由于

$$\int_{-1}^0 \frac{1}{x^2} \, \mathrm{d}x = -\frac{1}{x} \Big|_{-1}^0 = -\left[\lim_{x \to 0^-} \frac{1}{x} - (-1) \right] = \infty,$$

即反常积分 $\int_{-1}^0 \dfrac{1}{x^2} \mathrm{d}x$ 发散，故反常积分 $\int_{-1}^1 \dfrac{1}{x^2} \mathrm{d}x$ 发散.

注 如果疏忽了被积函数在 $x=0$ 的邻域内无界，就会得到以下错误的结果：

$$\int_{-1}^1 \frac{1}{x^2} \, \mathrm{d}x = -\frac{1}{x} \Big|_{-1}^1 = -2.$$

例 5 设 $a>0$，证明：当 $0<q<1$ 时，反常积分 $\int_0^a \dfrac{1}{x^q} \mathrm{d}x$ 收敛；当 $q \geqslant 1$ 时，反常积分 $\int_0^a \dfrac{1}{x^q} \mathrm{d}x$ 发散.

证明 当 $q=1$ 时，$\int_0^a \dfrac{1}{x^q} \mathrm{d}x = \int_0^a \dfrac{1}{x} \mathrm{d}x = \ln x \Big|_0^a = \ln a - \lim\limits_{x \to 0^+} \ln x = \infty$；

当 $q \neq 1$ 时，

$$\int_0^a \frac{1}{x^q} \, \mathrm{d}x = \frac{1}{1-q} x^{1-q} \Big|_0^a = \begin{cases} \infty, & q>1, \\ \dfrac{1}{1-q} a^{1-q}, & 0<q<1, \end{cases}$$

因此，当 $0<q<1$ 时，反常积分 $\int_0^a \dfrac{1}{x^q} \mathrm{d}x$ 收敛，其值为 $\dfrac{1}{1-q} a^{1-q}$；当 $q \geqslant 1$ 时，反常积分 $\int_0^a \dfrac{1}{x^q} \mathrm{d}x$ 发散.

特别地，取 $a=1$，当 $0<q<1$ 时，反常积分 $\int_0^1 \dfrac{1}{x^q} \mathrm{d}x$ 收敛；当 $q \geqslant 1$ 时，反常积分 $\int_0^1 \dfrac{1}{x^q} \mathrm{d}x$ 发散.

三、反常积分的敛散性判别法

在前两个小节中，对于被积函数 $f(x)$，我们通过确定其原函数 $F(x)$ 在无穷处或瑕

191

点处的极限是否存在来判断两类反常积分的敛散性. 这样判别有一定的局限性, 若原函数 $F(x)$ 不能用初等函数表示, 该方法也就失效了. 针对非负的被积函数, 下面我们介绍一种常用的判定反常积分敛散性的方法——比较判别法.

1. 无穷限反常积分的敛散性判别法

定理 5.6（比较判别法） 设函数 $f(x)$, $g(x)$ 在区间 $[a, +\infty)$ 上连续, 且对 $\forall x \in [a, +\infty)$, 有 $0 \leqslant f(x) \leqslant g(x)$, 则

(1) 当 $\displaystyle\int_a^{+\infty} g(x)\mathrm{d}x$ 收敛时, $\displaystyle\int_a^{+\infty} f(x)\mathrm{d}x$ 也收敛;

(2) 当 $\displaystyle\int_a^{+\infty} f(x)\mathrm{d}x$ 发散时, $\displaystyle\int_a^{+\infty} g(x)\mathrm{d}x$ 也发散.

证明 (1) 令 $F(b) = \displaystyle\int_a^b f(x)\mathrm{d}x$, $a \leqslant b < +\infty$, 是关于积分上限 b 的函数. 已知 $0 \leqslant f(x) \leqslant g(x)$, 则 $F(b)$ 在 $[a, +\infty)$ 上单调递增, 且有

$$F(b) \leqslant \int_a^b g(x)\mathrm{d}x \leqslant \int_a^{+\infty} g(x)\mathrm{d}x.$$

又知 $\displaystyle\int_a^{+\infty} g(x)\mathrm{d}x$ 收敛, 所以 $F(b)$ 在 $[a, +\infty)$ 上有界. 单调有界函数必有极限, 即 $\displaystyle\lim_{b \to +\infty} F(b)$ 存在, 故 $\displaystyle\int_a^{+\infty} f(x)\mathrm{d}x$ 收敛.

(2) 反证法. 若 $\displaystyle\int_a^{+\infty} g(x)\mathrm{d}x$ 收敛, 则由(1)可得 $\displaystyle\int_a^{+\infty} f(x)\mathrm{d}x$ 也收敛, 与已知矛盾, 证毕.

推论 5.3（比较判别法的极限形式） 设函数 $f(x)$, $g(x)$ 在区间 $[a, +\infty)$ 上连续且非负, 若

$$\lim_{x \to +\infty} \frac{f(x)}{g(x)} = l,$$

则(1) 当 $0 < l < +\infty$ 时, $\displaystyle\int_a^{+\infty} f(x)\mathrm{d}x$ 与 $\displaystyle\int_a^{+\infty} g(x)\mathrm{d}x$ 同敛散;

(2) 当 $l = 0$ 时, 若 $\displaystyle\int_a^{+\infty} g(x)\mathrm{d}x$ 收敛, 则 $\displaystyle\int_a^{+\infty} f(x)\mathrm{d}x$ 也收敛;

(3) 当 $l = +\infty$ 时, 若 $\displaystyle\int_a^{+\infty} g(x)\mathrm{d}x$ 发散, 则 $\displaystyle\int_a^{+\infty} f(x)\mathrm{d}x$ 也发散.

例 6 判别下列反常积分的敛散性:

(1) $\displaystyle\int_0^{+\infty} \mathrm{e}^{-x^2}\mathrm{d}x$;   (2) $\displaystyle\int_2^{+\infty} \frac{1}{\ln x}\mathrm{d}x$.

解 (1) 由于 $\displaystyle\int_0^{+\infty} \mathrm{e}^{-x^2}\mathrm{d}x = \int_0^1 \mathrm{e}^{-x^2}\mathrm{d}x + \int_1^{+\infty} \mathrm{e}^{-x^2}\mathrm{d}x$, $\displaystyle\int_0^1 \mathrm{e}^{-x^2}\mathrm{d}x$ 显然收敛, 所以 $\displaystyle\int_0^{+\infty} \mathrm{e}^{-x^2}\mathrm{d}x$ 与 $\displaystyle\int_1^{+\infty} \mathrm{e}^{-x^2}\mathrm{d}x$ 有相同的敛散性. 又当 $x \geqslant 1$ 时, $\mathrm{e}^{-x^2} \leqslant \mathrm{e}^{-x}$, 且

$$\int_1^{+\infty} \mathrm{e}^{-x}\mathrm{d}x = -\mathrm{e}^{-x}\Big|_1^{+\infty} = \frac{1}{\mathrm{e}},$$

即 $\displaystyle\int_1^{+\infty} \mathrm{e}^{-x}\mathrm{d}x$ 收敛, 由定理 5.6 知 $\displaystyle\int_1^{+\infty} \mathrm{e}^{-x^2}\mathrm{d}x$ 收敛, 故 $\displaystyle\int_0^{+\infty} \mathrm{e}^{-x^2}\mathrm{d}x$ 收敛.

（2）因为

$$\lim_{x \to +\infty} \frac{\dfrac{1}{\ln x}}{\dfrac{1}{x}} = \lim_{x \to +\infty} \frac{x}{\ln x} = +\infty,$$

而 $\displaystyle\int_2^{+\infty} \frac{1}{x} \mathrm{d}x$ 发散，于是由推论 5.3 可得 $\displaystyle\int_2^{+\infty} \frac{1}{\ln x} \mathrm{d}x$ 发散．

2. 无界函数反常积分的敛散性判别法

与无穷限的反常积分类似，无界函数的反常积分也可由比较判别法判断其敛散性．我们给出积分区间的左端点为瑕点的情形，其他情形可进行类似的讨论．

定理 5.7（比较判别法） 设函数 $f(x), g(x)$ 在区间 $(a, b]$ 上连续，对 $\forall x \in (a, b]$，有 $0 \leqslant f(x) \leqslant g(x)$，且 $\lim\limits_{x \to a^+} f(x) = +\infty$，$\lim\limits_{x \to a^+} g(x) = +\infty$，那么

（1）若 $\displaystyle\int_a^b g(x) \mathrm{d}x$ 收敛，则 $\displaystyle\int_a^b f(x) \mathrm{d}x$ 也收敛；

（2）若 $\displaystyle\int_a^b f(x) \mathrm{d}x$ 发散，则 $\displaystyle\int_a^b g(x) \mathrm{d}x$ 也发散．

定理 5.7 的证明思路与定理 5.6 类似，这里不再赘述．

推论 5.4（比较判别法的极限形式） 设函数 $f(x), g(x)$ 在区间 $(a, b]$ 上连续且非负，若

$$\lim_{x \to a^+} \frac{f(x)}{g(x)} = l,$$

则（1）当 $0 < l < +\infty$ 时，$\displaystyle\int_a^b f(x) \mathrm{d}x$ 与 $\displaystyle\int_a^b g(x) \mathrm{d}x$ 同敛散；

（2）当 $l = 0$ 时，若 $\displaystyle\int_a^b g(x) \mathrm{d}x$ 收敛，则 $\displaystyle\int_a^b f(x) \mathrm{d}x$ 也收敛；

（3）当 $l = +\infty$ 时，若 $\displaystyle\int_a^b g(x) \mathrm{d}x$ 发散，则 $\displaystyle\int_a^b f(x) \mathrm{d}x$ 也发散．

例 7 判别反常积分 $\displaystyle\int_1^2 \frac{1}{\ln x} \mathrm{d}x$ 的敛散性．

解 由于 $\lim\limits_{x \to 1^+} \dfrac{1}{\ln x} = +\infty$，即 $x = 1$ 是瑕点，又

$$\lim_{x \to 1^+} \frac{\dfrac{1}{\ln x}}{\dfrac{1}{x-1}} = \lim_{x \to 1^+} \frac{x-1}{\ln x} = 1,$$

而 $\displaystyle\int_1^2 \frac{1}{x-1} \mathrm{d}x$ 发散，由推论 5.4 知，$\displaystyle\int_1^2 \frac{1}{\ln x} \mathrm{d}x$ 发散．

例 8 证明反常积分 $\displaystyle\int_0^{+\infty} x^{\alpha-1} \mathrm{e}^{-x} \mathrm{d}x, \alpha > 0$ 收敛．

证明 原积分可写为

$$\int_0^{+\infty} x^{\alpha-1} \mathrm{e}^{-x} \mathrm{d}x = \int_0^1 x^{\alpha-1} \mathrm{e}^{-x} \mathrm{d}x + \int_1^{+\infty} x^{\alpha-1} \mathrm{e}^{-x} \mathrm{d}x.$$

当 $\alpha>0$ 时，$\int_1^{+\infty} x^{\alpha-1}\mathrm{e}^{-x}\mathrm{d}x$ 为无穷限的反常积分，因为

$$\lim_{x\to+\infty}\frac{x^{\alpha-1}\mathrm{e}^{-x}}{\dfrac{1}{x^2}}=\lim_{x\to+\infty}\frac{x^{\alpha+1}}{\mathrm{e}^x}=0,$$

且 $\int_1^{+\infty}\dfrac{1}{x^2}\mathrm{d}x$ 收敛，所以 $\int_1^{+\infty} x^{\alpha-1}\mathrm{e}^{-x}\mathrm{d}x,\alpha>0$ 收敛.

当 $\alpha\geqslant 1$ 时，$\int_0^1 x^{\alpha-1}\mathrm{e}^{-x}\mathrm{d}x$ 显然收敛.

当 $0<\alpha<1$ 时，$\int_0^1 x^{\alpha-1}\mathrm{e}^{-x}\mathrm{d}x$ 为无界函数的反常积分，由于 $\lim\limits_{x\to0^+}\dfrac{x^{\alpha-1}\mathrm{e}^{-x}}{x^{\alpha-1}}=1$，又 $\int_0^1 x^{\alpha-1}\mathrm{d}x=\dfrac{1}{\alpha}$，故 $\int_0^1 x^{\alpha-1}\mathrm{e}^{-x}\mathrm{d}x$ 收敛.

综上，反常积分 $\int_0^{+\infty} x^{\alpha-1}\mathrm{e}^{-x}\mathrm{d}x,\alpha>0$ 收敛.

四、Γ函数

定义 5.9 含参变量 α 的反常积分 $\int_0^{+\infty} x^{\alpha-1}\mathrm{e}^{-x}\mathrm{d}x(\alpha>0)$ 称为 Γ 函数，记为

$$\Gamma(\alpha)=\int_0^{+\infty} x^{\alpha-1}\mathrm{e}^{-x}\mathrm{d}x.$$

Γ 函数是概率论中的一个重要函数. 下面介绍 Γ 函数的一些基本性质：

性质 5.8 （1）满足递推公式 $\Gamma(\alpha+1)=\alpha\Gamma(\alpha)$；

（2）$\Gamma(1)=1$；

（3）$\Gamma(n+1)=n!$（n 为自然数）.

证明 （1）由分部积分公式，得

$$\Gamma(\alpha+1)=\int_0^{+\infty} x^{\alpha}\mathrm{e}^{-x}\mathrm{d}x=-\int_0^{+\infty} x^{\alpha}\mathrm{d}(\mathrm{e}^{-x})=-\left(x^{\alpha}\mathrm{e}^{-x}\Big|_0^{+\infty}-\int_0^{+\infty}\mathrm{e}^{-x}\alpha x^{\alpha-1}\mathrm{d}x\right)$$

$$=\alpha\int_0^{+\infty} x^{\alpha-1}\mathrm{e}^{-x}\mathrm{d}x=\alpha\Gamma(\alpha).$$

（2）$\Gamma(1)=\int_0^{+\infty}\mathrm{e}^{-x}\mathrm{d}x=-\mathrm{e}^{-x}\Big|_0^{+\infty}=1.$

（3）当 α 为自然数 n 时，得

$$\Gamma(n+1)=n\Gamma(n)=n(n-1)\Gamma(n-1)=n(n-1)\cdots 2\cdot 1\cdot\Gamma(1)=n!.$$

例 9 计算下列各式的值：

（1）$\dfrac{\Gamma(6)}{2\Gamma(3)}$； （2）$\dfrac{\Gamma\left(\dfrac{7}{2}\right)}{\Gamma\left(\dfrac{1}{2}\right)}.$

解 （1）$\dfrac{\Gamma(6)}{2\Gamma(3)}=\dfrac{5!}{2\cdot 2!}=30.$

（2）$\dfrac{\Gamma\left(\dfrac{7}{2}\right)}{\Gamma\left(\dfrac{1}{2}\right)}=\dfrac{\dfrac{5}{2}\cdot\dfrac{3}{2}\cdot\dfrac{1}{2}\Gamma\left(\dfrac{1}{2}\right)}{\Gamma\left(\dfrac{1}{2}\right)}=\dfrac{15}{8}.$

例 10 利用 Γ 函数计算下列积分：

（1）$\int_0^{+\infty} x^4 e^{-x} dx$；　　　　（2）$\int_0^{+\infty} e^{-2x} x^2 dx$.

解 （1）$\int_0^{+\infty} x^4 e^{-x} dx = \Gamma(5) = 4! = 24$.

（2）令 $t = 2x$，则

$$\int_0^{+\infty} e^{-2x} x^2 dx = \int_0^{+\infty} e^{-t}\left(\frac{t}{2}\right)^2 \frac{1}{2} dt = \frac{1}{8}\int_0^{+\infty} t^2 e^{-t} dt = \frac{1}{8}\Gamma(3) = \frac{1}{8}\times 2! = \frac{1}{4}.$$

例 11 计算反常积分 $\int_0^{+\infty} x^{-\frac{1}{2}} e^{-x} dx$.

解 令 $\sqrt{x} = t$，则 $x = t^2$，$dx = 2t dt$，则

$$\int_0^{+\infty} x^{-\frac{1}{2}} e^{-x} dx = \int_0^{+\infty} \frac{1}{t} e^{-t^2} \cdot 2t dt = 2\int_0^{+\infty} e^{-t^2} dt = \int_{-\infty}^{+\infty} e^{-x^2} dx,$$

即

$$\Gamma\left(\frac{1}{2}\right) = \int_0^{+\infty} x^{-\frac{1}{2}} e^{-x} dx = \int_{-\infty}^{+\infty} e^{-x^2} dx = \sqrt{\pi}.$$

注 $\int_{-\infty}^{+\infty} e^{-x^2} dx = \sqrt{\pi}$ 是概率论中的一个重要积分，其证明将在二重积分中给出.

习题 5-4

A 级题目

1. 计算下列反常积分：

（1）$\int_{-\infty}^0 e^x dx$；

（2）$\int_\pi^{+\infty} \sin x dx$；

（3）$\int_0^{+\infty} \frac{1}{x^2+2x+2} dx$；

（4）$\int_2^{+\infty} \frac{1}{x^2+x-2} dx$；

（5）$\int_0^{+\infty} \frac{x}{(1+x^2)^2} dx$；

（6）$\int_e^{+\infty} \frac{1}{x \ln^2 x} dx$；

（7）$\int_0^{+\infty} \frac{\arctan x}{1+x^2} dx$；

（8）$\int_{-\infty}^{+\infty} \frac{x^2}{1+x^6} dx$；

（9）$\int_0^{+\infty} \frac{1}{(1+x)\sqrt{x}} dx$；

（10）$\int_0^{+\infty} x e^{-2x} dx$；

（11）$\int_1^e \frac{1}{x\sqrt{1-(\ln x)^2}} dx$；

（12）$\int_0^1 \frac{1}{\sqrt{1-x}} dx$；

（13）$\int_{-1}^1 \frac{1}{\sqrt{1-x^2}} dx$；

（14）$\int_0^2 \frac{1}{(1-x)^2} dx$.

2. 计算下列各式的值：

（1）$\dfrac{\Gamma(5)}{2\Gamma(3)}$；

（2）$\dfrac{\Gamma(3)\Gamma\left(\frac{5}{2}\right)}{\Gamma\left(\frac{3}{2}\right)}$；

$(3)\ \dfrac{\Gamma(7)}{2\Gamma(4)\Gamma(3)}$;

$(4)\ \dfrac{\Gamma(3)\Gamma\left(\dfrac{3}{2}\right)}{\Gamma\left(\dfrac{9}{2}\right)}$.

3. 用 Γ 函数表示下列积分，并计算积分值$\left(\text{已知 } \Gamma\left(\dfrac{1}{2}\right)=\sqrt{\pi}\right)$：

$(1)\ \displaystyle\int_{0}^{+\infty} x^{5}\mathrm{e}^{-x^{2}}\mathrm{d}x$;

$(2)\ \displaystyle\int_{0}^{+\infty} \sqrt{x}\,\mathrm{e}^{-x}\mathrm{d}x$;

$(3)\ \displaystyle\int_{-\infty}^{+\infty} \dfrac{1}{\sqrt{2\pi}}\mathrm{e}^{-\frac{x^{2}}{2}}\mathrm{d}x$.

B 级题目

1. 计算下列反常积分：

$(1)\ \displaystyle\int_{0}^{1} \sqrt{\dfrac{x}{1-x}}\,\mathrm{d}x$;

$(2)\ \displaystyle\int_{0}^{+\infty} \dfrac{\ln(1+x)}{(1+x)^{2}}\mathrm{d}x$;

$(3)\ \displaystyle\int_{2}^{+\infty} \dfrac{5}{x^{4}+3x^{2}-4}\mathrm{d}t$;

$(4)\ \displaystyle\int_{0}^{+\infty} x^{4m+1}\mathrm{e}^{-x^{2}}\mathrm{d}x\ (m\text{ 为正整数})$.

2. 判断下列反常积分的敛散性：

$(1)\ \displaystyle\int_{1}^{+\infty} \dfrac{1}{\sqrt[3]{x^{4}+1}}\mathrm{d}x$;

$(2)\ \displaystyle\int_{0}^{1} \dfrac{\sin x}{\sqrt{x^{3}}}\mathrm{d}x$.

第五节　定积分的几何应用

一、直角坐标系中平面图形的面积

下面我们分情形讨论如何用定积分求直角坐标系中平面图形的面积.

情形 1　由定积分定义知，由连续曲线 $y=f(x)(f(x)\geqslant 0)$ 及直线 $x=a,x=b$ 与 x 轴围成的平面图形（见图 5-8）的面积为

$$A=\int_{a}^{b} f(x)\mathrm{d}x.$$

情形 2　由情形 1，由连续曲线 $y=f_{1}(x)$ 和 $y=f_{2}(x)(f_{2}(x)\geqslant f_{1}(x))$ 及直线 $x=a,x=b$ 围成的平面图形（见图 5-9）的面积为

$$A=\int_{a}^{b}\left[f_{2}(x)-f_{1}(x)\right]\mathrm{d}x.$$

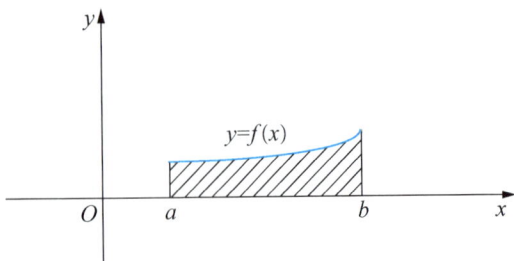

图 5-8

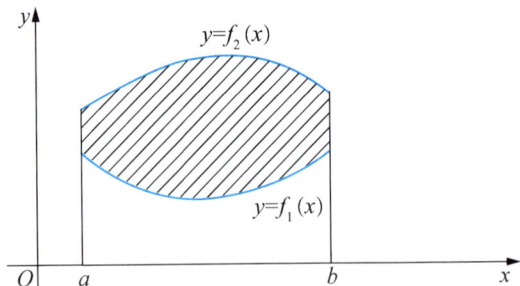

图 5-9

如果 $f_1(x)$，$f_2(x)$ 的大小不能确定，可改写为

$$A = \int_a^b |f_1(x) - f_2(x)| \, \mathrm{d}x.$$

实际使用时，必须按 $f_1(x)$，$f_2(x)$ 的大小把 $[a,b]$ 分成若干个小区间再计算积分.

若平面图形如图 5-10、图 5-11 所示，用定积分计算其面积时，应选择 y 为积分变量.

情形 3 由连续曲线 $x = g(y)$（$g(y) \geqslant 0$）及直线 $y = c, y = d$ 与 y 轴围成的平面图形（见图 5-10）的面积为

$$A = \int_c^d g(y) \, \mathrm{d}y.$$

情形 4 由连续曲线 $x = g_1(y)$ 和 $x = g_2(y)$（$g_2(y) \geqslant g_1(y)$）及直线 $y = c, y = d$ 围成的平面图形（见图 5-11）的面积为

$$A = \int_c^d [g_2(y) - g_1(y)] \, \mathrm{d}y.$$

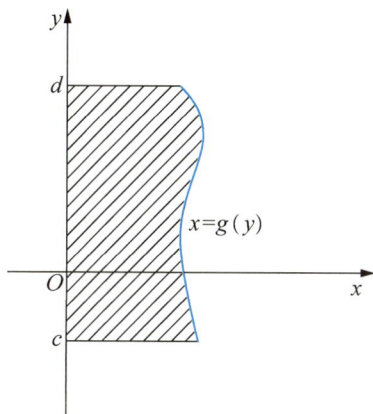

图 5-10

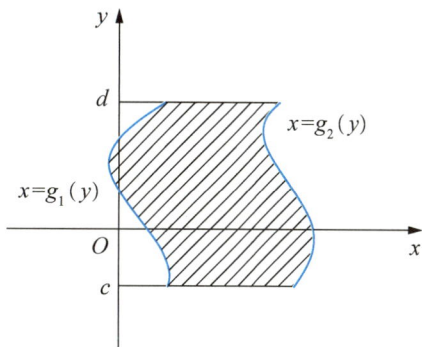

图 5-11

如果 $g_1(y)$，$g_2(y)$ 大小不能确定，可改写为

$$A = \int_c^d |g_1(y) - g_2(y)| \, \mathrm{d}y.$$

实际使用时，必须按 $g_1(x)$，$g_2(x)$ 的大小把 $[c,d]$ 分成若干个小区间再计算积分.

利用定积分求平面图形面积时，应先画出平面图形的草图，根据图形的特点选择以 x 为积分变量或者以 y 为积分变量，进而写出被积函数，并确定积分的上限与下限.

例 1 求曲线 $y = x^2$ 及直线 $y = x$ 围成的平面图形的面积.

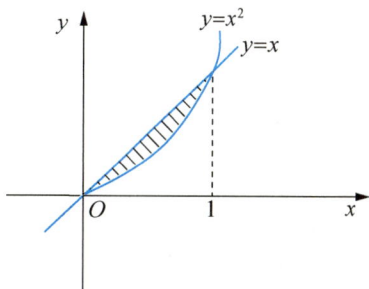

图 5-12

解 作图（见图 5-12），解方程组 $\begin{cases} y = x^2, \\ y = x, \end{cases}$ 得曲线 $y = x^2$ 与直线 $y = x$ 的交点坐标为 $(0,0)$ 和 $(1,1)$.

方法一 选择 x 为积分变量，则所求平面图形的面积为

$$A = \int_0^1 (x-x^2)\,\mathrm{d}x = \left(\frac{1}{2}x^2 - \frac{1}{3}x^3\right)\bigg|_0^1 = \frac{1}{6}.$$

方法二 选择 y 为积分变量，则所求平面图形的面积为

$$A = \int_0^1 (\sqrt{y}-y)\,\mathrm{d}y = \left(\frac{2}{3}y^{\frac{3}{2}} - \frac{1}{2}y^2\right)\bigg|_0^1 = \frac{1}{6}.$$

例 2 求由曲线 $y = \sin x$，$y = \cos x$ 及直线 $x = 0$，$x = \frac{\pi}{2}$ 围成的平面图形的面积.

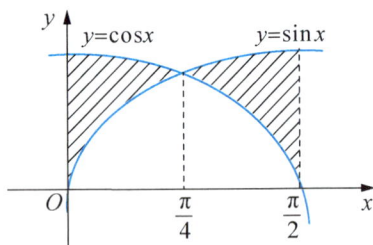

解 作图（见图 5-13），解方程组 $\begin{cases} y = \sin x, \\ y = \cos x, \end{cases}$ 得曲线 $y = \sin x$ 与 $y = \cos x$ 在 $\left(0, \frac{\pi}{2}\right)$ 内的交点坐标为 $\left(\frac{\pi}{4}, \frac{\sqrt{2}}{2}\right)$，

图 5-13

故

$$A = \int_0^{\frac{\pi}{2}} |\sin x - \cos x|\,\mathrm{d}x = \int_0^{\frac{\pi}{4}} (\cos x - \sin x)\,\mathrm{d}x + \int_{\frac{\pi}{4}}^{\frac{\pi}{2}} (\sin x - \cos x)\,\mathrm{d}x$$

$$= (\sin x + \cos x)\bigg|_0^{\frac{\pi}{4}} + (-\cos x - \sin x)\bigg|_{\frac{\pi}{4}}^{\frac{\pi}{2}}$$

$$= 2(\sqrt{2} - 1).$$

例 3 求由曲线 $y^2 = 2x$ 与 $y = x - 4$ 围成的平面图形的面积.

解 作图（见图 5-14），解方程组 $\begin{cases} y^2 = 2x, \\ y = x - 4, \end{cases}$ 得曲线 $y^2 = 2x$ 与直线 $y = x - 4$ 的交点坐标为 $(2, -2)$ 和 $(8, 4)$.

选择 y 为积分变量，则所求平面图形的面积为

$$A = \int_{-2}^4 \left[(y+4) - \frac{y^2}{2}\right]\mathrm{d}y$$

$$= \left(\frac{1}{2}y^2 + 4y - \frac{1}{6}y^3\right)\bigg|_{-2}^4 = 18.$$

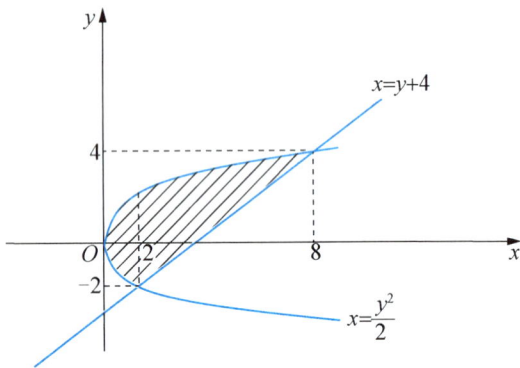

图 5-14

例 4 求由抛物线 $y = 1 - x^2$ 及其在点 $(1,0)$ 处的切线和 y 轴围成的平面图形的面积.

解 因为 $k_{切} = \dfrac{\mathrm{d}y}{\mathrm{d}x}\bigg|_{x=1} = (1-x^2)'\big|_{x=1} = -2x\big|_{x=1} = -2$，所以抛物线 $y = 1 - x^2$ 在点 $(1,0)$ 处的切线方程为

$$y = -2x + 2.$$

作图（见图 5-15），切线与 y 轴的交点坐标为 $(0,2)$，选择 x 为积分变量，则所求平面图形的面积为

$$A = \int_0^1 \left[(-2x+2) - (1-x^2) \right] dx$$

$$= \int_0^1 (-2x+1+x^2) dx$$

$$= \left(-x^2 + x + \frac{1}{3}x^3 \right) \Big|_0^1$$

$$= \frac{1}{3}.$$

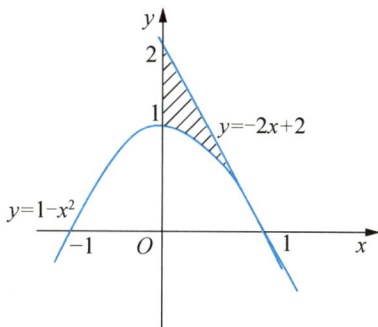

图 5-15

注　在例 3 中，若选择 x 为积分变量，则所求平面图形的面积可表示为两个定积分之和：

$$A = \int_0^2 \left[\sqrt{2x} - (-\sqrt{2x}) \right] dx + \int_2^8 \left[\sqrt{2x} - (x-4) \right] dx.$$

在例 4 中，若选择 y 为积分变量，则所求平面图形的面积可表示为两个定积分之和：

$$A = \int_0^1 \left[\frac{1}{2}(2-y) - \sqrt{1-y} \right] dy + \int_1^2 \frac{1}{2}(2-y) dy.$$

上述两个定积分的计算都比较复杂，所以在解题时，要恰当地选择积分变量。一般选择的变量要使图形尽量不要分块，且被积函数较容易求出原函数。

二、定积分的微元法

在上一小节中，我们主要从定积分的几何意义入手，分几种情形讨论了如何使用定积分求直角坐标系中平面图形的面积。这一小节我们将利用牛顿-莱布尼茨公式，介绍一种普遍的使用定积分解决实际问题的思想——定积分的微元法。

使用定积分求解某个分布在 $[a,b]$ 上的量 A 时（如本章第一节的引例中求曲边梯形的面积 A），其过程是"分割、近似、求和、取极限"，利用定积分的定义可得 $A = \int_a^b f(x) dx$.

换言之，在使用定积分求某个分布在 $[a,b]$ 上的 A 时，因为积分区间是固定的，我们只需确定被积表达式 $f(x)dx$ 即可，而如何确定被积表达式就是微元法中最核心的一步。

对任意的 $x \in [a,b]$，分布在 $[a,x]$ 上的量记为 $A(x)$，则 $A(x)$ 是定义在 $[a,b]$ 上的函数。显然，$A(b)-A(a)$ 是所求的量 A。如果能求出函数 $A(x)$ 的微分 $dA(x)$ 且 $A'(x)$ 连续，则由牛顿-莱布尼茨公式可得所求量

$$A = A(b) - A(a) = \int_a^b dA(x).$$

对比定积分的定义，我们只需要求出 $dA(x)$ 的表达式即可，在 $A(x)$ 的表达式未知的情形下，如何确定其微分呢？我们可以利用一阶微分的定义，在区间 $[a,b]$ 内任取小区间 $[x, x+\Delta x]$，确定在该小区间的部分量 $\Delta A = A(x+\Delta x) - A(x)$ 的近似表示，若部分量 ΔA 可以近似表示为 $[a,b]$ 上的一个连续函数在 x 处的值 $f(x)$ 与 Δx 的乘积 $f(x)\Delta x$，且 $\Delta A - f(x)\Delta x$ 是当 $\Delta x \to 0$ 时比 Δx 高阶的无穷小量，即 $\Delta A = f(x)dx + o(\Delta x)$，此时称 $f(x)dx$ 为量 A 的微元，记作 dA，最后由牛顿-莱布尼茨公式得到所求量 $A = \int_a^b dA(x)$，这个方法称为微元法。

总结一下，求实际问题中的量 A 的微元可描述如下：

（1）定区间：根据实际问题建立适当的坐标系，选取一个变量（如 x）作为积分变量，并确定它的变化区间 $[a,b]$；

（2）定微元：在 $[a,b]$ 内任取小区间 $[x,x+\Delta x]$，将相对于该小区间的部分量 $\Delta A=A(x+\Delta x)-A(x)$ 近似表示为 $f(x)\Delta x$，确立量 A 的微元 $\mathrm{d}A=f(x)\mathrm{d}x$，使得 $\Delta A=f(x)\mathrm{d}x+o(\Delta x)$，$\Delta x\to 0$.

（3）定积分：$A=\int_a^b f(x)\mathrm{d}x$.

注 为了方便起见，在下文中，我们会将步骤（2）中的小区间直接取为 $[x,x+\mathrm{d}x]$.

本节接下来的部分，我们会使用定积分的微元法求直角坐标系中平行截面面积已知的立体的体积和极坐标系中平面图形的面积.

三、平行截面面积已知的立体的体积

设空间某立体（见图5-16）在 $x=a$，$x=b$ 处垂直于 x 轴的两平面之间，其过任意点 $x(a\le x\le b)$ 且垂直于 x 轴的截面面积 $A(x)$ 是已知连续函数，则取 x 为积分变量，$x\in[a,b]$，任取小区间 $[x,x+\mathrm{d}x]$ 的薄片体积用底面积为 $A(x)$、高为 $\mathrm{d}x$ 的小圆柱体的体积来近似，即体积微元为

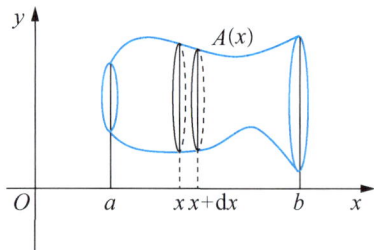

图 5-16

$$\mathrm{d}V=A(x)\mathrm{d}x,$$

由定积分的微元法，所求立体的体积为

$$V=\int_a^b A(x)\mathrm{d}x.$$

例5 一平面经过半径为 R 的圆柱体的底圆中心，并与底面交成角 α（见图5-17），计算这个平面截圆柱体所得立体的体积.

解 取这个平面与圆柱体的底面的交线为 x 轴，底面上过圆中心，且垂直于 x 轴的直线为 y 轴，则底面圆方程为 $x^2+y^2=R^2$. 立体中过点 x，且垂直于 x 轴的截面是一个直角三角形，它的两条直角边的长分别为 y 及 $y\tan\alpha$，即 $\sqrt{R^2-x^2}$ 及 $\sqrt{R^2-x^2}\tan\alpha$. 因而平行截面面积为

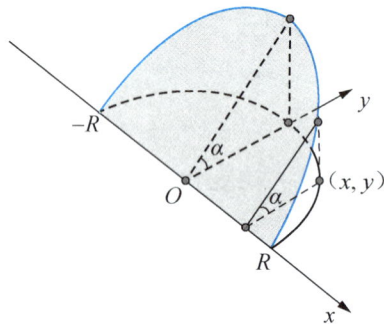

图 5-17

$$A(x)=\frac{1}{2}(R^2-x^2)\tan\alpha,$$

故

$$V=\int_{-R}^{R}\frac{1}{2}(R^2-x^2)\tan\alpha\mathrm{d}x=\frac{1}{2}\tan\alpha\left(R^2 x-\frac{1}{3}x^3\right)\Big|_{-R}^{R}=\frac{2R^3}{3}\tan\alpha.$$

四、旋转体的体积

旋转体是由一个平面图形绕此平面内一条直线旋转一周而成

5.4 旋转体的体积

的立体,它是一种特殊的已知平行截面面积的立体. 下面我们讨论几种特殊情形下的旋转体的体积计算公式.

情形 1 由连续曲线 $y=f(x) \geqslant 0$ 及直线 $x=a, x=b$ 与 x 轴围成的平面图形绕 x 轴旋转一周所得的旋转体(见图 5-18)的体积为

$$V_x = \pi \int_a^b f^2(x) \, \mathrm{d}x.$$

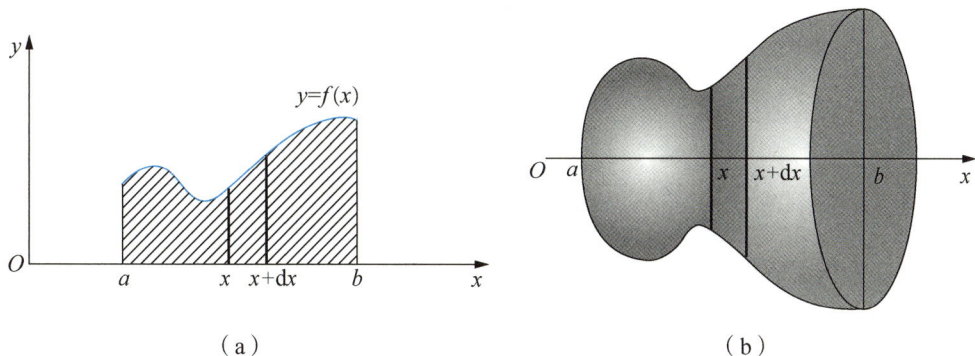

（a）

（b）

图 5-18

情形 2 由连续曲线 $y=f_1(x)$ 和 $y=f_2(x)(f_2(x) \geqslant f_1(x) \geqslant 0)$ 及直线 $x=a, x=b$ 围成的平面图形绕 x 轴旋转一周所得的旋转体的体积为

$$V_x = \pi \int_a^b \left[f_2^2(x) - f_1^2(x) \right] \mathrm{d}x.$$

情形 3 由连续曲线 $x=g(y) \geqslant 0$ 及直线 $y=c, y=d$ 与 y 轴围成的平面图形绕 y 轴旋转一周所得的旋转体的体积(见图 5-19)为

$$V_y = \pi \int_c^d g^2(y) \, \mathrm{d}y.$$

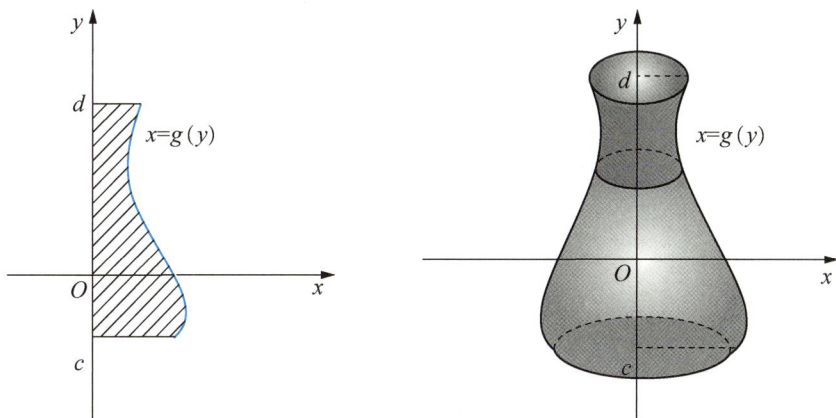

图 5-19

情形 4 由连续曲线 $x=g_1(y)$ 和 $x=g_2(y)(g_2(y) \geqslant g_1(y) \geqslant 0)$ 及直线 $y=c, y=d$ 围成的平面图形绕 y 轴旋转一周所得的旋转体的体积为

$$V_y = \pi \int_c^d \left[g_2^2(y) - g_1^2(y) \right] \mathrm{d}y.$$

情形 5(柱壳法) 由连续曲线 $y=f(x) \geqslant 0$ 及直线 $x=a, x=b$ 与 x 轴围成的平面图形

绕 y 轴旋转一周所得的旋转体的体积为

$$V_y = 2\pi \int_a^b xf(x)\,\mathrm{d}x.$$

例 6 设平面图形由曲线 $y=x^2$、直线 $x=1$ 及 x 轴围成，求：

（1）此平面图形的面积；

（2）此平面图形绕 x 轴旋转一周所得的旋转体的体积.

解 作图（见图 5-20）.

（1）当 $0 \le x \le 1$ 时，曲线 $y=x^2$ 及直线 $x=1$ 与 x 轴围成的平面图形的面积为

$$A = \int_0^1 x^2\,\mathrm{d}x = \frac{1}{3}x^3 \Big|_0^1 = \frac{1}{3}.$$

（2）当 $0 \le x \le 1$ 时，曲线 $y=x^2$ 及直线 $x=1$ 与 x 轴围成平面图形绕 x 轴旋转一周所得的旋转体的体积为

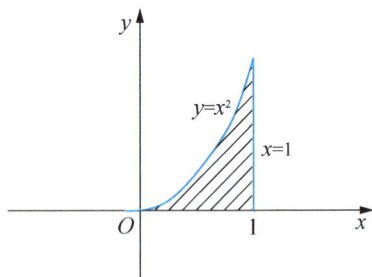

$$V_x = \pi \int_0^1 (x^2)^2\,\mathrm{d}x = \pi \int_0^1 x^4\,\mathrm{d}x = \pi\left(\frac{1}{5}x^5\right)\Big|_0^1 = \frac{1}{5}\pi.$$

图 5-20

例 7 设平面图形由曲线 $y=x^2$ 与直线 $y=x$ 围成，如前文的图 5-12 所示，求此平面图形分别绕 x 轴和 y 轴旋转一周所得的旋转体的体积.

解 此平面图形绕 x 轴旋转一周所得的旋转体的体积为

$$V_x = \pi \int_0^1 \left[x^2 - (x^2)^2 \right]\mathrm{d}x = \pi \int_0^1 (x^2 - x^4)\,\mathrm{d}x = \pi\left(\frac{1}{3}x^3 - \frac{1}{5}x^5\right)\Big|_0^1 = \frac{2}{15}\pi;$$

此平面图形绕 y 轴旋转一周所得的旋转体的体积为

$$V_y = \pi \int_0^1 \left[(\sqrt{y})^2 - y^2 \right]\mathrm{d}y = \pi \int_0^1 (y - y^2)\,\mathrm{d}y = \pi\left(\frac{1}{2}y^2 - \frac{1}{3}y^3\right)\Big|_0^1 = \frac{1}{6}\pi.$$

或由柱壳法，此平面图形绕 y 轴旋转一周所得的旋转体的体积为

$$V_y = 2\pi \int_0^1 x(x - x^2)\,\mathrm{d}x = 2\pi\left(\frac{1}{3}x^3 - \frac{1}{4}x^4\right)\Big|_0^1 = \frac{\pi}{6}.$$

例 8 求 $y=\mathrm{e}^x$ 及 $y=\mathrm{e}^x$ 在点 $(1,\mathrm{e})$ 处的切线与 y 轴围成的平面图形分别绕 x 轴和 y 轴旋转一周所得的旋转体的体积.

解 $y=\mathrm{e}^x$ 在点 $(1,\mathrm{e})$ 处的切线的斜率为

$$y'(1) = \mathrm{e}^x \Big|_{x=1} = \mathrm{e},$$

切线方程为

$$y - \mathrm{e} = \mathrm{e}(x-1), \quad \text{即 } y = \mathrm{e}x,$$

如图 5-21 所示. 平面图形绕 x 轴旋转一周所得的旋转体的体积为

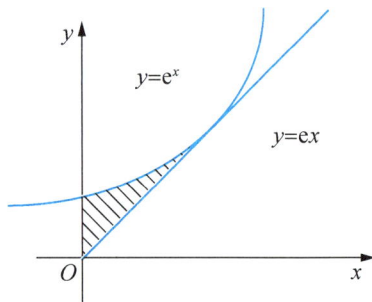

$$V_x = \pi \int_0^1 \left[(\mathrm{e}^x)^2 - (\mathrm{e}x)^2 \right]\mathrm{d}x$$

$$= \pi \int_0^1 (\mathrm{e}^{2x} - \mathrm{e}^2 x^2)\,\mathrm{d}x$$

图 5-21

$$= \pi \left(\frac{1}{2} e^{2x} - \frac{e^2}{3} x^3 \right) \bigg|_0^1$$

$$= \left(\frac{e^2}{6} - \frac{1}{2} \right) \pi.$$

平面图形绕 y 轴旋转一周所得的旋转体的体积为

$$V_y = \pi \left\{ \int_0^1 \left(\frac{y}{e} \right)^2 dy + \int_1^e \left[\left(\frac{y}{e} \right)^2 - (\ln y)^2 \right] dy \right\}$$

$$= \pi \left\{ \frac{1}{3e^2} y^3 \bigg|_0^1 + \frac{1}{3e^2} y^3 \bigg|_1^e - \left[y (\ln y)^2 \bigg|_1^e - \int_1^e y d (\ln y)^2 \right] \right\}$$

$$= \pi \left(-\frac{2e}{3} + 2 \int_1^e \ln y dy \right) = -\frac{2e\pi}{3} + 2\pi \left(y \ln y \bigg|_1^e - \int_1^e y d\ln y \right)$$

$$= -\frac{2e\pi}{3} + 2\pi \left(e - y \bigg|_1^e \right) = 2\pi \left(-\frac{e}{3} + 1 \right).$$

或由柱壳法，此平面图形绕 y 轴旋转一周所得的旋转体的体积为

$$V_y = 2\pi \int_0^1 x (e^x - ex) dx = 2\pi \left(\int_0^1 x de^x - \int_0^1 ex^2 dx \right)$$

$$= 2\pi \left[\left(x e^x \bigg|_0^1 - \int_0^1 e^x dx \right) - \frac{e}{3} x^3 \bigg|_0^1 \right] = 2\pi \left(1 - \frac{e}{3} \right).$$

*五、极坐标系中平面图形的面积

1. 极坐标系

极坐标系是平面内由定点 O 以及从 O 引出的一条射线 Ox 组成的坐标系．我们称定点 O 为极点，射线 Ox 为极轴．与直角坐标系类似，平面内的任一点 M 都一一对应于一个有序二元数组 (r, θ)，称其为点 M 的极坐标，这里 r 是点 M 到 O 的距离，称为极径；θ 是极轴与极径的夹角，称为极角．一般而言，我们选择逆时针方向为极角的正方向．如图 5-22 所示.

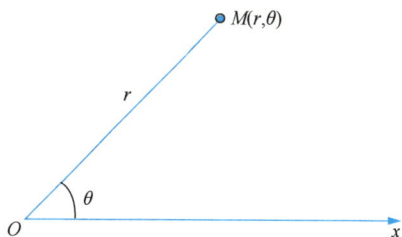

图 5-22

2. 直角坐标与极坐标的转换

若以直角坐标系的原点为极点，x 轴的正半轴为极轴建立极坐标系，则平面内点 M 的两类坐标 (r, θ) 和 (x, y) 之间存在如下转换关系

$$x = r\cos\theta, x = r\sin\theta, \tag{5-1}$$

或者

$$r = \sqrt{x^2 + y^2}, \tan\theta = \frac{y}{x} (x \neq 0). \tag{5-2}$$

习惯上，我们选取 $r \geq 0$ 且 $\theta \in [0, 2\pi]$．注意 θ 的取值需检验象限.

例如，由式 (5-1)，我们可以将 $\left(\sqrt{2}, \frac{5}{4}\pi \right)$ 转换为直角坐标形式 $(-1, -1)$．反之，

可由式(5-2)，将$(-1,-1)$转换为极坐标形式$\left(\sqrt{2},\dfrac{5}{4}\pi\right)$.

我们一般用$r=\varphi(\theta)$表示极坐标系中曲线的方程．例如，$r=3\sin\theta,0\le\theta\le\pi$是一个圆周曲线的方程．由式(5-1)，该曲线在直角坐标系中的方程为

$$x^2+y^2=3y,$$

它是圆心在$\left(0,\dfrac{3}{2}\right)$，半径为$\dfrac{3}{2}$的圆周曲线．

例 9 求曲线$r=\dfrac{2}{1+\sin\theta}$，$\theta\in\left[-\dfrac{\pi}{4},\dfrac{5\pi}{4}\right]$在直角坐标系中的方程．

解 原方程可写为

$$r+r\sin\theta=2,\quad -\dfrac{\pi}{4}\le\theta\le\dfrac{5\pi}{4}.$$

从而

$$\sqrt{x^2+y^2}+y=2,-2(1+\sqrt{2})\le x\le 2(1+\sqrt{2}).$$

即曲线在直角坐标系中的方程为

$$y=1-\dfrac{x^2}{4},\ x\in\left[-2(1+\sqrt{2}),2(1+\sqrt{2})\right].$$

3. 极坐标系中平面图形的面积

由连续曲线$r=\varphi(\theta)$以及射线$\theta=\alpha,\theta=\beta$围成的平面图形，称为曲边扇形．如图 5-23 所示.

以θ为积分变量，则在区间$[\theta,\theta+\mathrm{d}\theta]$内的小曲边扇形的面积可以用$\dfrac{1}{2}\varphi^2(\theta)\mathrm{d}\theta$近似替代.

由定积分的微元法，曲边扇形的面积A可表示为

$$A=\int_\alpha^\beta\dfrac{1}{2}\varphi^2(\theta)\mathrm{d}\theta.$$

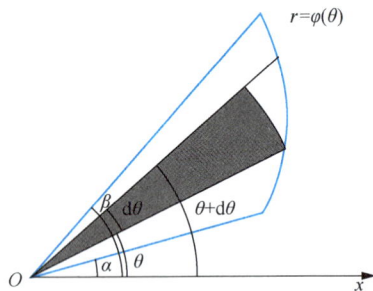

图 5-23

例 10 求心形线$r=a(1+\cos\theta)$（$a>0$）围成的平面图形的面积．

解 心形线围成的平面图形如图 5-24 所示.此图形的面积为

$$A=\int_0^{2\pi}\dfrac{1}{2}a^2(1+\cos\theta)^2\mathrm{d}\theta$$

$$=\int_0^\pi a^2(1+\cos\theta)^2\mathrm{d}\theta=8a^2\int_0^{\frac{\pi}{2}}\cos^4\theta\mathrm{d}\theta$$

$$=8a^2\cdot\dfrac{3}{4}\cdot\dfrac{1}{2}\cdot\dfrac{\pi}{2}=\dfrac{3}{2}a^2\pi.$$

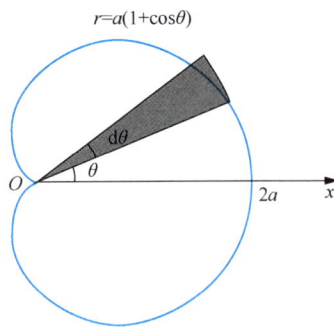

图 5-24

习题 5-5

A 级题目

1. 求由下列给定曲线所围成的平面图形的面积：

(1) $y=\dfrac{1}{x}$，$y=x$ 与 $x=2$；

(2) $y=x^3$ 与 $y=\sqrt{x}$；

(3) $y=e^x$，$y=e^{-x}$ 与 $x=1$；

(4) $y=1-x^2$ 与 $y=0$；

(5) $y=\sqrt{x}$ 与 $y=x$；

(6) $y=x^2$，$y=4x$ 与 $x=1(0<x<1)$；

(7) $y=x^3$ 与 $y=2x$；

(8) $y=x^2$ 与 $x+y=2$；

(9) $y=x^2$ 与 $y=2-x^2$；

(10) $y=x^2$，$y=x$ 与 $y=2x$；

(11) $y=3-x^2$ 与 $y=2x$；

(12) $y=x^3$，$y=1$ 与 $x=0$；

(13) $y=\ln x$，$y=\ln a$，$y=\ln b$ 与 $x=0(b>a>0)$；

(14) $y=x^2$，$4y=x^2$ 与 $y=1$.

2. 求由曲线 $y=\ln x$ 及其在点 $(e,1)$ 处的切线和 x 轴所围成的平面图形的面积.

3. 求由下列平面图形分别绕 x 轴和 y 轴旋转一周所得的旋转体的体积 V_x，V_y：

(1) $y=x^3$ 与 $y=\sqrt{x}$；

(2) $y=x^3$，$y=0$ 与 $x=2$；

(3) $y=x^2$ 与 $y^2=8x$；

(4) $xy=1$，$x=2$ 与 $y=3$；

(5) $y=\sqrt{x}$，$x=1$，$x=4$ 与 $y=0$.

4. 设平面图形由曲线 $y=e^x$ 及直线 $y=e$，$x=0$ 所围成.

求：(1) 该平面图形的面积 A；

(2) 该平面图形绕 x 轴旋转一周所得的旋转体的体积 V_x.

5. 设平面图形由曲线 $y=e^x$ 及直线 $x=1$，$x=0$，$y=0$ 所围成.

求：(1) 该平面图形的面积 A；

(2) 该平面图形绕 x 轴旋转一周所得的旋转体的体积 V_x.

6. 设平面图形由 $x=0$，$x=2$，$y=0$ 及 $y=-x^2+1$ 所围成.

求：(1) 该平面图形的面积 A；

(2) 该平面图形绕 x 轴旋转一周所得的旋转体的体积 V_x.

7. 设平面图形由 $y=x$，$y=\dfrac{1}{x}$，$x=2$ 与 $y=0$ 所围成.

求：(1) 该平面图形的面积 A；

(2) 该平面图形绕 x 轴旋转一周所得的旋转体的体积 V_x.

8. 设平面图形由 $y=x^2(x\geqslant 0)$，$y=1$ 与 $x=0$ 所围成.

求：(1)该平面图形的面积 A；

(2)该平面图形绕 y 轴旋转一周所得的旋转体的体积 V_y.

B 级题目

1. 设非负的函数 $y=y(x)(x\geqslant 0)$ 为二次多项式. 已知曲线 $y=y(x)$ 在点 $(0,0)$ 处有一条斜率为 4 的切线，且曲线与直线 $x=1$，$y=0$ 所围平面区域 D 的面积为 3，求 D 绕 y 轴旋转一周所得的旋转体的体积.

2. 把下列曲线在直角坐标系中的方程转换为极坐标系中的方程：

(1) $(x-1)^2+y^2=1$；　　(2) $y=x,x\geqslant 0$.

3. 求双纽线 $r^2=a^2\cos 2\theta$ 所围成的平面图形的面积(见图 5-25).

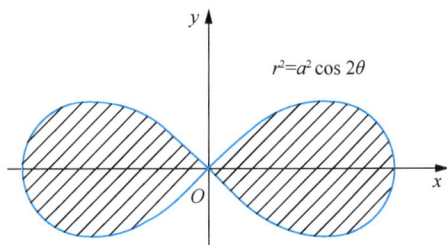

$r^2=a^2\cos 2\theta$

图 5-25

第六节　定积分的经济应用

一、由边际函数求总函数

在第二章，我们介绍了总函数 $F(x)$(如总成本函数 $C(x)$，总收益函数 $R(x)$ 和总利润函数 $L(x)$ 等)和边际函数的概念，边际函数即 $F(x)$ 的导函数 $F'(x)$. 反过来，如果已知边际函数 $F'(x)$，要确定其总函数 $F(x)$，就要利用积分运算.

设固定成本为 C_0，边际成本为 $C'(Q)$，边际收益为 $R'(Q)$，且产销平衡，即产量、需求量与销量均为 Q 时：

总成本函数 $C(Q)=\displaystyle\int_0^Q C'(t)\,dt+C_0$；

总收益函数 $R(Q)=\displaystyle\int_0^Q R'(t)\,dt$；

总利润函数 $L(Q)=R(Q)-C(Q)=\displaystyle\int_0^Q [R'(t)-C'(t)]\,dt-C_0$.

例 1　某厂生产的产品的边际成本为产量 x 的函数，边际成本为 $C'(x)=x^2-4x+6$，固定成本为 $C_0=200$ 万元，且每单位产品的售价为 $P=146$ 万元，并假定生产出的产品能全部售出.

(1)求总成本函数 $C(x)$；

(2)求产量从 2 个单位增加到 4 个单位时的成本变化量；

(3)当产量为多少时，总利润最大？并求最大利润.

解　(1)总成本函数为

$$C(x)=\int_0^x C'(t)\,dt+C_0=\int_0^x (t^2-4t+6)\,dt+200=\frac{x^3}{3}-2x^2+6x+200(万元).$$

(2)设产量由 2 个单位增加到 4 个单位时的成本变化量为 ΔC，则

$$\Delta C=\int_2^4 C'(x)\,dx=\int_2^4 (x^2-4x+6)\,dx=\left(\frac{x^3}{3}-2x^2+6x\right)\Bigg|_2^4=\frac{20}{3}(万元),$$

或 $\Delta C=C(4)-C(2)=\dfrac{20}{3}(万元).$

（3）总收益函数为

$$R(x) = P \cdot x = 146x,$$

总利润函数为

$$L(x) = R(x) - C(x) = 146x - \left(\frac{x^3}{3} - 2x^2 + 6x + 200 \right) = -\frac{x^3}{3} + 2x^2 + 140x - 200 \, (万元),$$

故

$$L'(x) = -x^2 + 4x + 140.$$

令 $L'(x) = 0$，得 $x_1 = 14$，$x_2 = -10$（舍去）.

由于 $L''(x) = -2x + 4$，所以 $L''(14) = -24 < 0$，因此，当 $x = 14$ 时，总利润最大，最大利润为

$$L_{max} = L(14) = \frac{3712}{3} \, (万元),$$

即当产量为 14 个单位时，利润达到最大，最大利润是 $\frac{3712}{3}$ 万元.

例 2　已知某厂产品的边际收益为 $R'(x) = 20 - 2x$.

（1）求总收益函数 $R(x)$；

（2）当某厂产品的销售量由 10 个单位减少到 5 个单位时，求收益的变化量.

解　（1）总收益函数为

$$R(x) = \int_0^x R'(t) \, dt = \int_0^x (20 - 2t) \, dt = (20t - t^2) \Big|_0^x = 20x - x^2.$$

（2）设产品的销售量由 10 个单位减少到 5 个单位时，收益的变化量为 ΔR，则

$$\Delta R = \int_{10}^5 R'(x) \, dx = \int_{10}^5 (20 - 2x) \, dx = (20x - x^2) \Big|_{10}^5 = -25,$$

或 $\Delta R = R(5) - R(15) = -25$，所以，当产品的销售量由 10 个单位减少到 5 个单位时，总收益减少 25 个单位.

二、资金流的现值与终值

将来值是指资金未来的价值，即一定量的资金在将来某一时点的价值，表现为本利和.

现值是指资金的现在价值，即将来某一时点的一定量资金折合成现在的价值.

若按连续复利年利率为 r 计算，设现有资金 A 元，则 t 年末的本利和为 Ae^{rt} 元，称之为 A 元资金在 t 年末的终值，即将来值；反之，若 t 年末要得到 A 元资金，则现在需要 Ae^{-rt} 元的资金投入，称之为 t 年末的 A 元资金的现值，即贴现值. 由此我们可以将不同时期的资金转化为同一时期的资金进行比较，这在经济管理中有重要用途.

如果收入或支出是连续发生的，我们称之为收入流或支出流. 若将 t 时刻单位时间的收入或支出记为 $f(t)$，称之为收入率或支出率. 当 $f(t) = a$（常数）时称之为均匀收入流或均匀支出流.

设某企业在时间段 $[0, T]$ 上的收入（或支出）率为 $f(t)$（连续函数），按年利率为 r 的连续复利计算，求该时间段总收入（或支出）的现值和将来值.

任取小区间 $[t, t+dt]$，该时间段的总收入（或支出）近似为 $f(t)dt$，其现值为 $f(t)e^{-rt}dt$，

由定积分的微分法，$[0,T]$ 上的总收入（或支出）的现值为

$$M = \int_0^T f(t)e^{-rt}dt.$$

由于 $[t,t+dt]$ 时间段的总收入（或支出）在后面 $T-t$ 时间段收入（或支出）的将来值为 $f(t)e^{r(T-t)}dt$，所以 $[0,T]$ 上的总收入（或支出）的将来值为

$$N = \int_0^T f(t)e^{r(T-t)}dt.$$

例 3 假设按年利率为 $r=0.1$ 的连续复利计息.

(1)求资金流量为 100 元/年的收入流在 20 年期间的现值与将来值；

(2)现值与将来值的关系如何？解释这一关系.

解 (1)现值 $= \int_0^{20} 100e^{-0.1t}dt = 1000(1-e^{-2})$，

将来值 $= \int_0^{20} 100e^{0.1(20-t)}dt = 1000(1-e^{-2}) \cdot e^2$.

(2)将来值 = 现值 $\cdot e^2$.

若在 $t=0$ 时刻以现值 $1000(1-e^{-2})$ 作为一笔款项存入银行，以年连续复利 $r=0.1$ 计息，则 20 年中这笔单独款项的将来值为 $1000(1-e^{-2}) \cdot e^{0.1\times20} = 1000(1-e^{-2}) \cdot e^2$，正好是上述收入流在 20 年中的将来值.

一般来说，以年连续复利 r 计息，则从现在起到 T 年后该资金流的将来值等于将该资金流的现值作为单笔款项存入银行 T 年后的将来值.

例 4 设有一辆轿车，售价 14 万元，现某人分期支付购买，准备 20 年付清，若按年利率 0.05 的连续复利计息，则每年应支付多少元？

解 设每年付款数相同，为 a 万元，已知 $T=20$，全部付款的总现值（总贴现值）$M=14$ 万元，$r=0.05$，于是

$$14 = \int_0^{20} ae^{-0.05t}dt,$$

得 $a \approx 1.1006$（万元），即每年应付款约 1.1006 万元.

例 5 有一个大型投资项目，投资成本为 10 000 万元，投资年利率为 5%，每年的均匀收入率 $a=2000$ 万元，求该投资为无限期时的纯收入的贴现值（或称为投资的资本价值）.

解 由题设条件可知，收入率 $a=2000$ 万元，年利率 $r=5\%$，故无限期投资的总收入的贴现值为

$$y = \int_0^{+\infty} ae^{-rt}dt = \int_0^{+\infty} 2000e^{-0.05t}dt = \lim_{b\to+\infty}\int_0^b 2000e^{-0.05t}dt$$

$$= \lim_{b\to+\infty} \frac{2000}{0.05}(1-e^{-0.05b}) = 40\,000（万元），$$

从而投资为无限期时的纯收入的贴现值（即投资的资本价值 = 收入流的现值 − 投资成本）为

$$R = 40\,000 - 10\,000 = 30\,000（万元）= 3（亿元），$$

即投资为无限期时的纯收入的贴现值为 3 亿元.

习题 5-6

A 级题目

1. 设企业生产某商品 Q 个单位的边际成本 $C'(Q)=25+30Q-9Q^2$，固定成本为 $C_0=55$，求总成本函数和平均成本.

2. 设企业销售某商品 x 个单位的边际收益为 $R'(x)=\dfrac{ab}{(x+b)^2}+c$，求总收益函数.

3. 某产品的边际成本为 $C'(x)=2-x$（万元/台），固定成本为 $C_0=22$ 万元，边际收益 $R'(x)=20-4x$（万元/台）.

(1) 求总成本函数和总收益函数；

(2) 求获得最大利润时的产量；

(3) 在获得最大利润时的生产量基础上又生产了 4 台，求总利润的变化.

4. 一个食品公司正在增设网点. 若经营费用增加率 $C'(x)=1+\dfrac{x}{2}$（万元/年），而收入的增加率 $R'(x)=10+\dfrac{x}{4}$（万元/年），其中 x 表示增设的网点数，初期投入费用 $C_0=100$ 万元. 试问：欲使增设网点后利润最大，应增设多少家店？并求最大利润.

5. 某投资项目的成本为 100 万元，在 10 年中每年可均匀收入 25 万元，投资率为 5%，试求这 10 年中该项投资的纯收入的贴现值.

5.5 本章小结

本章小结

定积分的概念	理解 定积分的概念 理解 定积分的几何意义和经济意义 了解 定积分的基本性质和积分中值定理
定积分的计算方法	熟练 积分上限函数的定义及求导方法 熟练 微积分基本公式(牛顿–莱布尼茨公式) 掌握 定积分的换元积分法 掌握 定积分的分部积分法
反常积分	了解 无穷限和无界函数两类反常积分的定义 熟练 反常积分的计算方法 熟练 反常积分的敛散性判别法 了解 Γ 函数的定义和性质
定积分应用	掌握 利用定积分求平面图形的面积 掌握 利用定积分求旋转体体积 掌握 利用定积分的微元法求极坐标系中平面图形的面积 了解 定积分在经济管理中的应用(已知边际函数求总函数、现值和终值)

数学通识：积分的建立

我之所以比笛卡儿看得远些，是因为我站在巨人的肩膀上.

——牛顿

可以肯定的是，中国（古代）科学所达到的境界是达·芬奇式的，而不是伽利略式的.

——李约瑟

积分的建立，首先是为了处理 17 世纪主要的科学问题①，这些科学问题之一是面积问题.

到了 17 世纪，许多数学家对曲边图形的面积进行了艰苦的探索. 伽利略和开普勒在面积、体积问题上采用了不可分量的观点. 这种观点在伽利略的学生卡瓦列里的著作里表现得最系统. 简单地说，他认为线段是由点组成的，正如链子是由珠子穿成的一样；面是由线组成的，正如布是由线织成的一样；立体是由平面组成的，正如书是一页一页的纸折叠起来的一样. 点、线、面就是相应的不可分量，它们在一个或几个维度上无穷小. 在 17 世纪的前三分之二时间里，微积分的大量知识已经积累起来，不过数学家们的工作沉没在了微积分的细节里. 虽然得到了大量的结果，但他们都没有意识到在这些特殊的数学性质背后所包含的普遍性的原理. 最终，意识到这个普遍性的原理的人，是牛顿（见图 5-26）和莱布尼茨. 牛顿和莱布尼茨在这些探索的基础上，分别提出了"流数术"和"无限小的长度"来解决曲边图形的面积问题，而后有了牛顿-莱布尼茨公式，自此在微分学的理论基础上建立了积分学.

实际上微积分的思想早已在古代中国萌芽并发展. 例如，《庄子·天下篇》中记有"一尺之棰，日取其半，万世不竭"；墨家的著作《墨经》中出现了有穷、无穷、无穷小、无穷大的相关定义和极限、瞬时的相关概念. 这些都展现了非常朴素且典型的极限思想. 魏晋时期，刘徽在用无限分割的方法解决锥体体积时，提出了关于多面体体积计算的刘徽原理. 在刘徽工作的基础上，南北朝时期祖冲之（见图 5-27）之子祖暅（gèng）（见图 5-28）得到"幂势既同，则积不容异"的结论. 这即是祖暅原理，意思是"两个物体置于两个平行平面之内，用任何一个平行于这两个平面的平面去截这个物体，如果相应的面积相同，那么这两个物体的体积相等". 前面提到的对微积分的建立有重要影响的卡瓦列里原理与祖暅原理异曲同工，但卡瓦列里原理迟于祖暅原理一千余年.

中国古代数学到 13 世纪达到巅峰，14 世纪以后，中国已经具备了微积分建立的几乎全部内在条件，然而古代中国在科学上所达到的高度，随着这一时期的结束戛然而止. 这与朝代更迭和封建统治的文化专制以及盲目排外不无关系，致使包括数学在内的科学日渐衰落，最终中国在微积分创立的关键时刻落后了.

---

① 17 世纪主要的科学问题有四个类型：1. 求物体的瞬时速度和加速度；2. 求曲线的切线问题；3. 求函数的最大值与最小值问题；4. 求曲线长、曲线所围面积、曲面所围体积、物体质量相当大的物体（如行星）作用于另一个物体上的引力。

牛顿（1643—1727 年）
图 5-26

祖冲之（429—500 年）
图 5-27

祖暅（456—536 年）
图 5-28

在现代科技登场前十多个世纪，中国在科技和知识方面的积累远胜于西方．李约瑟认为，中国人从远古时代起就具有算数和商业头脑．如今，中国科学家正大踏步前行，中国一定能够实现包括数学学科在内的中国科学的伟大复兴．

总复习题五

1. 设 $f(x)$ 为连续函数，且存在常数 a，满足 $\int_a^{x^3} f(t)\,\mathrm{d}t = x^5 + 1$，求 $f(x)$ 及常数 a.

2. 设 $f(x) = \int_0^x t\mathrm{e}^{-t}\,\mathrm{d}t$，求 $f^{(n)}(0)$.

3. 设函数 $f(x)$ 在 $[0,1]$ 上连续，且 $f(x) < 1$，求证：函数 $F(x) = 2x - \int_0^x f(t)\,\mathrm{d}t - 1$ 在 $(0,1)$ 内有且仅有一个零点.

4. 求下列极限：

(1) $\lim\limits_{x \to 0} \dfrac{1}{x^3} \int_0^x (\sqrt{1+t^2} - \sqrt{1-t^2})\,\mathrm{d}t$；

(2) $\lim\limits_{x \to \infty} \dfrac{1}{x^2} \int_1^{x^2} \sqrt{1+t^2}\,\mathrm{e}^{t-x^2}\,\mathrm{d}t$.

5. 计算下列定积分：

(1) $\int_{-2}^2 \min(2, x^2)\,\mathrm{d}x$；

(2) $\int_0^{\frac{\pi}{2}} \dfrac{x+\sin x}{1+\cos x}\,\mathrm{d}x$；

(3) $\int_0^2 \dfrac{1}{2+\sqrt{4-x^2}}\,\mathrm{d}x$；

(4) $\int_0^1 \dfrac{x^2}{(1+x^2)^2}\,\mathrm{d}x$；

(5) $\int_0^{e-1} x\ln(x+1)\,\mathrm{d}x$；

(6) $\int_1^e (\ln x)^2\,\mathrm{d}x$；

(7) $\int_0^{\frac{\pi}{2}} x^2\cos 2x\,\mathrm{d}x$；

(8) $\int_0^{\frac{\pi}{2}} \mathrm{e}^x\sin x\,\mathrm{d}x$；

(9) $\int_0^{\frac{\pi^2}{4}} \cos\sqrt{x}\,\mathrm{d}x$；

(10) $\int_0^1 \ln(1+\sqrt{x})\,\mathrm{d}x$.

6. 已知 $f(0) = 1$，$f(2) = 4$，$f'(2) = 2$，求 $\int_0^1 xf''(2x)\,\mathrm{d}x$.

7. 设 $f(x)$ 为连续函数，满足 $\int_0^\pi f(x)\sin x\,\mathrm{d}x + \int_0^\pi f''(x)\sin x\,\mathrm{d}x = 5$，且 $f(\pi) = 2$，求 $f(0)$.

8. 计算 $\int_{-\frac{\pi}{2}}^{\frac{\pi}{2}} \cos x\,(x+\cos x)^2\,\mathrm{d}x$.

9. 求 $f(x) = \int_0^x (1+t)\arctan t\,\mathrm{d}t$ 的极值.

10. 设 $f(x) = \int_1^{x^2} \mathrm{e}^{-t^2}\,\mathrm{d}t$，计算 $\int_{-1}^0 xf(x)\,\mathrm{d}x$.

11. 求 c 的值，使 $\lim\limits_{x \to +\infty} \left(\dfrac{x+c}{x-c}\right)^x = \int_{-\infty}^c x\mathrm{e}^{2x}\,\mathrm{d}x$.

12. 设 $f(x)$ 在 $[0,1]$ 上连续，单调减少，且 $f(x) > 0$，证明：对于满足 $0 < a < b < 1$ 的任何 a,b，有

$$b\int_0^a f(x)\,\mathrm{d}x > a\int_a^b f(x)\,\mathrm{d}x.$$

13. 求曲线 $y = \ln x$ 在 $(0,6)$ 内的一条切线，使该切线与直线 $x = 2$，$x = 6$ 及曲线 $y = \ln x$ 所围面积最小.

14. 求 a 的值，使曲线 $y=x-x^2$ 与直线 $y=ax$ 所围平面图形的面积为 $\dfrac{9}{2}$.

15. 求曲线 $y=x^3-3x+2$ 与它的左极值点处的切线所围平面区域的面积.

16. 求 $(x-2)^2+y^2\leqslant 1$ 绕 y 轴旋转一周所得的旋转体的体积.

17. 设抛物线 $y=ax^2+bx+c$ 通过原点 $(0,0)$，且当 $x\in[0,1]$ 时，$y\geqslant 0$. 试确定 a,b,c 的值，使抛物线 $y=ax^2+bx+c$ 与直线 $x=1$，$y=0$ 所围平面图形的面积为 $\dfrac{4}{9}$，且使此平面图形绕 x 轴旋转一周所得的旋转体的体积最小.

18. 设某种商品的单价为 P 时，售出的商品数量 Q 可以表示成 $Q=\dfrac{a}{P+b}-c$，其中 a，b，c 均为正数，且 $a>bc$.

(1)求 P 在何范围内变化时，相应的销售额增加或减少.

(2)要使销售额最大，商品单价 P 应取何值？最大销售额是多少？

19. 设某产品的成本函数 $C=aQ^2+bQ+c$，需求函数 $Q=\dfrac{1}{e}(d-P)(0\leqslant P\leqslant d)$，其中 P 为价格，a,b,c,d,e 均为正常数，且 $d>b$.

(1)求利润最大时的产量及最大利润；

(2)求需求弹性 $\eta(P)$ 及弹性值为 -1 时的产量.

20. 某公司按利率 10% 贷款 100 万元购买设备，该设备使用 10 年后报废，公司每年可收益 b 万元.

(1)b 为何值时公司不会亏本？

(2)当 $b=20$ 时，求内部利率应满足的方程.

(3)当 $b=20$ 时，求收益的资本价值.

习题答案

第 一 章

习题 1-1

A 级题目

1. (1) $[-4,4]$；
   (2) $(-\infty,+\infty)$；
   (3) $[-1,0)\cup(0,1]$；
   (4) $(1,2)\cup(2,+\infty)$；
   (5) $[-1,3]$；
   (6) $(-\infty,0)\cup(0,+\infty)$.

2. $f(0)=-2$, $f(1)=2$, $f(-1)=-4$, $f(-x)=x^2-3x-2$, $f\left(\dfrac{1}{x}\right)=\dfrac{1}{x^2}+\dfrac{3}{x}-2$, $f(x+1)=x^2+5x+2$.

3. $f(0)=1$, $f(1)=0$, $f(2)=\ln 2$.

4. (1) 奇函数；
   (2) 偶函数；
   (3) 非奇非偶函数；
   (4) 奇函数；
   (5) 奇函数；
   (6) 偶函数.

5. (1) 图略；
   (2) 偶函数；
   (3) $f\left(\dfrac{1}{2}\right)=\dfrac{\sqrt{3}}{2}$, $f(3)=2$.

6. (1) $y=\dfrac{x-3}{2}$；
   (2) $y=\dfrac{2(1+x)}{1-x}$；
   (3) $y=\sqrt[3]{x+4}$；
   (4) $y=\dfrac{10^{x-2}-1}{3}$；
   (5) $y=\log_2\dfrac{x}{1-x}$；
   (6) $y=\ln(x-1)-2$.

7. (1) $f(x)=\begin{cases}-x+3, & x<1, \\ x+1, & x\geqslant 1;\end{cases}$
   (2) $f(x)=\begin{cases}x-1, & x<-1, \\ 3x+1, & x\geqslant-1.\end{cases}$

8. $g(x)$ 是偶函数；$h(x)$ 是奇函数.

9. (1) $x\ln 2$, $(-\infty,+\infty)$；
   (2) 4^x, $(-\infty,+\infty)$；
   (3) $\dfrac{2x-1}{x}$, $(-\infty,0)\cup(0,+\infty)$；
   (4) $\arcsin\sqrt{x-1}$, $[1,2]$.

10. $f[f(x)]=\dfrac{x}{1+2x}$, $f\{f[f(x)]\}=\dfrac{x}{1+3x}$.

11. $f(x+1)=\dfrac{-x}{2+x}$, $f\left(\dfrac{1}{x}\right)=\dfrac{x-1}{x+1}$.

12. $f(x)=x^2-5x+9$.

13. $f[g(x)]=\lg^2(1+x)+3$, $g[f(x)]=\lg(x^2+4)$.

14. (1) $y=\sqrt{u}$, $u=2x+3$；
    (2) $y=3^u$, $u=\sqrt{x}$；
    (3) $y=\lg u$, $u=v^2$, $v=\cos x$；
    (4) $y=u^5$, $u=\sin v$, $v=\sqrt{x}$；
    (5) $y=\arctan u$, $u=\mathrm{e}^v$, $v=\dfrac{1}{x}$；
    (6) $y=u^2$, $u=\cot v$, $v=\ln x$.

15. 利润 $L(x)=(P-k)x-a$，$0\le x\le m$.

16. (1) $C(Q)=Q+2$（万元）；

    (2) $R(Q)=-\dfrac{1}{4}Q^2+5Q$（万元）；

    (3) $L(Q)=-\dfrac{1}{4}Q^2+4Q-2$（万元）.

17. $R(x)=\begin{cases} ax, & 0\le x\le 50, \\ 0.8ax+10a, & x>50. \end{cases}$

习题 1-2

A 级题目

1. (1) 极限不存在；   (2) 极限存在，其值为 0.

2. (1) 可取 $N=\left[\dfrac{1}{3}\left(\dfrac{2}{3\varepsilon}-1\right)\right]$；   (2) 可取 $N=\left[\log_2\dfrac{1}{\varepsilon}\right]$.

习题 1-3

A 级题目

1. (1) 可取 $M=\dfrac{1}{\sqrt{\varepsilon}}$；   (2) 可取 $M=\dfrac{1}{\varepsilon}$；   (3) 可取 $\delta=\varepsilon$；   (4) 可取 $\delta=\dfrac{\varepsilon}{3}$.

2. (1) 左极限为 0，右极限为 1，极限不存在；

   (2) 左极限为 1，右极限为 1，极限存在且值为 1；

   (3) 左极限为 0，右极限为 -1，极限不存在；

   (4) 左极限为 -1，右极限为 1，极限不存在.

3. (1) $\lim\limits_{x\to 0}f(x)=0$；   (2) $\lim\limits_{x\to 2}f(x)$ 不存在；   (3) $\lim\limits_{x\to 3}f(x)=5$.

习题 1-4

A 级题目

1. (1) 9；   (2) 2；   (3) ∞；   (4) $\dfrac{1}{2}$；   (5) $2x$；   (6) $-\dfrac{1}{2}$；

   (7) 2；   (8) $\dfrac{5}{8}$；   (9) $\dfrac{1}{2}$；   (10) 1；   (11) $\dfrac{1}{2}$；   (12) 0；

   (13) ∞；   (14) $\dfrac{3^{20}}{2^{30}}$；   (15) 1；   (16) -1；   (17) 1；   (18) $\dfrac{a+b}{2}$.

2. $a=2$.

3. $k=2$.

4. $a=0$，$b=-1$.

5. $a=1$，$b=-2$.

习题 1-5

A 级题目

1. (1) 提示：$1<\sqrt{1+\dfrac{1}{n}}<1+\dfrac{1}{n}$；   (2) 提示：$2^n<1+2^n<2\cdot 2^n$.

2. (1) 3；   (2) $\dfrac{2}{3}$；   (3) $\dfrac{2}{5}$；   (4) $\dfrac{1}{4}$；   (5) 1；   (6) 2.

3. (1) e^3；   (2) e^2；   (3) e^{-2}；   (4) e^{-3}；   (5) 1；   (6) e^2；

   (7) 1；   (8) e^3；   (9) 1；   (10) 2.

4. $c=\ln 3$.

习题 1-6

A 级题目

1. (1) 无穷大量；   (2) 无穷小量；   (3) 无穷小量；

(4)既不是无穷小量，也不是无穷大量；　　(5)既不是无穷小量，也不是无穷大量；　　(6)无穷小量．

2. (1)0；　　(2)0；　　(3)0；　　(4)2．

3. (1)等价；　(2)高阶；　(3)同阶；　(4)等价．

4. (1)2；　　(2)$\dfrac{2}{3}$；　　(3)$\dfrac{3}{2}$；　　(4)$\dfrac{9}{2}$；　　(5)6；　　(6)$\dfrac{1}{9}$．

B 级题目

1. (1) $f(x)=\begin{cases} 0, & k\pi-\dfrac{\pi}{2}<x<k\pi+\dfrac{\pi}{2}, \\ 1, & x=2k\pi+\dfrac{\pi}{2}, \ (k\in\mathbf{Z}). \\ 不存在, & x=2k\pi-\dfrac{\pi}{2} \end{cases}$

定义域：$\left\{x\mid x\neq 2k\pi-\dfrac{\pi}{2},\ k\in\mathbf{Z}\right\}$；

(2) $f(x)=\begin{cases} 0, & |x|<1, \\ \dfrac{\pi}{4}, & x=1, \\ \dfrac{\pi}{2}, & x>1, \\ 不存在, & x\leqslant -1. \end{cases}$

定义域：$\{x\mid x>-1\}$．

2. 略．

3. (1) $9\mathrm{e}^2$；　　(2) 1．

4. $a=\dfrac{1}{\pi}\left(\dfrac{1}{\mathrm{e}}-\mathrm{e}\right)$．

习题 1-7

A 级题目

1. (1)不连续；　　(2)连续；　　(3)连续；　　(4)不连续；

(5)连续；　　(6)不连续；　　(7)不连续．

2. (1)$a=-6$；　　(2)$a=2$；　　(3)$a=1$；　　(4)$a=1$，$b=1$；　　(5)$a=-\dfrac{3}{2}$，$b=2$．

3. (1)$f(0)=2$；　　(2)$f(0)=1$；　　(3)$f(0)=km$．

4. (1)$(-3,3)$；　　(2)$(-1,+\infty)$；　　(3)$[0,1),(1,3]$．

5. (1)$x=-1$，$x=0$ 是第二类无穷间断点；

(2)$x=1$ 是第一类可去间断点，$x=2$ 是第二类无穷间断点；

(3)$x=0$ 是第一类可去间断点，$x=1$ 是第二类无穷间断点；

(4)$x=1$ 是第一类可去间断点；

(5)$x=2$ 是第一类跳跃间断点；

(6)$x=0$ 是第一类可去间断点．

6. 提示：$f(x)=x^5-3x-1$ 在 $[1,2]$ 上用零值定理．

7. 提示：$f(x)=x^4-3x^2+7x-10$ 在 $[1,2]$ 上用零值定理．

8. 提示：$F(x)=f(x)-x$ 在 $[0,2]$ 上用零值定理．

B 级题目

1. (1) $x=0$ 为函数的第一类可去间断点；$x=1$ 为函数的第一类可去间断点；$x=2$ 为函数的第二类无穷间断点．

(2)$x=-1$ 为函数的第二类无穷间断点；$x=0$ 为函数的第一类可去间断点；$x=1$ 为函数的第二类无穷间断点．

（3）$x=1$ 为函数的第一类跳跃间断点；$x=0$ 为函数的第二类无穷间断点；$x=-1$ 为函数的第一类可去间断点．

总复习题一

1. （1）$[2,3)\cup(3,4)\cup(4,5)$；　　　（2）$(0,1)\cup(1,e)\cup(e,+\infty)$．

2. （1）$[4,5]$；　　　（2）$[1,10]$；　　　（3）$[2k\pi,(2k+1)\pi]\ (k=0,\pm1,\pm2,\cdots)$．

3. $g(x)=f(x)+f(-x)=\begin{cases}0,&x\ne0,\\-2,&x=0.\end{cases}$

4. （1）$f(x)=\dfrac{1}{x^2+2}$；　（2）$\varphi(x)=\dfrac{x+1}{x-1}$；　（3）$f(x)=\dfrac{c}{a^2-b^2}\left(\dfrac{a}{x}-bx\right)$．

5. （1）$P=\begin{cases}180,&0\le x\le200,\\180-[0.1(x-200)],&200<x<800,\\120,&x\ge800;\end{cases}$

   （2）$L=\begin{cases}80x,&0\le x\le200,\\80x-0.1(x-200)^2,&200<x<800,\\20x,&x\ge800;\end{cases}$

   （3）$L=20\,000$ 元．

6. $\dfrac{1}{2}$．

7. $\lim\limits_{x\to0}f(x)$ 不存在．

8. 提示：证明 $\{a_n\}$ 单调增加且有上界，$\lim\limits_{n\to\infty}a_n=2$．

9. （1）$\dfrac{1}{2}$；　　　（2）不存在；　　　（3）0；　　　（4）3．

10. $\dfrac{1}{4}$．

11. （1）不连续；　　　（2）连续．

12. （1）$x=0$ 是第一类跳跃间断点；　　　（2）$x=0$ 是第二类无穷间断点，$x=1$ 是第一类跳跃间断点．

13. 提示：$f(x)$ 在 $[x_1,x_2]$ 上用最值定理与介值定理．

14. 提示：$f(x)=x-a\sin x-b$ 在 $[0,a+b]$ 上用零值定理．

15. 提示：$F(x)=f(x)-g(x)$ 在 $[a,b]$ 上用零值定理．

第 二 章

习题 2-1

A 级题目

1. （1）$2a$；　　　（2）$-a$；　　　（3）$2a$；　　　（4）$3a$．

2. （1）3；　　　（2）0．

3. （1）切线方程为 $y=3x-2$，法线方程为 $x+3y-4=0$；

   （2）切线方程为 $x-4y+5=0$，法线方程为 $4x+y-14=0$．

4. $f'(0)=1$．

5. 可导且 $f'(0)=0$．

6. 不可导，因为 $f'_-(1)=2$，$f'_+(1)=3$．

7. （1）连续且可导；　（2）连续且可导；　（3）连续但不可导；　（4）连续且可导．

8. $a=4$，$b=5$．

B 级题目

1. 略．

2. 略．

3. $\lim\limits_{n\to\infty}f\left(\dfrac{n}{n+2}\right)=-2$．

4. $f'(1) = -3$.

5. $f'(0) = 0$.

6. （1）$f(x)$ 在 $x = 2$ 处连续； （2）$f(x)$ 在 $x = 2$ 处不可导.

习题 2-2

A 级题目

1. （1）$12x^3 - 2$；
（2）$\dfrac{1}{2\sqrt{x}} + \dfrac{1}{x^2}$；
（3）$5x^4 + \dfrac{1}{\sqrt{x}} + \dfrac{2}{x^3}$；

（4）$ax^{a-1} + 2\cos x$；
（5）$\dfrac{1}{x} - \dfrac{2}{x\ln 10} + \dfrac{3}{x\ln 2}$；
（6）$\sec x \tan x - \csc^2 x$；

（7）$-\dfrac{1}{2}x^{-\frac{3}{2}} - \dfrac{3}{2}x^{\frac{1}{2}}$；
（8）$9x^2 + 2x$；
（9）$2x + (b - a)$；

（10）$\ln x + 1$；
（11）$x^{n-1}(n\ln x + 1)$；
（12）$2x \arctan x + 1$；

（13）$\dfrac{x\cos x - \sin x}{x^2}$；
（14）$\dfrac{5(1 - x^2)}{(1 + x^2)^2}$；
（15）$\dfrac{2 - \cos x - x\sin x}{(2 - \cos x)^2}$；

（16）$\dfrac{-2}{(x-1)^2}$；
（17）$3 - \dfrac{10}{(2-x)^2}$；
（18）$2\sin x + x\cos x$；

（19）$\dfrac{-2}{x(1 + \ln x)^2}$；
（20）$\dfrac{2(1 - 2x)}{(1 - x + x^2)^2}$；
（21）$\dfrac{x\cos x - \sin x}{x^2} + \dfrac{\sin x - x\cos x}{\sin^2 x}$；

（22）$\sin x \ln x + x\cos x \ln x + \sin x$.

2. （1）$\dfrac{\sqrt{3} + 1}{2}$，$\sqrt{2}$；
（2）1；
（3）$-\dfrac{1}{18}$；
（4）2.

3. （1）$600x^2(2x^3 + 5)^{99}$；
（2）$\dfrac{x}{\sqrt{x^2 - 1}}$；
（3）$-6x^2 e^{-2x^3}$；

（4）$\cot x$；
（5）$\dfrac{2x}{1 + x^2}$；
（6）$\dfrac{1}{x\ln x}$；

（7）$\dfrac{2\ln x}{x}$；
（8）$n\cos nx$；
（9）$nx^{n-1}\cos x^n$；

（10）$n\sin^{n-1}x\cos x$；
（11）$\dfrac{1}{2}\sec^2 \dfrac{x}{2}$；
（12）$-\dfrac{1}{x^2}\sec^2 \dfrac{1}{x}$；

（13）$6\sec^3 2x \tan 2x$；
（14）$\dfrac{1}{1 + x^2}$；
（15）$\dfrac{1}{\sin x}$；

（16）$-9x^2 + 12x - 4$；
（17）$(x + 7)(9x + 31)$；
（18）$(1 - 2x^2)e^{-x^2}$；

（19）$2x\sin \dfrac{1}{x} - \cos \dfrac{1}{x}$；
（20）$\dfrac{1}{2x}\left(\dfrac{1}{\sqrt{\ln x}} + 1\right)$；
（21）$\dfrac{1}{\sqrt{(1 - x^2)^3}}$；

（22）$\dfrac{-4x}{1 - x^4}$；
（23）$\dfrac{1}{\sqrt{x}(1 - x)}$；
（24）$e^{-\sin^2 \frac{1}{x}} \cdot \dfrac{\sin \frac{2}{x}}{x^2}$；

（25）$\dfrac{1}{6}\tan^{-\frac{2}{3}} \dfrac{x}{2}\sec^2 \dfrac{x}{2}$；
（26）$2^{\frac{x}{\ln x}}\ln 2 \dfrac{\ln x - 1}{(\ln x)^2}$.

4. （1）$-\sin x f'(\cos x)$；
（2）$\dfrac{f'(x)}{2\sqrt{f(x)}}$；
（3）$\dfrac{f'(x)}{[1 - f(x)]^2}$；

（4）$\dfrac{\cos \sqrt{x}}{2\sqrt{x}}f'(\sin \sqrt{x})$；
（5）$xe^{f(x)}[2 + xf'(x)]$；
（6）$e^{f(x)}[f'(x)f(e^x) + f'(e^x)e^x]$.

5. -2.

B 级题目

1. $\dfrac{\mathrm{d}y}{\mathrm{d}x} = 8f[f^2(\sin^2 x)] \cdot f'[f^2(\sin^2 x)] \cdot f(\sin^2 x) \cdot f'(\sin^2 x) \cdot \sin x \cos x$.

习题 2-3

A 级题目

1. （1）$2\sec^2 x \tan x$；　　　　（2）$30(3+x^2)^3(3x^2+1)$；　　　　（3）$2\left(\arctan x+\dfrac{x}{1+x^2}\right)$；

　（4）$2xe^{x^2}(3+2x^2)$；　　　（5）$\dfrac{2(1-x^2)}{(1+x^2)^2}$；　　　　（6）$\dfrac{6}{(2x^2+3)^{\frac{3}{2}}}$；

　（7）$\dfrac{-x}{(1+x^2)^{\frac{3}{2}}}$；　　　　（8）$\dfrac{-2}{x}\sin\ln x$.

2. （1）$-\dfrac{4}{9}$；　　　　　　　（2）-3.

3. （1）$(\ln a)^n a^x$；　　　　　　　（2）$(-1)^{n-1}(n-1)!\ a^n (ax+b)^{-n}$；

　（3）$(-1)^n n!\ (x+2)^{-n-1}$；　　　（4）$(-1)^n n!\ a^n (ax+b)^{-n-1}$；

　（5）$-\dfrac{1}{2}\cos\left(x+\dfrac{n\pi}{2}\right)$；　　　（6）$-2^{n-1}\cos\left(2x+\dfrac{n\pi}{2}\right)$；

　（7）$\begin{cases}\ln x+1, & n=1,\\ (-1)^{n-2}(n-2)!\ x^{1-n}, & n>1;\end{cases}$　（8）$2(-1)^n n!\ (1+x)^{-n-1}$.

B 级题目

1. $f^{(5)}(2\pi)=0$.

2. $f^{(n)}(0)=\begin{cases}0, & n=1,\\ 0, & n=2,\\ \dfrac{(-1)^{n-3}2^{n-2}n!}{n-2}+\dfrac{(-1)^{n-3}n!}{n-2}, & n\geqslant 3.\end{cases}$

3. 略.

4. $-\dfrac{2}{9}e^{-4x}$.

习题 2-4

A 级题目

1. （1）$\dfrac{y-2x}{2y-x}$；　　　　（2）$\dfrac{e^x-y^3}{3xy^2+e^y}$；　　　　（3）$\dfrac{y}{y-1}$；

　（4）$\dfrac{e^y}{1-xe^y}$或$\dfrac{e^y}{2-y}$；　（5）$\dfrac{1-y\cos(xy)}{x\cos(xy)}$；　（6）$-\dfrac{\sin(x+y)}{1+\sin(x+y)}$.

2. （1）$(2+\sin x)^{\cos x}\left[-\sin x\ln(2+\sin x)+\dfrac{\cos^2 x}{2+\sin x}\right]$；

　（2）$\sqrt{x\sin x\sqrt{x+e^x}}\left[\dfrac{1}{2x}+\dfrac{1}{2}\cot x+\dfrac{1+e^x}{4(x+e^x)}\right]$；

　（3）$\dfrac{x^2}{1-x}\sqrt[5]{\dfrac{3-2x}{(7+x)^2}}\left[\dfrac{2}{x}+\dfrac{1}{1-x}-\dfrac{2}{5(3-2x)}-\dfrac{2}{5(7+x)}\right]$；

　（4）$\dfrac{\sqrt{7x+2}(1-4x)^3}{(2x-3)^5}\left[\dfrac{7}{2(7x+2)}-\dfrac{12}{1-4x}-\dfrac{10}{2x-3}\right]$.

3. （1）$-\cot t$；　（2）$-1-t\cot t$；　（3）$1-\dfrac{1}{3t^2}$；　　　（4）$\dfrac{t}{2}$.

4. （1）$x+2y-4=0$；　　（2）$y=-x+\dfrac{\sqrt{2}}{2}a$.

5. $f'(x)=\begin{cases}2x+2, & x\leqslant 1,\\ 8x, & x>1.\end{cases}$

B 级题目

1. $\dfrac{4e}{3}$.

2. $\dfrac{\mathrm{d}^2 y}{\mathrm{d}x^2} = -\dfrac{-2x^2 - 2xy + 24xy^2 + 24x^2 y + 18y^4}{(x+3y^2)^3}$.

3. $\dfrac{\sqrt{3} - \pi}{6}$.

习题 2-5

A 级题目

1. -0.0099, -0.01.

2. (1) $(5x^4 - 12x^2 + 2)\mathrm{d}x$;   (2) $10(2x+3)^4 \mathrm{d}x$;   (3) $\dfrac{-x}{\sqrt{1-x^2}}\mathrm{d}x$;

   (4) $\dfrac{1+x^2}{(1-x^2)^2}\mathrm{d}x$;   (5) $-\mathrm{e}^{-x}(\cos x + \sin x)\mathrm{d}x$;   (6) $\dfrac{1}{2\sqrt{x-x^2}}\mathrm{d}x$;

   (7) $-f'(\cos\sqrt{x})\dfrac{\sin\sqrt{x}}{2\sqrt{x}}\mathrm{d}x$;   (8) $-\dfrac{b^2 x}{a^2 y}\mathrm{d}x$.

B 级题目

1. $\mathrm{d}y = \dfrac{1}{2x(\ln y + 1)}\mathrm{d}x$.

习题 2-6

A 级题目

1. (1) 1775，约 1.97；

   (2) 约 1.58；

   (3) 1.5，表示当产量为 900 个单位时，再增加（或减少）一个单位，需增加（或减少）成本 1.5 个单位.

2. 9975，199.5，199.

3. (1) $\dfrac{x(2ax+b)}{ax^2 + bx + c}$;   (2) $1+x$;   (3) $bx\ln a$;   (4) $\dfrac{1}{\ln x}$.

4. $\eta(8) = -4$，表示价格从 8 上涨（或下跌）1%，需求量相应减少（或增加）4%.

总复习题二

1. $\dfrac{L}{1-k}$.

2. $(2,4)$.

3. (1) $\mathrm{e}^{-x}(2\cos 2x - \sin 2x)$;   (2) $\dfrac{x\arccos x - \sqrt{1-x^2}}{\sqrt{(1-x^2)^3}}$;

   (3) $-\dfrac{1}{x^2 \sqrt{1+x^2}}$;   (4) $-\mathrm{e}^{-x^2 \cos\frac{1}{x}} \cdot \left(2x\cos\dfrac{1}{x} + \sin\dfrac{1}{x}\right)$;

   (5) $2\sqrt{1-x^2}$;   (6) $\ln(x + \sqrt{x^2 + a^2})$;

   (7) $\dfrac{2a^3}{x^4 - a^4}$;   (8) $\dfrac{\sqrt{x^2 + a^2}}{x^2}$.

4. (1) $-\dfrac{1}{x^2 \sqrt{1-\frac{1}{x^2}}} f'\left(\arcsin\dfrac{1}{x}\right)$;   (2) $-\mathrm{e}^{-x}\left[\ln f(-x) + \dfrac{f'(-x)}{f(-x)}\right]$.

5. 略.   6. 略.

7. (1) $\dfrac{\mathrm{e}^{x+y} - y}{x - \mathrm{e}^{x+y}}$ 或 $\dfrac{(x-1)y}{x(1-y)}$;   (2) $\dfrac{f'(x+y)}{1 - f'(x+y)}$.

8. $x+y=2$.

9. $y=\sqrt[3]{4}x+\sqrt[3]{4}$；$y=3$；$x=3$.

10. 切线方程为 $x+2y-4=0$，法线方程为 $4x-2y-1=0$.

11. $f'(x)$ 在 $x=0$ 处不连续 .

12. （1）$2f'(x^2+1)+4x^2f''(x^2+1)$；　　　（2）$\dfrac{f''(x)f(x)-[f'(x)]^2}{f^2(x)}$.

13. （1）$-\dfrac{1}{y^3}$；　　　　　　　　　　（2）$-2\csc^2(x+y)\cot^3(x+y)$.

14. e^{-2}.

15. （1）$-\dfrac{b}{a^2\sin^3 t}$；　（2）$\dfrac{3b}{4a^2 t}$；　（3）$-\dfrac{2}{9t^5}$；　（4）$\dfrac{2}{e^t(\cos t-\sin t)^3}$.

16. （1）$\dfrac{bQ}{a+Q}+cQ$；　　（2）$\dfrac{ab}{(a+Q)^2}+c$.

17. $\eta=-\dfrac{P}{4}$，$\eta(3)=-\dfrac{3}{4}$，$\eta(4)=-1$，$\eta(5)=-\dfrac{5}{4}$.

$\eta(3)=-\dfrac{3}{4}$ 表示价格从 3 上涨（或下跌）1%，需求量相应减少（或增加）$\dfrac{3}{4}$%（此时为低弹性）；

$\eta(4)=-1$ 表示价格从 4 上涨（或下跌）1%，需求量相应减少（或增加）1%（此时为单位弹性）；

$\eta(5)=-\dfrac{5}{4}$ 表示价格从 5 上涨（或下跌）1%，需求量相应减少（或增加）$\dfrac{5}{4}$%（此时为高弹性）.

$r=1-\dfrac{P}{4}$，$r(3)=\dfrac{1}{4}$，$r(4)=0$，$r(5)=-\dfrac{1}{4}$.

$r(3)=\dfrac{1}{4}$ 表示价格从 3 上涨（或下跌）1%，收益相应增加（或减少）$\dfrac{1}{4}$%（此时为低弹性）；

$r(4)=0$ 表示价格从 4 上涨（或下跌）1%，收益保持不变（此时为低弹性，且此时收益达到最大）；

$r(5)=-\dfrac{1}{4}$ 表示价格从 5 上涨（或下跌）1%，收益相应减少（或增加）$\dfrac{1}{4}$%（此时为低弹性）.

18. $\varepsilon=\dfrac{3P}{2+3P}$，$\varepsilon(3)=\dfrac{9}{11}$；

$\varepsilon(3)=\dfrac{9}{11}$ 表示价格从 3 上涨（或下跌）1%，供应量相应增加（或减少）$\dfrac{9}{11}$%.

第 三 章

习题 3-1
A 级题目

1. （1）满足，$\xi=\dfrac{1}{2}$；　　（2）满足，$\xi=0$；　　（3）满足，$\xi=2$.

2. 有两个实根，所在的区间分别是 $(1,2),(2,3)$.

3. 略 .

4. （1）满足，$\xi=\dfrac{2\sqrt{3}}{3}$；　（2）满足，$\xi=e-1$；　（3）满足，$\xi=\dfrac{9}{4}$；　（4）满足，$\xi=\dfrac{5-\sqrt{43}}{3}$.

5. 略 .　6. 略 .　7. 略 .　8. 略 .

9. 满足，$\xi=\dfrac{14}{9}$.

B 级题目
1. 略 .　2. 略 .　3. 略 .　4. 1.

习题 3-2

A 级题目

1. （1）1；　（2）2；　（3）$\frac{1}{2}$；　（4）$\frac{1}{2}$；　（5）2；　（6）0；

（7）$\frac{1}{2}$；　（8）0；　（9）∞；　（10）$\frac{2}{\pi}$；　（11）$\frac{1}{2}$；　（12）0；

（13）e^{-1}；　（14）$2\sqrt{3}$；　（15）e；　（16）1；　（17）e；　（18）1.

2. （1）1；　（2）0；　（3）-1；　（4）1.

B 级题目

1. $\frac{2}{3}$.

2. $\frac{1}{3 \cdot \cos 1}$.

3. e^{-1}.

4. （1）$a = \frac{1}{2}$，$b = -1$；　（2）$a = 1$，$b = 1$.

5. $\frac{2}{3}$.

6. （1）$\frac{1}{2}$；

（2）当 $x > -1$ 且 $x \neq 0$ 时，$f'(x) = -\dfrac{1}{(1+x)\ln^2(1+x)} + \dfrac{1}{x^2}$；当 $x = 0$ 时，$f'(0) = -\dfrac{1}{12}$，$f'(x)$ 在 $x = 0$ 处的连续.

习题 3-3

A 级题目

1. $f(x) = x^4 + 3x^2 + 4 = 8 + 10(x-1) + 9(x-1)^2 + 4(x-1)^3 + (x-1)^4$.

2. $\dfrac{1}{x} = -\left[1 + (x+1) + (x+1)^2 + \cdots + (x+1)^n\right] + (-1)^{n+1}\dfrac{(x+1)^{n+1}}{[-1+\theta(x+1)]^{n+2}}$ $(0 < \theta < 1)$.

3. $xe^x = x + x^2 + \dfrac{x^3}{2!} + \cdots + \dfrac{x^n}{(n-1)!} + o(x^n)$.

4. $x - \dfrac{1}{3}x^3 + o(x^3)$.

B 级题目

1. 3.1070，误差 $< 3 \cdot \dfrac{\frac{1}{3} \cdot \frac{2}{3} \cdot \frac{5}{3}}{3!} \cdot \left(\dfrac{1}{9}\right)^3 \approx 2.54 \times 10^{-4}$.

2. （1）$-\dfrac{1}{12}$；　（2）$\dfrac{1}{6}$

3. 略.

习题 3-4

A 级题目

1. （1）在 $(-\infty, +\infty)$ 内单调增加；

（2）在 $(-\infty, -1)$，$(1, +\infty)$ 内单调增加，在 $(-1, 1)$ 内单调减少；

（3）在 $(-\infty, 0)$ 内单调增加，在 $(0, +\infty)$ 内单调减少；

（4）在 $\left(0, \dfrac{1}{2}\right)$ 内单调减少，在 $\left(\dfrac{1}{2}, +\infty\right)$ 内单调增加；

（5）在 $(-\infty, 1)$，$(1, +\infty)$ 内单调减少；

(6) 在 $\left(0,\dfrac{1}{4}\right)$ 内单调减少，在 $\left(\dfrac{1}{4},+\infty\right)$ 内单调增加；

(7) 在 $(0,e)$ 内单调增加，在 $(e,+\infty)$ 内单调减少；

(8) 在 $(-\infty,-2)$，$(0,+\infty)$ 内单调增加，在 $(-2,-1)$，$(-1,0)$ 内单调减少．

2. 略． 3. 略． 4. 略． 5. 略．

6. (1) 极大值为 $y(0)=-27$，极小值为 $y(6)=-135$；

   (2) 极小值为 $y(0)=0$；

   (3) 极大值为 $y\left(\dfrac{3}{4}\right)=\dfrac{5}{4}$；

   (4) 极大值为 $y(1)=1$，极小值为 $y(-1)=-1$；

   (5) 极大值为 $y(2)=4e^{-2}$，极小值为 $y(0)=0$；

   (6) 没有极值；

   (7) 极大值为 $y\left(\dfrac{1}{2}\right)=\dfrac{3}{2}$；

   (8) 极大值为 $y\left(\dfrac{1}{2}\right)=\dfrac{81}{8}\sqrt[3]{18}$，极小值为 $y(-1)=y(5)=0$．

7. $a=2$，极大值为 $f\left(\dfrac{\pi}{3}\right)=\sqrt{3}$．

8. $a=\dfrac{1}{4}$，$b=-\dfrac{3}{4}$，$c=0$，$d=1$．

9. (1) 在 $\left(-\infty,\dfrac{1}{3}\right)$ 内上凹，在 $\left(\dfrac{1}{3},+\infty\right)$ 内下凹，拐点为 $\left(\dfrac{1}{3},\dfrac{2}{27}\right)$；

   (2) 在 $(-\infty,0)$ 内下凹，在 $(0,+\infty)$ 内上凹，没有拐点；

   (3) 在 $(-\infty,2)$ 内下凹，在 $(2,+\infty)$ 内上凹，拐点为 $(2,2e^{-2})$；

   (4) 在 $(-\infty,-1)$ 和 $(1,+\infty)$ 内下凹，在 $(-1,1)$ 内上凹，拐点为 $(-1,\ln2)$ 和 $(1,\ln2)$；

   (5) 在 $(-\infty,0)$ 内下凹，在 $(0,+\infty)$ 内上凹，无拐点；

   (6) 在 $(-\infty,\ln2)$ 内上凹，在 $(\ln2,+\infty)$ 内下凹，拐点为 $(\ln2,(\ln2)^2-2)$．

10. $a=-\dfrac{3}{2}$，$b=\dfrac{9}{2}$．

11. (1) $y=0$；   (2) $y=0$；   (3) $x=0$；

    (4) $x=0$，$y=1$；   (5) $x=-1$，$y=0$；

    (6) $x=1$，$y=2x+4$；   (7) $x=-1$，$y=\dfrac{1}{2}$；

    (8) $y=x$；   (9) $x=1$，$y=x+1$；   (10) $x=1$，$y=x+2$．

12. 略．

B 级题目

1. $f'(x)=\begin{cases}2x^{2x}(\ln x+1), & x>0,\\ e^x+xe^x, & x<0\end{cases}$ $f(x)$ 的单调增区间为 $(e^{-1},+\infty)$，$x\in(-1,0)$，单调减区间为 $(0,e^{-1})$，

   $x\in(-\infty,-1)$，极大值 $f(0)=1$，极小值 $f(-1)=1-e^{-1}$，$f(e^{-1})=e^{-\frac{2}{e}}$．

2. 函数在 $x=-2$ 点处取得极小值 $y(-2)=0$，函数在 $x=2$ 点处取得极大值 $y(2)=2$．

3. 当 $x>0$ 时，曲线上凹；当 $-1<x<0$ 时，曲线下凹；当 $x<-1$ 时，曲线上凹．

   垂直渐近线 $x=-1$．当 $x\to+\infty$ 时，曲线有斜渐进线 $y=x-1$．当 $x\to-\infty$ 时，曲线有斜渐进线 $y=-x+1$．

4. $y=e^{-1}x+\dfrac{1}{2}e^{-1}$．

5. $\dfrac{1}{\ln2}-1<k<\dfrac{1}{2}$．

习题 3-5

A 级题目

1. (1) 最小值为 $y(\pm 1)=4$，最大值为 $y(\pm 2)=13$；

   (2) 最小值为 $y(0)=0$，最大值为 $y(2)=\ln 5$；

   (3) 最小值为 $y(-5)=-5+\sqrt{6}$，最大值为 $y\left(\dfrac{3}{4}\right)=\dfrac{5}{4}$；

   (4) 最小值为 $y(-\ln 2)=4$，最大值为 $y(1)=\dfrac{1}{e}+4e$；

   (5) 最小值为 $y(0)=0$，最大值为 $y(4)=4e^4$；

   (6) 最小值为 $y(0)=y(2)=0$，最大值为 $y\left(\dfrac{8}{5}\right)=\dfrac{64\sqrt{10}}{125}$.

2. $r=\sqrt[3]{\dfrac{V}{2\pi}}$，$h=2\sqrt[3]{\dfrac{V}{2\pi}}$，$r:h=1:2$.

3. 长 18m，宽 12m.

4. $x=40$，最小值为 $\bar{C}(40)=23$.

5. 当 $Q=15$ 时，日总利润最大.

总复习题三

1. (1) 满足，$\xi=\dfrac{\pi}{2}$；   (2) 不满足，$x=0$ 处不可导.

2. 略.   3. 略.   4. 略.   5. 略.

6. (1) 不满足，$x=1$ 处不可导；   (2) 满足，$\xi=\dfrac{1}{2}$，$\sqrt{2}$.

7. 略.   8. 略.   9. 略.

10. (1) $-\dfrac{1}{8}$；   (2) $-\dfrac{1}{3}$；   (3) $\dfrac{1}{2}$；   (4) $e^{\frac{n+1}{2}}$；   (5) e^{-1}；   (6) 1.

11. (1) $f'(x)=\begin{cases}\dfrac{\left[g'(x)+e^{-x}\right]x-\left[g(x)-e^{-x}\right]}{x^2}, & x\neq 0,\\[4mm]\dfrac{g''(0)-1}{2}, & x=0.\end{cases}$

    (2) $f'(x)$ 在 $(-\infty,+\infty)$ 内连续.

12. 略.   13. 略.

14. (1) $f(x)$ 在 $x=0$ 处连续；

    (2) $f(x)$ 在 $x=\dfrac{1}{e}$ 处取得极小值 $f\left(\dfrac{1}{e}\right)=\left(\dfrac{1}{e}\right)^{\frac{2}{e}}$，在 $x=0$ 处取得极大值 $f(0)=1$.

15. (1) $p<-2$ 或 $p>2$；   (2) $p=\pm 2$；   (3) $-2<p<2$.

16. 在 $(-\infty,-\sqrt{3})$ 和 $(0,\sqrt{3})$ 内下凹，在 $(-\sqrt{3},0)$ 和 $(\sqrt{3},+\infty)$ 内上凹，拐点为 $\left(-\sqrt{3},-\dfrac{\sqrt{3}}{2}\right)$，$(0,0)$ 和 $\left(\sqrt{3},\dfrac{\sqrt{3}}{2}\right)$.

17. $a=1$，$b=-3$，$c=-24$，$d=16$.

18. (1) $y=x$；   (2) $x=1$，$x=2$，$y=0$；   (3) $x=0$，$y=x$；   (4) $y=x-1$，$y=-x+1$.

19. $Q=\dfrac{5}{4}$，最大利润为 $L\left(\dfrac{5}{4}\right)=\dfrac{25}{4}$.

20. 分 5 批生产，总费用最小.

21. (1) $Q'(4)=-8$，表示 P 从 4 上升(下降)1 个单位，Q 相应减少(增加)8 个单位；

    (2) $\eta(4)=-\dfrac{32}{59}$，表示 P 从 4 上涨(下跌)1%，Q 相应减少(增加)$\dfrac{32}{59}$%；

（3）增加 $\dfrac{27}{59}\%$，减少 $\dfrac{11}{13}\%$；

（4）当 $P=5$ 时，总收益最大．

第　四　章

习题 4-1
A 级题目

1. $\dfrac{\sin 3x}{x}$．

2. $y=6-\cos x$．

3. （1）$-\dfrac{1}{2}x^{-2}+C$；　　　　　　　　（2）$\dfrac{3}{7}x^{\frac{7}{3}}+C$；

（3）$\sqrt{2x}+C$；　　　　　　　　　　（4）$\dfrac{4}{7}x^{\frac{7}{4}}+C$；

（5）$x-x^3+C$；　　　　　　　　　　（6）$\dfrac{2^x}{\ln 2}+x^2+C$；

（7）$\dfrac{3}{4}x^{\frac{4}{3}}-4x^{\frac{1}{4}}+C$；　　　　　（8）$\dfrac{2}{5}x^{\frac{5}{2}}-\dfrac{4}{3}x^{\frac{3}{2}}+C$；

（9）$\dfrac{1}{5}x^5-\dfrac{4}{3}x^3+4x+C$；　　（10）$\dfrac{6}{11}x^{\frac{11}{6}}+\dfrac{4}{3}x^{\frac{3}{2}}-\dfrac{3}{4}x^{\frac{4}{3}}-2x+C$；

（11）$\dfrac{2}{5}x^{\frac{5}{2}}+2x^{\frac{1}{2}}+C$；　　　　（12）$\dfrac{1}{2}x^2+2x+\ln|x|+C$；

（13）$x-\arctan x+C$；　　　　　　（14）$x^3+x^2+x+4\arctan x+C$；

（15）$3\arctan x+5\arcsin x+C$；　　（16）$e^x+\ln|x|+C$；

（17）$3x+\dfrac{5}{\ln 3-\ln 2}\left(\dfrac{3}{2}\right)^x+C$；　　（18）$\dfrac{4^x}{\ln 4}+\dfrac{2\cdot 6^x}{\ln 6}+\dfrac{9^x}{\ln 9}+C$；

（19）$\dfrac{2^x e^x}{\ln 2+1}-5\ln|x|+C$；　　（20）$e^t+t+C$；

（21）$\tan x-\sec x+C$；　　　　　　（22）$-\cot x-\csc x+C$；

（23）$\sin x+\cos x+C$；　　　　　　（24）$-\cot x-\tan x+C$；

（25）$\sin x-\cos x+C$；　　　　　　（26）$\dfrac{1}{2}\tan x+C$；

（27）$\dfrac{1}{2}(x-\sin x)+C$；　　　　（28）$-\cot x-x+C$．

4. e^{x^2}．

5. $\arcsin\sqrt{x}\,dx$．

6. $2\ln x\cdot\cos 2x$．

习题 4-2
A 级题目

1. （1）$-\dfrac{2}{7}(2-x)^{\frac{7}{2}}+C$；　　　（2）$-\dfrac{5}{18}(8-3x)^{\frac{6}{5}}+C$；

（3）$\dfrac{1}{2}\ln|2x+5|+C$；　　　（4）$(2x+1)^{\frac{1}{2}}+C$；

（5）$-\dfrac{1}{2}e^{-2x}+C$；　　　　　（6）$\dfrac{2^{3x}}{3\ln 2}+C$；

（7）$-\dfrac{1}{3}\cos 3x+C$；　　　　　（8）$\dfrac{1}{2}\left(x+\dfrac{1}{2}\sin 2x\right)+C$；

（9）$\arcsin \dfrac{x}{4}+C$；

（10）$\dfrac{1}{3}\arctan \dfrac{x}{3}+C$；

（11）$\arcsin \dfrac{x}{\sqrt{3}}+\dfrac{1}{2}\arctan \dfrac{x}{2}+C$；

（12）$\dfrac{1}{4}\ln \left|\dfrac{2+x}{2-x}\right|+C$；

（13）$\dfrac{1}{7}\ln \left|\dfrac{x-1}{x+6}\right|+C$；

（14）$\dfrac{1}{7}(\ln |x-1|+6\ln |x+6|)+C$；

（15）$\arctan(x+1)+C$；

（16）$\dfrac{1}{2}\ln(x^2+2x+2)-\arctan(x+1)+C$；

（17）$\ln(3+x^2)+C$；

（18）$-\sqrt{4-x^2}+C$；

（19）$-\dfrac{1}{2}e^{-x^2}+C$；

（20）$-\dfrac{1}{2}\cos x^2+C$；

（21）$-\dfrac{3}{4}\left(1+\dfrac{1}{x}\right)^{\frac{4}{3}}+C$；

（22）$-e^{\frac{1}{x}}+C$；

（23）$-2\cos \sqrt{x}+C$；

（24）$\dfrac{1}{3}\ln |1+x^3|+C$；

（25）$\ln |\ln x|+C$；

（26）$\dfrac{2}{3}\ln (\ln x+2)^{\frac{3}{2}}+C$；

（27）$\dfrac{1}{2}\ln(x^2+1)-\arctan x+C$；

（28）$\dfrac{1}{2}\arcsin \dfrac{2x}{3}-\dfrac{1}{4}\sqrt{9-4x^2}+C$；

（29）$\dfrac{1}{2}[x^2-\ln(1+x^2)]+C$；

（30）$\dfrac{1}{4}\arctan \dfrac{x^2}{2}+C$；

（31）$\ln(1+e^x)+C$；

（32）$\arctan e^x+C$；

（33）$\sin e^x+C$；

（34）$e^{\sin x}+C$；

（35）$-\cos x+\dfrac{1}{3}\cos^3 x+C$；

（36）$\dfrac{1}{3}\sin^3 x-\dfrac{1}{5}\sin^5 x+C$；

（37）$-\dfrac{1}{4\sin^4 x}+C$；

（38）$\dfrac{1}{3}\sec^3 x-\sec x+C$；

（39）$-\dfrac{1}{6}\cot^6 x+C$；

（40）$\dfrac{1}{3}\tan^3 x+\tan x+C$；

（41）$\dfrac{1}{3}(\arcsin x)^3+C$；

（42）$\dfrac{3}{2}(\sin x-\cos x)^{\frac{2}{3}}+C$.

2. （1）$\sqrt{2x}-\ln(1+\sqrt{2x})+C$；

（2）$2\sqrt{3+x}-4\ln(2+\sqrt{3+x})+C$；

（3）$3\left[\dfrac{1}{2}\sqrt[3]{(1+x)^2}-\sqrt[3]{1+x}+\ln |1+\sqrt[3]{1+x}|\right]+C$；

（4）$2\sqrt{x}-4\sqrt[4]{x}+4\ln(1+\sqrt[4]{x})+C$；

（5）$\dfrac{1}{10}\sqrt{(1+2x)^5}-\dfrac{1}{6}\sqrt{(1+2x)^3}+C$；

（6）$2(\sqrt{e^x-1}-\arctan \sqrt{e^x-1})+C$.

3. （1）$-\dfrac{\sqrt{1-x^2}}{x}+C$；

（2）$2\arcsin \dfrac{x}{2}-\dfrac{x}{2}\sqrt{4-x^2}+C$；

（3）$\dfrac{x}{\sqrt{1+x^2}}+C$；

（4）$\dfrac{1}{16}\left(\arctan \dfrac{x}{2}+\dfrac{2x}{4+x^2}\right)+C$；

（5）$\arccos \dfrac{1}{x}+C$；

（6）$\sqrt{x^2-4}-2\arccos \dfrac{2}{x}+C$.

B 级题目

1. （1）$-x\tan\left(\dfrac{\pi}{4}-\dfrac{x}{2}\right)+2\ln \left|\cos\left(\dfrac{\pi}{4}-\dfrac{x}{2}\right)\right|+\ln(1+\sin x)+C$；

（2）$\dfrac{1}{2}x^2-\dfrac{1}{2}x\sqrt{x^2-1}+\dfrac{1}{2}\ln\mid x+\sqrt{x^2-1}\mid+C$；

（3）$\dfrac{3a^2}{2}\arcsin\dfrac{x-a}{a}-\dfrac{3a+x}{2}\sqrt{2ax-x^2}+C$.（注：本题答案也可写成$-\dfrac{x+3a}{2}\sqrt{2ax-x^2}+3a^2\arcsin\sqrt{\dfrac{x}{2a}}+C$）

习题 4-3

A 级题目

1. （1）$-x\cos x+\sin x+C$；

（2）$\dfrac{1}{2}x\sin 2x+\dfrac{1}{4}\cos 2x+C$；

（3）$x\tan x+\ln\mid\cos x\mid+C$；

（4）$-x\cot x+\ln\mid\sin x\mid-\dfrac{1}{2}x^2+C$；

（5）$(x-1)\mathrm{e}^x+C$；

（6）$-(x+1)\mathrm{e}^{-x}+C$；

（7）$x(\ln x-1)+C$；

（8）$x\ln(x^2+1)-2x+2\arctan x+C$；

（9）$-\dfrac{1}{x}(\ln x+1)+C$；

（10）$\dfrac{1}{4}x^4\ln x-\dfrac{1}{16}x^4+C$；

（11）$x\arctan x-\dfrac{1}{2}\ln(x^2+1)+C$；

（12）$\dfrac{1}{3}x^3\arctan x-\dfrac{1}{6}x^2+\dfrac{1}{6}\ln(x^2+1)+C$；

（13）$\dfrac{1}{2}(x^2-1)\ln(x+1)-\dfrac{1}{4}x^2+\dfrac{1}{2}x+C$；

（14）$\dfrac{1}{2}(x^2-1)\mathrm{e}^x+C$；

（15）$x^2\sin x+2x\cos x-2\sin x+C$；

（16）$\mathrm{e}^x(x^2-2x+2)+C$；

（17）$\dfrac{1}{2}\mathrm{e}^x(\sin x-\cos x)+C$；

（18）$2(\sqrt{x+1}-1)\mathrm{e}^{\sqrt{x+1}}+C$.

2. （1）$\dfrac{1}{2}f(2x+3)+C$；

（2）$xf'(x)-f(x)+C$.

3. $C(x)=x^2+10x+20$.

B 级题目

1. $\displaystyle\int f(x)\,\mathrm{d}x=\begin{cases}\ln(\sqrt{1+x^2}+x)+1+C, & x\leqslant 0\\(x+1)\sin x+\cos x+C, & x>0\end{cases}$.

2. （1）$\dfrac{1}{2}\mathrm{e}^{2x}\arctan\sqrt{\mathrm{e}^x-1}-\dfrac{1}{6}(\mathrm{e}^x-1)^{\frac{3}{2}}-\dfrac{1}{2}\sqrt{\mathrm{e}^x-1}+C$；

（2）$\dfrac{1}{3}(x^2-2x+5)^{\frac{3}{2}}+(x-1)\sqrt{x^2-2x+5}+4\ln\mid(x-1)+\sqrt{x^2-2x+5}\mid+C$；

（3）$x\cdot\arcsin x\cdot\arccos x+(\arccos x-\arcsin x)\cdot\sqrt{1-x^2}+2x+C$.

习题 4-4

A 级题目

1. $\dfrac{9}{7}\ln\mid x+5\mid+\dfrac{5}{7}\ln\mid x-2\mid+C$.

2. $-2\ln\mid x+2\mid+\ln\mid x+1\mid+\ln\mid x+3\mid+C$.

3. $\dfrac{1}{3}x^3+\dfrac{1}{2}x^2+x+8\ln\mid x\mid-3\ln\mid x-1\mid-4\ln\mid x+1\mid+C$.

4. $\dfrac{1}{x+1}+\dfrac{1}{2}\ln\mid x^2-1\mid+C$.

5. $\ln\mid x+1\mid-\dfrac{1}{2}\ln(x^2+1)+C$.

6. $\ln\mid x\mid-\dfrac{1}{2}\ln\mid x+1\mid-\dfrac{1}{4}\ln(x^2+1)-\dfrac{1}{2}\arctan x+C$.

B 级题目

1. $\ln(x^2+3x+3)+\dfrac{2}{\sqrt{3}}\arctan\dfrac{2x+3}{\sqrt{3}}+C$.

2. $-\dfrac{\dfrac{13}{3}x+9}{x^2+3x+3}-\dfrac{26}{3\sqrt{3}}\arctan\dfrac{2x+3}{\sqrt{3}}+C$.

总复习题四

1. （1）$2(x-\arctan x)+C$；　　　　　　（2）$\dfrac{2x^2}{1+x^2}-\ln(1+x^2)+C$.

2. $f(x)=-x^2-\ln(1-x)+C$.

3. 提示：$\displaystyle\int f(x)F(x)\mathrm{d}x=\int F(x)\mathrm{d}F(x)$.

4. （1）$\dfrac{1}{6}\ln\left|\dfrac{1+x^3}{1-x^3}\right|+C$；

（2）$(x+1)\arctan\sqrt{x}-\sqrt{x}+C$；

（3）$6\ln\left|\dfrac{\sqrt[6]{x}}{\sqrt[6]{x}+1}\right|+C$；

（4）$2x\sqrt{1+\mathrm{e}^x}-4\sqrt{1+\mathrm{e}^x}-4\ln(\sqrt{1+\mathrm{e}^x}-1)+2x+C$；

（5）$\dfrac{1}{3}\left(\dfrac{x}{\sqrt{1-x^2}}\right)^3+\dfrac{x}{\sqrt{1-x^2}}+C$；

（6）$\dfrac{\sqrt{x^2-1}}{x}+C$；

（7）$-x\arccos x+\sqrt{1-x^2}+C$；

（8）$\dfrac{1}{2}x+\dfrac{1}{2}\ln|\cos x+\sin x|+C$；

（9）$\dfrac{1}{8}\left[-\dfrac{1}{7}(2x+1)^{-7}+\dfrac{1}{4}(2x+1)^{-8}-\dfrac{1}{9}(2x+1)^{-9}\right]+C$；

（10）$-\dfrac{1}{7x^7}+\dfrac{1}{5x^5}-\dfrac{1}{3x^3}+\dfrac{1}{x}-\arctan\dfrac{1}{x}+C$.

5. $2\ln|x-1|-\dfrac{1}{2}\ln(x^2-x+1)+\dfrac{5}{\sqrt{3}}\arctan\dfrac{2x-1}{\sqrt{3}}+C$.

6. $\dfrac{1}{2}\arctan(\tan^2 x)+C$.

第 五 章

习题 5-1

A 级题目

1. 略.

2. （1）$I_1>I_2$；　　　　（2）$I_1>I_2$；　　　　（3）$I_1<I_2$；
　（4）$I_1>I_2$；　　　　（5）$I_1>I_2$；　　　　（6）$I_1>I_2$.

3. （1）$[1,\mathrm{e}]$；　　　　（2）$[-32,-1]$；　　　　（3）$[-9,-8]$；
　（4）$[\pi,2\pi]$；　　　　（5）$[0,\ln2]$；　　　　（6）$[3\mathrm{e}^{-4},3]$.

4. （1）略；　　　　（2）略.

B 级题目

1. （1）$\displaystyle\int_0^1\dfrac{1}{1+x}\mathrm{d}x$；　　　　（2）$\displaystyle\int_0^1 x\mathrm{d}x$.

习题 5–2

A 级题目

1. （1）$\dfrac{5}{3}$；　　　　（2）1；　　　　（3）$\dfrac{2\sqrt{2}}{9}$.

2. （1）$\dfrac{-\sin x}{\sqrt{1+\cos^2 x}}$；　　（2）$\dfrac{2x}{\sqrt{1+x^6}}$；　　（3）$2x^3\arctan x^2$；

　（4）$\displaystyle\int_x^0 \cos t^3 \mathrm{d}t - x\cos x^3$；　　（5）$\dfrac{3x^2}{\sqrt{1+x^{12}}} - \dfrac{2x}{\sqrt{1+x^8}}$；　　（6）$-3x^2\displaystyle\int_0^x \sin t^2 \mathrm{d}t$.

3. 在 $(-\infty,1)$ 内单调减少；在 $(1,+\infty)$ 内单调增加.

4. $\dfrac{1}{x}$.

5. 略.

6. （1）1；　　　（2）$\dfrac{1}{2}$；　　　（3）$\dfrac{1}{3}$；　　　（4）1；

　（5）$\dfrac{1}{2}$；　　（6）e^{-2}；　　（7）$\dfrac{1}{2}$；　　（8）$\dfrac{\pi^2}{4}$.

7. （1）$2(\sqrt{2}-1)$；　（2）$\dfrac{\pi}{3}$；　　（3）$\dfrac{\pi}{3}$；　　（4）$\dfrac{17}{6}$；

　（5）$1+\dfrac{\pi}{4}$；　（6）$\dfrac{272}{15}$；　（7）$\dfrac{a^2}{6}$；　　（8）$\dfrac{2}{3}$；

　（9）$1-\dfrac{\sqrt{3}}{3}$；　（10）$1-\dfrac{\pi}{4}$；　（11）$\dfrac{\pi}{4}-\dfrac{1}{2}$；　（12）5；

　（13）1；　　　（14）4；　　　（15）2；　　　（16）$2(\sqrt{2}-1)$.

8. $\dfrac{3}{2}+\mathrm{e}$.

9. 极小值 $F(0)=0$.

10. 最大值为 $F(0)=0$，最小值为 $F(4)=-\dfrac{32}{3}$.

11. $\dfrac{\pi}{3}$.

B 级题目

1. （1）$\dfrac{2}{3}$；　（2）$\dfrac{1}{2}$；　（3）$\dfrac{1}{2}$.

2. $-2x\cdot \mathrm{e}^{-2x^2}$.

3. $f''(x)=\begin{cases}8x-2, & 0<x<1,\\ 2, & x>1.\end{cases}$ 上凹区间为 $\left(\dfrac{1}{4},1\right),(1,+\infty)$，下凹区间为 $\left(0,\dfrac{1}{4}\right)$，拐点为 $\left(\dfrac{1}{4},\dfrac{7}{24}\right)$.

4. $\mathrm{e}-1$.

5. $\dfrac{2}{3}$.

6. （1）略；（2）略.

习题 5–3

A 级题目

1. （1）$3(\mathrm{e}-1)$；　（2）$\dfrac{1}{10}$；　　（3）$\dfrac{\pi}{9}$；　　（4）$\dfrac{\ln 2}{2}$；

　（5）$\dfrac{\pi}{8}$；　　（6）$\mathrm{e}-\sqrt{\mathrm{e}}$；　（7）$\ln 2$；　　（8）$\dfrac{1}{3}$；

(9) ln2;　　　(10) $\frac{1}{4}$ln^{2}3;　　　(11) arctan e$-\frac{\pi}{4}$;　　(12) $\frac{3}{2}$e-1;

(13) $\frac{1}{4}$;　　　(14) $\frac{\pi}{4}$;　　　(15) $\frac{1}{2}$ln$\frac{3}{2}$;　　　(16) $\frac{1}{2}$(25$-$ln26).

2. (1) 4$-$2ln3;　　(2) $\frac{5}{3}$;　　　(3) 1$-$2ln2;　　　(4) $-\frac{2}{3}$;

(5) 2$\left(\sqrt{3}-\frac{\pi}{3}\right)$;　(6) 3ln3;　　　(7) $\frac{\pi}{6}$;　　　(8) 2$-\frac{\pi}{2}$.

3. (1) $\frac{\sqrt{3}}{6}$;　　　(2) $\frac{\sqrt{3}}{2}+\frac{\pi}{3}$;　　(3) $\frac{2\sqrt{2}}{3}$;　　　(4) $\frac{\pi}{16}$;

(5) $\frac{\sqrt{2}}{2}$;　　　(6) $\sqrt{3}-\frac{\pi}{3}$.

4. 16.

5. ln2.

6. 略.

7. (1) 1;　　　(2) $-\frac{2}{\pi^2}$;　　(3) 1$-\frac{2}{e}$;　　　(4) 2$-\frac{2}{e}$;

(5) 8ln2-4;　　(6) $\frac{1}{4}$(e^2+1);　　(7) $-\frac{2}{9}$;　　　(8) $\frac{\sqrt{3}}{12}\pi+\frac{1}{2}$;

(9) $\frac{1}{2}\left(\frac{\pi}{2}-1\right)$;　(10) 2.

8. 2e^2.

B 级题目

1. (1) $\frac{3\pi}{8}$;　　(2) $\frac{1}{4}$.

2. (1) $\frac{\pi^2}{4}$;　　(2) $\frac{9}{4}\pi+10-\frac{9}{2}$ln3;　　(3) $\frac{\pi}{2}+\ln(2+\sqrt{3})$;　　(4) $\frac{\pi}{4}$;　　(5) 3π^2;　　(6) $\sqrt{2}\pi$.

3. 2arctan4$-\frac{1}{4}$ln17.

4. 略.

习题 5-4

A 级题目

1. (1) 1;　　　(2) 发散;　　(3) $\frac{\pi}{4}$;　　　(4) $\frac{2\ln2}{3}$;　　(5) $\frac{1}{2}$;

(6) 1;　　　(7) $\frac{\pi^2}{8}$;　　(8) $\frac{\pi}{3}$;　　　(9) π;　　　(10) $\frac{1}{4}$;

(11) $\frac{\pi}{2}$;　　(12) 2;　　　(13) π;　　　(14) 发散.

2. (1) 6;　　(2) 3;　　　(3) 30;　　(4) $\frac{16}{105}$.

3. (1) $\frac{1}{2}\Gamma(3)=1$;　　(2) $\Gamma\left(\frac{3}{2}\right)=\frac{1}{2}\sqrt{\pi}$;　　(3) $\frac{1}{\sqrt{\pi}}\Gamma\left(\frac{1}{2}\right)=1$.

B 级题目

1. (1) $\frac{\pi}{2}$;　　(2) 1;　　(3) $\frac{1}{2}$ln3$-\frac{1}{8}\pi$;　　(4) $\frac{1}{2}$(2m)!.

2. (1) 收敛;　　(2) 收敛.

习题 5-5

A 级题目

1. (1) $\frac{3}{2}-\ln2$；　(2) $\frac{5}{12}$；　　　(3) $e+\frac{1}{e}-2$；　(4) $\frac{4}{3}$；　　　(5) $\frac{1}{6}$；

　(6) $\frac{5}{3}$；　　　(7) 2；　　　(8) $\frac{9}{2}$；　　　(9) $\frac{8}{3}$；　　　(10) $\frac{7}{6}$；

　(11) $\frac{32}{3}$；　　(12) $\frac{3}{4}$；　　(13) $b-a$；　　(14) $\frac{4}{3}$.

2. $\frac{e}{2}-1$.

3. (1) $\frac{5}{14}\pi$，$\frac{2}{5}\pi$；　(2) $\frac{128}{7}\pi$，$\frac{64}{5}\pi$；　(3) $\frac{48}{5}\pi$，$\frac{24}{5}\pi$；　(4) $\frac{25}{2}\pi$，$\frac{25}{3}\pi$；　(5) $\frac{15}{2}\pi$，$\frac{124}{5}\pi$.

4. (1) 1；　　　(2) $\frac{\pi}{2}(e^2+1)$.

5. (1) $e-1$；　　(2) $\frac{\pi}{2}(e^2-1)$.

6. (1) 2；　　　(2) $\frac{46}{15}\pi$.

7. (1) $\frac{1}{2}+\ln2$；　(2) $\frac{5}{6}\pi$.

8. (1) $\frac{2}{3}$；　　　(2) $\frac{1}{2}\pi$.

B 级题目

1. $\frac{25}{6}\pi$.

2. (1) $r=2\cos\theta$，$\theta\in[0,2\pi]$；　　(2) $\theta=\frac{\pi}{4}$.

3. a^2.

习题 5-6

A 级题目

1. $-3Q^3+15Q^2+25Q+55$，$-3Q^2+15Q+25+\frac{55}{Q}$.

2. $\frac{ax}{x+b}+cx$.

3. (1) $C(x)=-\frac{1}{2}x^2+2x+22$（万元），$R(x)=-2x^2+20x$（万元）；

　(2) 6 台；

　(3) 最大利润从 32 万元下降到 8 万元，下降了 24 万元.

4. 36，62 万元.

5. $400-500e^{-0.5}\approx96.73$（万元）.

总复习题五

1. $f(x)=\frac{5}{3}x^{\frac{2}{3}}$，$a=-1$.

2. $(-1)^n(n-1)$.

3. 提示：$F(x)$ 在 $[0,1]$ 上由零值定理及单调性证明.

4. (1) $\frac{1}{3}$；　　(2) 1.

5. (1) $8-\dfrac{8}{3}\sqrt{2}$; 　(2) $\dfrac{\pi}{2}$; 　(3) $\dfrac{\pi}{2}-1$; 　(4) $\dfrac{\pi}{8}-\dfrac{1}{4}$; 　(5) $\dfrac{1}{4}(e^2-3)$;

　(6) $e-2$; 　(7) $-\dfrac{\pi}{4}$; 　(8) $\dfrac{e^{\frac{\pi}{2}}+1}{2}$; 　(9) $\pi-2$; 　(10) $\dfrac{1}{2}$.

6. $\dfrac{1}{4}$.

7. $f(0)=3$.

8. $\dfrac{\pi^2}{2}-\dfrac{8}{3}$.

9. 极小值为 $f(0)=0$，极大值为 $f(-1)=\dfrac{1}{2}(1-\ln 2)$.

10. $\dfrac{1}{4}(1-e^{-1})$.

11. $c=\dfrac{5}{2}$.

12. 提示：利用积分中值定理.

13. $y=\dfrac{1}{4}x+(2\ln 2-1)$.

14. $a=-2$，或 $a=4$.

15. $\dfrac{27}{4}$.

16. $4\pi^2$.

17. $a=-\dfrac{5}{3}$，$b=2$，$c=0$.

18. (1) 当 $0<P<\sqrt{\dfrac{ab}{c}}-b$ 时，$R'(P)>0$，销售额随 P 的增加而增加；

　当 $\sqrt{\dfrac{ab}{c}}-b<P<\dfrac{a}{c}-b$ 时，$R'(P)<0$，销售额随 P 的增加而减少.

(2) 当 $P=\sqrt{\dfrac{ab}{c}}-b$ 时，销售额 R 最大，$R_{\max}=(\sqrt{a}-\sqrt{bc})^2$.

19. (1) $Q=\dfrac{d-b}{2(e+a)}$，$L_{\max}=\dfrac{(d-b)^2}{4(e+a)}-c$;

(2) $\eta(P)=\dfrac{-P}{d-P}=\dfrac{eQ-d}{eQ}$，$Q=\dfrac{d}{2e}$.

20. (1) $\dfrac{10}{1-e^{-1}}$; 　(2) $5r=1-e^{-10r}$; 　(3) $100-200e^{-1}$.

参考文献

［1］上海财经大学数学学院. 微积分［M］. 2 版. 上海：上海财经大学出版社，2015.

［2］杨爱珍. 微积分［M］. 2 版. 上海：复旦大学出版社，2012.

［3］上海财经大学应用数学系. 高等数学［M］. 北京：高等教育出版社，2011.

［4］西安交通大学高等数学教研室. 高等数学(基础部分)(上册)［M］. 北京：高等教育出版社，2014.

［5］同济大学数学系. 高等数学(上册)［M］. 7 版. 北京：高等教育出版社，2014.

［6］同济大学数学系. 高等数学(上册)［M］. 北京：人民邮电出版社，2016.

［7］扈志明. 高等数学(一)［M］. 北京：高等教育出版社，2013.

［8］吴传生. 经济数学——微积分［M］. 2 版. 北京：高等教育出版社，2009.